“十三五”职业教育规划教材
电力类技术技能型人才培养系列教材

热力辅机运行

主　编　刘红蕾　朱　峰
副主编　李　振　张兵兵　李旭同
参　编　张　行　孔祥良　刘　强
主　审　公维平

中国电力出版社
CHINA ELECTRIC POWER PRESS

内 容 提 要

本书编写体现了项目驱动、任务引领的教学理念，以工学结合的教学模式来实施教学。全书共分三个项目，项目一详细介绍了高压加热器、低压加热器和凝汽器的启动、投运、维护、停运、故障处理及原因分析；项目二重点介绍了泵的性能调节及相关运行知识；项目三主要介绍了离心风机和轴流风机的结构、异常工作现象（失速和喘振）分析及防治措施等。同时将每个项目按照教学要求分为若干教学任务，并增加了部分拓展知识。

本书可供火力发电厂从事热力辅机运行、检修工作的技术人员学习使用，也可作为大专院校相关专业师生教材。

图书在版编目（CIP）数据

热力辅机运行/刘红蕾，朱峰主编．一北京：中国电力出版社，2018.8

“十三五”职业教育规划教材．电力类技术技能型人才培养系列教材

ISBN 978-7-5198-2327-6

Ⅰ.①热… Ⅱ.①刘… ②朱… Ⅲ.①热力工程－设备－运行－职业教育－教材 Ⅳ.①TK17

中国版本图书馆 CIP 数据核字（2018）第 185766 号

出版发行：中国电力出版社
地　　址：北京市东城区北京站西街 19 号（邮政编码 100005）
网　　址：http：//www.cepp.sgcc.com.cn
责任编辑：李　莉（010-63412538）
责任校对：黄　蓓　常燕昆
装帧设计：赵丽媛
责任印制：吴　迪

印　　刷：北京雁林吉兆印刷有限公司
版　　次：2018 年 8 月第一版
印　　次：2018 年 8 月北京第一次印刷
开　　本：787 毫米×1092 毫米　16 开本
印　　张：15.25
字　　数：370 千字
定　　价：43.00 元

前　言

火力发电厂是实现将煤的化学能转变为电能的发电企业，经过一个多世纪的发展，锅炉、汽轮机和发电机技术日趋成熟，锅炉参数也逐步向超临界压力直流锅炉扩展，其压力等级和温度等级得到进一步提高。发展大容量、高参数、自动化程控技术成熟的汽轮发电机组是当今世界火电发展的重要趋势之一；超临界机组及超超临界压力机组是现阶段提高煤电效率、降低单位发电量污染物排放的最有效手段之一。为适应电力发展的要求，并满足火力发电教学和培训的需求，编写了本书。

本书在编写过程中注重理论知识与实际的结合，内容涵盖了火力发电厂中辅机的基本知识，火力发电机组回热加热器、除氧器和凝汽器的运行知识，以及泵和风机的运行知识等。

本书由山东电力高等专科学校刘红蕾、武汉凯迪生态电厂朱峰担任主编；华能威海发电有限责任公司李振、国网能源和丰煤电有限公司张兵兵、北京清新环境科技股份有限公司徐州分公司李旭同担任副主编；中国核电集团公司张行、中国广东核电集团公司孔祥良和华能南定发电有限责任公司刘强参加编写。

本书由山东大学公维平教授担任主审。

因编者的水平和条件所限，书中难免会有不足和疏漏，恳请广大读者批评指正。

编　者

2018 年 4 月

目 录

项目一　回热加热器、除氧器、凝汽设备的运行

回热加热器（含高压加热器和低压加热器），除氧器和凝汽器（是凝器设备中的重要组成）是现代火力发电厂热力系统中最主要，也是最重要的换热器，是火力发电厂热力系统中最重要的辅机。本项目从回热循环的分析入手，在详细介绍了高压加热器、低压加热器、除氧器和凝汽器的工作原理、结构组成的基础上，重点介绍高压加热器、低压加热器的启动、投运、正常维护、停运、故障及原因分析；除氧器的连锁保护、启动前检查、启动、正常维护、停运、故障及原因分析；凝汽器的启动、停运、故障及处理等运行知识。

项目目标

（1）熟悉回热循环的组成及采用回热循环的目的；

（2）会绘制典型回热循环的系统图，并分析系统图中的设备组成及作用，能进行经济性分析及计算；

（3）熟练掌握回热加热器的类型及结构；

（4）熟练分析给水热力除氧的工作原理及除氧器的类型和结构；

（5）熟练掌握凝汽器的结构及工作性能；

（6）熟悉高压加热器、低压加热器、除氧器及凝汽器的运行知识。

任务一　回热循环及循环的热经济性

任务目标

1. 知识目标

（1）掌握回热循环系统的作用及系统组成；

（2）了解回热循环热经济性分析的方法。

2. 能力目标

（1）能叙述回热循环系统的组成，并分析采用回热循环对火力发电厂经济性的影响；

（2）能识读并绘制回热循环的系统图；

（3）能建立回热循环热经济性分析的概念，并描述循环热经济性分析的技术发展及方法。

学习情境引入

从提高火力发电厂的热经济性入手，目前技术成熟的火力发电厂采用的蒸汽热力循环，无一例外均为回热循环。回热循环的循环组成及其热经济性之间有怎样的理论联系？本任务就来解决这一问题。

任务分析

本任务从回热循环的系统组成入手，介绍循环系统的组成及回热循环热经济性的计算方法。

知识准备

现代火力发电厂均采用高参数、大容量、具有再热和回热系统的机组。采用再热和回热后，虽然使热力系统结构变得复杂，但极大地提高了循环效率。回热循环是从汽轮机数个中间级中抽出一部分蒸汽，送到给水加热器中用于给水的加热（即抽汽回热系统）及提供各种厂用汽等，用回热系统图可以清晰地表述蒸汽热力循环中的设备连接和抽汽流向，如图1-1所示即为某回热系统示意图。

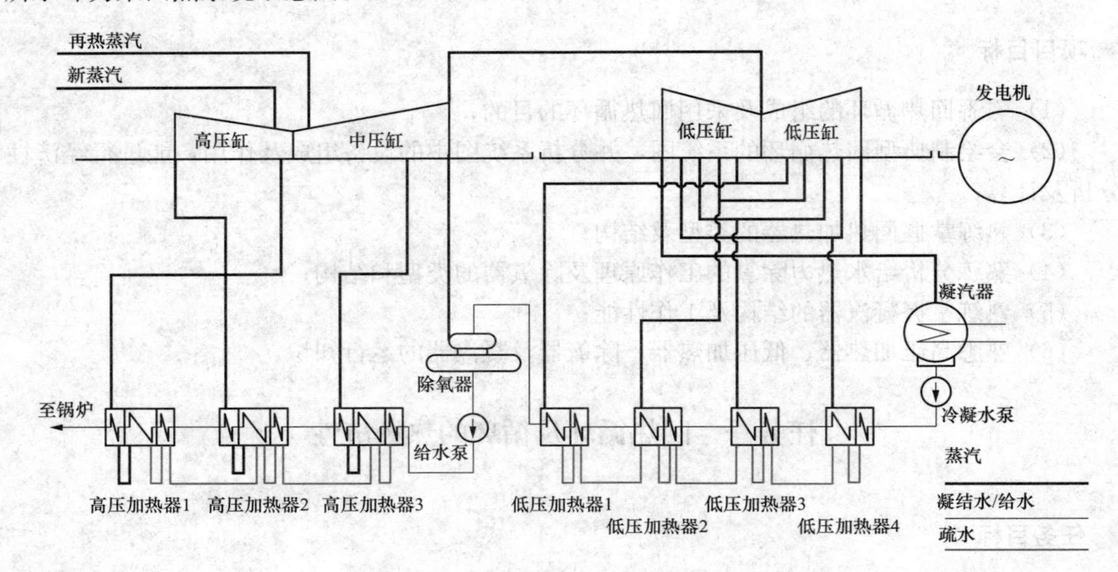

图1-1 回热系统示意图

（一）回热循环系统流程

回热系统有8级非调节抽汽，分别供给3台高压加热器、1台除氧器、4台低压加热器。其中3、4号低压加热器为单壳体组合式加热器，布置在凝汽器喉部。各加热器的疏水采取逐级自流方式，最后一级高压加热器疏水进入除氧器，并设一路疏水可排至凝汽器；低压加热器最后一级疏水进入凝汽器。第4段抽汽还可供给水泵汽轮机用汽和机组低压辅助用汽系统。

各级抽汽参数如表1-1所示。

表1-1 回热循环系统抽汽参数汇总表

抽汽级数	抽汽点	抽汽压力（MPa）		抽汽温度（℃）		抽汽量（t/h）	
		额定	最大	额定	最大	额定	最大
1	第5级	5.90	6.59	385.3	391.8	104.4	124.3
2	第7级	3.96	4.38	331.9	336.5	158.9	183.4
3	第10级	1.82	2.01	437.5	437.3	40.2	46.0

续表

抽汽级数	抽汽点	抽汽压力（MPa）		抽汽温度（℃）		抽汽量（t/h）	
		额定	最大	额定	最大	额定	最大
4	第12级	1.15	1.25	374	373.3	57.6+62.3	68.5+70.9
5	第13级	0.66	0.72	304.9	303.9	96.0	108.8
6	第15级	0.21	0.23	182.8	182.1	43.2	48.6
7	第16级	0.11	0.13	124.7	124	51.7	58.5
8	第17级	0.05	0.055	81.5	83.7	88.6	102.5

注　4级抽汽的抽汽量栏中，前一项为给水泵汽轮机抽汽量，后一项为除氧器抽汽量。

（二）循环的热经济性分析

近十几年，研究、分析、改进循环的相关专著作或论文越来越多，国内影响较大的论著有《热力发电厂》《火电厂热力系统节能理论》《电厂热力系统节能分析原理》《热力系统烟分析》《节能原理》；国外该领域具有代表性的主要论著有《Steam Turbine and Their Cycle》《A general Theory of Thermodynamic》。目前有关节能降耗系统软件的开发模型是基于这些论著的基本思想而进行的。这些论著在一定程度上反映了热力系统节能理论的前沿，以下简要介绍这些论著在电厂节能理论及分析方法上的特点。

《热力发电厂》是20世纪50年代由苏联引进的教材，在电站系统分析计算时，采用逐级热平衡法串联求解抽汽量，从而确定系统的汽水分布，并利用功率方程及吸热方程最终求解系统的热经济性指标。概念清晰，数值求解方便，但不便于分析局部热力系统变化对热经济性的影响。原因是：50年代初矩阵理论的应用尚不普遍，对加热器从高压到低压逐级求解抽汽量时，其热平衡方程变得越来越复杂，尤其是最末级，电厂全部辅助系统（如轴封汽、门杆漏汽、排污回收利用、喷水减温、厂用汽等）对其热平衡方程均有影响，因此难以写出其解析式。

《火电厂热力系统节能理论》中的基本思想是20世纪70年代由苏联学者库兹涅左夫提出，后经我国学者逐步完善，形成了一套严密理论。其特点是可以直接分析计算系统局部改变对热经济性的影响，对于定量查找系统的能损分布特别有利，但是概念复杂，特别是在应用时需要技巧。

《电厂热力系统节能分析原理》和《火电厂热力系统节能理论》中的思想方法有较大差别，但也能很好地解决局部定量分析这一难题。其不足之处仍是概念多，公式复杂，不便于推广使用。

《热力系统烟分析》及《节能原理》以热力学第二定律的烟分析方法为基础。它们的共同贡献是明确定义了烟的基准态，解决了燃料烟、化学烟、工质烟的计算问题，但所涉及的系统较为简单，不能解决复杂系统的能损分析。

西班牙学者Valeo在论文《A general Theory of Thermodynamic》中首次应用第二定律分析方法研究复杂的600MW机组主系统。作者定义了子系统烟效率，然后通过复杂的矩阵理论导出了系统的烟效率。这种方法需对高阶矩阵用符号计算机求逆阵，这种计算机是分析推理型计算机，目前市场上少见，因此其基本思想运用及发展受到限制。

由以上分析可知，目前的热力系统分析方法，无论是第一定律分析还是第二定律分析，都是以热力学定律为基础的，均属于系统的静态分析，滞后于其他一些学科，例如信息系统的分析、电力系统的分析等。

目前能量系统的分析方法有两大类：一类是以能量守恒为基础的能量分析法（又称热平衡法）；另一类是以㶲平衡为基础的㶲分析法。

能量分析法是一种传统的分析方法，依据的是能量的数量守恒关系（热力学第一定律），通过分析，揭示出能量在数量上转换、传递、利用和损失的情况，确定出某个系统或装置的能量利用或转换效率。应用于火力发电厂热力系统计算分析时，主要有以下几种方法：

（1）传统分析法：该方法以各级回热加热器的热平衡式、物质平衡式、机组功率平衡式为基础，联立求解多元方程式。这种方法虽然思路清晰、概念简单，但是计算繁琐冗长、费工费时，特别是经济性分析计算时，热力系统某一参数改变或热力系统的结构局部变化时（如某级加热器解列），必须对整个热力系统重新计算一遍，才能查明热力系统经济性变化，且计算过程中易产生计算误差。

（2）等效热降法：该方法在20世纪70年代末经西安交通大学的林万超教授引进并加以发展、完善，目前已形成一套较为完善的理论体系。该方法既可用于整体热力系统的计算，也可用于热力系统的局部定量分析，它无需对热力系统重新进行全盘计算就可以查明热力系统经济性的变化。

（3）循环函数法：该方法是20世纪70年代末由能源部电力建设研究所高级工程师马芳礼提出的，它采用“加热单元”简化处理给水回热加热系统，即将复杂的热力系统构成的循环划分为主循环和若干并列的辅助循环，分别计算主、辅循环的热经济指标，然后结合得到实际的整个热力循环的热经济指标。该计算方法虽然结果准确，但其概念繁多，难以理解掌握、不易操作使用。

（4）矩阵法：这是一些学者在20世纪80年代提出的一种并联计算方法，该方法不需要某一级回热加热器全部计算完后再去计算另一级，而是将所有的热平衡方程式、物质平衡方程式同时进行计算。另外，该种方法把矩阵元素——“数”与热力系统的结构——“形”相结合，建立矩阵方程，热力系统结构或运行工况变化时，仅需改变相应的矩阵元素就可以重新计算了。该方法特别适用于计算机编程运算，为热力系统通用计算机程序的编制提供了一个相当优越的数学基础。

“㶲”概念的提出可以追溯到一百多年前，但真正引起人们的重视，却源于20世纪70年代的“能源危机”，研究和探讨如何合理利用各种能量的过程中，发现㶲从“量”与“质”的结合上评价了能量的“价值”，深刻揭示了能量在转换过程中变质退化的本质，为合理利用指明了方向。㶲分析法依据的就是能量中的㶲平衡关系（热力学第一定律、第二定律），通过分析，揭示出能量中㶲的转换、传递、利用和损失的情况，确定出该系统或装置的㶲利用情况。但因㶲分析法概念抽象、计算繁杂、规律性差等缺点，在发电厂系统经济分析中应用极少。近年来，随着能源紧张，发电厂经济性提高的迫切要求，㶲分析法得到足够的应用和重视。因为无论是对用能系统进行整体评价、局部改进，还是新系统的设计及节能分析，㶲分析法都是迄今最实际、最科学的分析方法。该方法不仅考虑能量数量上的平衡，同时也注意了能量质量上的匹配，不仅考虑了用能过程中的外部损失，同时也注意了过程不可逆性带来的损失（内部损失），因此它能正确地揭示薄弱环节，指明系统节能潜力所在的部位，提供改善经济性的有用信息。

循环热经济性分析及计算的拓展知识

一、汽轮机组的热经济性指标

评价火力发电厂的热经济性指标主要有汽耗率、热耗率、煤耗率和全厂效率四类。

（一）汽耗率

汽耗率 SR 是指汽轮机每小时单位出力的耗汽量。其定义式为

$$SR = \frac{G}{N} \quad \text{kg/kWh}$$

式中　G——汽轮机进汽流量，kg/h；

N——发电机输出功率，kW。

如果一台汽轮机组是在某个进汽参数下接受全部蒸汽，并在某个较低压力下排出全部蒸汽的（没有给水回热和中间再热的凝汽式汽轮机或背压式汽轮机），则汽耗率是最恰当的性能考核指标。

（二）热耗率

热耗率 HR 是指汽轮机每小时单位出力的热耗量。对于一台带有给水回热系统的电站汽轮机组，热耗率是重要的考核指标。其定义式为

$$HR = \frac{\sum (G_i \Delta h_i)}{N} \quad \text{kJ/kWh}$$

式中　G_i——质量流量，kg/h；

Δh_i——焓升，kJ/kg；

$\sum (G_i \Delta h_i)$——输入循环的热量，其值为供给系统的热量与回收的热量之差，kJ/h。

（三）全厂效率

凝汽式发电厂的全厂效率为发电机输出功率（以热量计）与燃料所供给的热量之比。其可分为全厂毛效率和全厂净效率两种：

（1）全厂毛效率（发电效率）η_{cp} 为

$$\eta_{cp} = 3600 \frac{N}{Q_{cp}}$$

式中　Q_{cp}——全厂热耗量，kJ/h。

（2）全厂净效率（供电效率）η_{cp}^{n} 为

$$\eta_{cp}^{n} = \frac{3600(N - N_c)}{Q_{cp}} = \frac{3600(1 - e)}{Q_{cp}}$$

式中　N_c——厂用电功率，kW；

e——厂用电率，指机组在生产电能过程中直接消耗的电量与发电量的比值。

（四）标准煤耗率

标准煤耗率反映了一个电厂或一台机组能量转换过程的技术完善程度，也反映了其运行水平的高低，同时也是厂际之间或班组之间经济评比和能源规划中的重要指标之一。同全厂效率一样，标准煤耗率也有发电标准煤耗率和供电标准煤耗率之分。而供电标准煤耗率（简称供电煤耗率），因其能综合地反映机组的运行性能，已成为衡量机组经济性最为常用、最为有效的一种性能指标。

机组供电煤耗率 b 是指机组每向外供出 1kWh 电能平均耗用的标准煤耗，其计算公式为

$$b=\frac{0.123}{\eta_b\eta_p\eta_{el}(1-e)}\quad \text{kg/kWh}$$

式中 b——供电煤耗率，其与供电效率可相互计算，$b=0.123/\eta_{ncp}$，kg/kWh；

η_b——锅炉效率，即锅炉热负荷与所供给能量的比值，一般取 0.90～0.94；

η_p——管道效率，一般取 0.98～0.99；

η_{el}——汽轮机效率（汽轮机绝对电效率），即汽轮机发电量与吸热量的比值，是衡量汽轮机发电机组工作完善程度的标准。

由上式可以看到，机组供电煤耗的大小主要是由锅炉效率、汽轮机效率和厂用电率三者决定的。对单元机组而言，最高的锅炉效率与汽轮机效率及最低的厂用电率未必会在同一种运行工况中出现，其中有一个最佳匹配问题。因此，汽轮机组经济运行的目的就是：对汽轮机组的运行状况进行优化调整，使机组在不同负荷工况下都能够在锅炉效率、汽轮机效率和厂用电率综合性能最佳的状态下运行，即在供电煤耗率最低的状态下运行。

二、回热机组热力计算

回热机组原则性热力计算是常规计算法的核心，其实际上是对 z 个加热器热平衡式和一个功率方程式（如 $D_0=D_{c0}+\sum_1^z D_jY_j$），或一个求凝汽流量的物质平衡式所组成的（$z+1$）个线性方程组求解，其最终求得一个抽汽量和一个新汽量（或凝汽量）。当然这（$z+1$）个方程可用绝对量，也可用相对量来表示。然后根据有关公式求的所需的热经济性指标或机组功率，或新汽耗量等。计算可采用正热平衡或反热平衡两种方式计算，一般多采用正热平衡计算。

（一）计算的过程及步骤

（1）整理原始资料。当所提供的原始资料不够直接和完整时，计算前必须进行适当的整理和选择假定，以满足计算的需要。当加热器效率 η_h、机械效率 η_m 和发电机效率 η_{mg} 未给出时，一般可以在以下数据范围内选择：$\eta_h=0.98\sim0.99$，$\eta_m=0.9$，$\eta_{mg}=0.98\sim0.99$。

（2）“由高到低”进行各级回热抽汽量的计算。

（3）凝汽系数或新汽耗量的计算，或汽轮机功率计算。

（4）对结果进行校核。校核分两种情况：一种是计算误差的校核；另一种是对计算中假设数据的校核。前者利用流量或功率来进行，一般只用其中之一即可。这种计算工程上允许的误差范围，手工计算为 1%～2%。对假设数据的校核，则反复迭代至更准确的程度。

（5）热经济性指标和各处汽水流量计算。

（二）计算举例

下面以天津某发电厂 600MW 燃煤汽轮发电机组为例，应用常规法（定功率计算）进行热力系统计算（设计计算）。其中锅炉为 2027t/h W 形火焰煤粉炉；汽轮机为亚临界、一次中间再热 600MW 凝汽式汽轮机。机组采用一炉一机的单元制配置。

热力系统共有八级不调节抽汽。其中第一、二、三级抽汽分别供三台高压加热器，第五、六、七、八级分别供四台低压加热器，第四级抽汽作为除氧器的加热汽源。

汽轮机的主凝结水由凝结水泵送出，依次流过轴封加热器、四台低压加热器，进入除氧器。然后由汽动给水泵升压，进入三级高压加热器加热，最终给水温度达到 273.9℃，进入锅炉。三台高压加热器的疏水逐级自流至除氧器；四台低压加热器的疏水逐级自流至凝汽

器，凝汽器的排汽压力为5.2kPa。

热力系统的汽水损失计有：全厂汽水损失30t/h、厂用汽20t/h（不回收）、锅炉排污损失10t/h（因排污率较小，未设计排污利用系统）。锅炉暖风器用汽量35t/h，暖风器汽源取自第四级抽汽，其疏水仍返回除氧器回收。

高压缸门杆漏汽A和B分别引入再热器冷段和轴封加热器SG，中压缸门杆漏汽K引入3号高压加热器，高压缸的轴封漏汽按压力不同，分别进入除氧器（L、L1）均压箱（M1、M）和轴封加热器（N1、N）。中压缸的轴封漏汽也按压力不同，分别进入均压箱（P）和轴封加热器（R）。低压缸的轴封用汽S来自均压箱，轴封漏汽T也引入轴封加热器。从高压缸的排汽管路抽出一股汽流J，不经再热器而直接进入中压缸，用于冷却中压缸转子叶根。

全厂原则性热力系统图如图1-2所示。

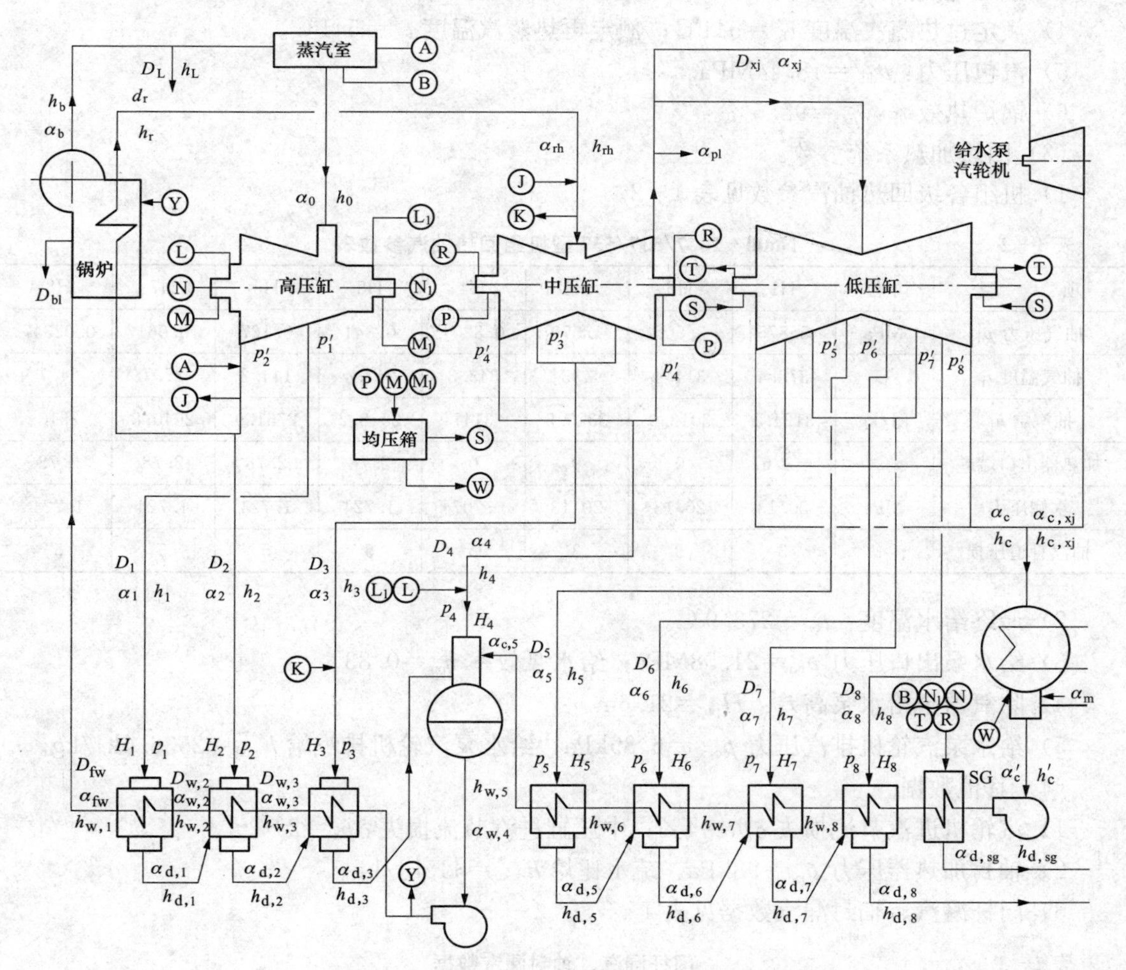

图1-2　全厂原则性热力系统图

1. 计算原始资料

（1）汽轮机型式和参数。

1）机组型式：国产引进型N600-16.7/537/537亚临界、一次中间再热、四缸四排汽、单轴、凝汽式汽轮机。

2）额定功率：P_e =600MW。

3）主蒸汽初参数（主汽阀前）：p_0 =16.7MPa，t_0 =537℃。

4）再热蒸汽参数（进汽阀前）。热段（中压缸进汽）：p_r =3.256MPa，t_r =537℃。冷段（高压缸排汽）：p'_r=3.618MPa，t'_r=314.4℃。

5）汽轮机排汽压力：p_c =5.2kPa。

6）汽轮机排汽比焓：h_c =2340.4kJ/kg。

（2）锅炉型式和参数。

1）锅炉型式：HG-2027/17.5-YM4型自然循环汽包炉。

2）额定蒸发量：D_b =2027t/h。

3）额定过热蒸汽压力 p_b =17.5MPa；额定再热蒸汽压力 p_r =3.736MPa。

4）额定过热蒸汽温度 t_b =541℃；额定再热蒸汽温度 t_r =541℃。

5）汽包压力：p_{du} =18.44MPa。

6）锅炉热效率：η_b =92.5%。

（3）回热加热系统参数。

1）机组各级回热抽汽参数见表1-2。

表1-2　N600-16.7/537/537型机组回热抽汽参数表

项　目	单位	H1	H2	H3	H4	H5	H6	H7	H8
抽气压力 p'_j	MPa	5.875	3.509	1.579	0.8204	0.341	0.127	0.061	0.02347
抽气温度 t_j	℃	378.4	314.4	433	343.3	241.4	144.2	87.7	64.7
抽汽焓 h_j	kJ/kg	3124.1	3013.9	3325.5	3147	2948.2	2761.9	2640.8	2510
加热器出口端差	℃	-1.67	0	0	0	2.78	2.78	2.78	2.78
水侧压力	MPa	20.13	20.13	20.13	0.7074	1.724	1.724	1.724	1.724
抽汽管道压损	%	3	3	3	5	5	5	5	5

2）最终给水温度：t_{fw}=273.9℃。

3）给水泵出口压力 p_{pu}=21.58MPa；给水泵效率 η_{pu}=0.83。

4）除氧器至给水泵高差：H_{pu}=21.6m。

5）给水泵汽轮机排汽压力 $p_{c,xj}$=6.89kPa；给水泵汽轮机排汽焓 $h_{c,xj}$=2536.6kJ/kg。

（4）其他数据。

1）汽轮机进汽节流损失 δp_1=4%；中压缸进汽节流损失 δp_2=2%。

2）轴封加热器压力 p_{sg}=98kPa，疏水比焓 $h_{d,sg}$=415kJ/kg。

3）门杆漏汽、轴封漏汽数据见表1-3。

表1-3　门杆漏汽、轴封漏汽数据

漏汽点代号	A	B	K	L1	N1	M1	L	N
漏汽量（t/h）	0.62	0.27	7.42	2.92	0.13	0.62	3.31	0.15
漏汽系数	0.000342	0.000149	0.004119	0.0016	0.000071	0.000342	0.001826	0.000083
漏汽点比焓（kJ/kg）	3394.1	3394.1	3536.4	3317.3	3317.3	3317.3	3009.8	3009.8

续表

漏汽点代号	M	R	P	T	S	J	W
漏汽量（t/h）	0.71	0.2	1.14	1.04	2.36	30.3	0.11
漏汽系数	0.00039	0.00011	0.00063	0.00057	0.0013	0.0167	0.000061
漏汽点比焓（kJ/kg）	3009.8	3147	3147	2716.2	2716.2	3013.9	3150.8

4）锅炉暖风器耗汽、过热器减温水等全厂性汽水流量及参数见表1-4。

表1-4　全厂性汽水流量及参数

名　　称	全厂工质渗漏	锅炉排污	厂用汽	暖风器	过热器减温水
汽（水）量（t/h）	30	10	20	35	5.5
离开系统的介质比焓（kJ/kg）	3394.4	1760.3	3108.2	3108.2	724.7
返回系统的介质比焓（kJ/kg）	83.7	83.7	83.7	687	724.7

5）汽轮机机械效率 $\eta_m=0.985$；发电机效率 $\eta_g=0.9894$。

6）补充水温度：$t_{ma}=20$℃。

7）厂用电率：$\varepsilon=7\%$。

2. 回热系统热力系统计算

对热力系统进行一定的简化，忽略加热器和抽汽管道的散热损失（$\eta_h=1.0$）；忽略凝结水泵的介质比焓升。

（1）汽水平衡计算。

1）全厂补水率 a_{ma}。全厂汽水平衡如图1-3所示，各汽水流量见表1-3。将进、出系统的各流量用相对量 a 表示。由于计算前汽轮机进汽量 D_0 为未知，故预选 $D_0=1801.33$t/h进行计算，最后校正。

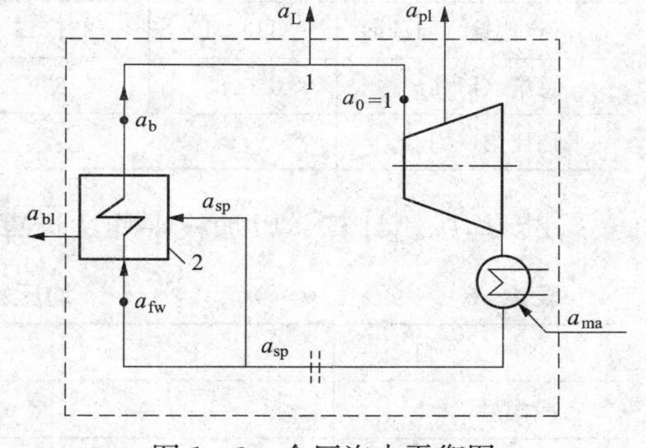

图1-3　全厂汽水平衡图

全厂工质渗漏系数：

$$a_L=\frac{D_L}{D_0}=30/1801.33=0.016654$$

锅炉排污系数：

$$a_{bl}=\frac{D_{bl}}{D_0}=10/1801.33=0.005551$$

其余各量经计算如下：厂用汽系数为 $a_{pl}=0.011103$；减温水系数为 $a_{sp}=0.003053$；暖风器疏水系数为 $a_{nf}=0.01943$。

由全厂物质平衡，补水率计算如下：

$$a_{ma}=a_{pl}+a_{bl}+a_L=0.011103+0.005551+0.016654=0.033308$$

2）给水系数 a_{fw}。由图1-3，1点物质平衡 $a_b=a_0+a_L=1+0.016654=1.016654$；2点物质平衡 $a_{fw}=a_b+a_{bl}-a_{sp}=1.016654+0.005551-0.003053=1.019152$。

3）各小流量系数。按预选的汽轮机进汽量和表1-3中的原始数据，计算得到门杆漏汽、轴封漏汽等各小流量系数，结果见表1-4。

(2) 汽轮机进汽参数计算。

1) 主蒸汽参数。由主汽门前压力 $p_0=16.7$MPa，温度 $t_0=537$℃，查水蒸气性质表，得主蒸汽比焓值 $h_0=3394.1$kJ/kg。主汽门后压力 $p_0'=(1-\delta p_1)p_0=(1-0.04)\times16.7=16.032$MPa。

由 $p_0'=16.032$MPa，$h_0'=h_0=3394.1$kJ/kg，查水蒸气性质表，得主汽门后蒸汽温度 $t_0'=534.2$℃。

2) 再热蒸汽参数。由中联门前压力 $p_{rh}=3.234$MPa，温度 $t_{rh}=537$℃，查水蒸气性质表，得再热蒸汽比焓值 $h_{rh}=3536.4$kJ/kg。

中联门后再热蒸汽压力 $p_{rh}''=(1-\delta p_2)\ p_{rh}=(1-0.02)\times3.234=3.169$MPa。由 $p_{rh}'=3.169$MPa，$h_{rh}'=h_{rh}=536.4$kJ/kg，查水蒸气性质表，得中联门后再热蒸汽温度 $t_{rh}'=536.7$℃。

(3) 辅助计算。

1) 轴封计算。以加权平均法计算轴封加热器的平均进汽比焓 h_{sg}，计算详见表 1-5。

表 1-5　轴封加热器平均进汽比焓计算

项　目	B	N1	N	T	R	Σ
漏汽量 (t/h)	0.27	0.13	0.15	1.04	0.2	1.79
漏汽系数	0.0001499	0.0000722	0.0000833	0.0005774	0.000111	0.0009937
漏汽点比焓 (kJ/kg)	3394.1	3317.3	3009.8	2716.2	3147	
总焓 (kJ/kg)	0.5088	0.2395	0.2507	1.5683	0.34932	2.91662
平均比焓 (kJ/kg)	2.91662/0.0009937=2935.1					

2) 均压箱计算。以加权平均法计算均压箱内的平均蒸汽比焓 h_{jy}，计算详见表 1-6。

表 1-6　均压箱平均蒸汽比焓计算

项　目	P	M	M1	Σ
漏汽量 (t/h)	1.14	0.71	0.62	2.47
漏汽系数	0.00063287	0.00039415	0.00034419	0.001371
漏汽点比焓 (kJ/kg)	3147	3009.8	3317.3	
总焓 (kJ/kg)	1.99164	1.18631	1.14178	4.31973
平均比焓 (kJ/kg)	4.31973/0.001371=3150.8			

3) 加热器进、出口汽水参数计算。首先计算高压加热器 H1，其压力 p_1 为

$$p_1=(1-\Delta p_1)p_1'=(1-0.03)\times5.875=5.70\text{MPa}$$

式中　p_1'——第一抽汽口的压力；

Δp_1——抽汽管道相对压损。

由 $p_1=5.70$MPa，查水蒸气性质表得：加热器饱和水温 $t_{s1}=272.2$℃。H1 出口水温 t_{w1}：

$$t_{w1}=t_{s1}-\delta t=272.2-(-1.7)=273.9℃$$

式中　δt——加热器上端差。

H1 疏水温度 t_{d1}：

$$t_{d1} = t'_{w1} + \delta t_1 = 242.7 + 5.5 = 248.2℃$$

式中　δt_1——加热器下端差；

t'_{w1}——进水温度，℃，其值由高压加热器 H2 的上端差 δt 计算得到。

已知加热器水侧压力 $p_w = 20.13$MPa，由 $t_{w1} = 273.9$℃，查得 H1 出水比焓 $h_{w1} = 1201.1$kJ/kg；由 $t'_{w1} = 242.7$℃，$p_w = 20.13$MPa，查得 H1 进口比焓 $h_{w2} = 1052.6$kJ/kg；由 $t_{d1} = 248.2$℃，$p_1 = 5.70$MPa，查得 H1 疏水比焓 $h_{d1} = 1077.3$kJ/kg。

至此，高压加热器 H1 的进、出口汽水参数已全部算出。按同样的计算方法，可依次计算出其余加热器 H1～H8 的各进、出口汽水参数。将计算结果列于表 1-7。

表 1-7　　回热加热系统汽水参数计算

项目		单位	H1	H2	H3	H4	H5	H6	H7	H8
汽侧	抽汽压力	MPa	5.875	3.618	1.662	0.82	0.341	0.1337	0.06421	0.0247
	抽汽比焓	kJ/kg	3124	3014	3326	3147	2948	2761.9	2640.8	2510
	抽汽管道压损	%	3	3	3	5	5	5	5	5
	加热器侧压力	MPa	5.70	3.509	1.579	0.8204	0.341	0.127	0.061	0.0235
	汽侧压力下饱和温度	℃	272.2	242.7	200.7	171.5	137.9	106.5	86.4	63.6
水侧	水侧压力	MPa	20.13	20.13	20.1	0.707	1.724	1.724	1.724	1.724
	加热器上端差	℃	−1.7	0	0	0.6	2.7	2.8	2.8	2.8
	出水温度	℃	273.9	242.7	200.7	170.9	135.2	103.7	83.6	60.8
	出水比焓	kJ/kg	1201	1053	864	725.9	569.3	435.8	351.3	255.9
	进水温度	℃	242.7	200.7	174.7	135.2	103.7	83.6	60.8	34.8
	进水比焓	kJ/kg	1053	863.5	751.2	569.3	435.8	351.3	255.9	145.7
	加热器下端差	℃	5.5	5.6	5.3		5.5	5.6	5.6	5.6
	疏水温度	℃	248.2	206.3	180	174.7	109.2	89.2	66.4	40.4
	疏水比焓	kJ/kg	1077	880.8	764	751.2	458.1	373.4	277.7	168.9

（4）回热系统热平衡计算。

1）由高压加热器 H1 热平衡计算 a_1。

高压加热器 H1 的抽汽系数 a_1：

$$a_1 = \frac{a_{fw}(h_{w1} - h_{w2})/\eta_h}{h_1 - h_{d1}} = \frac{0.9919 \times (1202.1 - 1050.9)/1.0}{3132.9 - 1075.4} = 0.07728$$

高压加热器 H1 的疏水系数 a_{d1}：取 $a_{d1} = a_1 = 0.07728$。

2）由高压加热器 H2 热平衡计算 a_2、a_{rh}。

高压加热器的抽汽系数 a_2：

$$a_2 = \frac{a_{fw}(h_{w2} - h_{w3})/\eta_h - a_{d1}(h_{d1} - h_{d2})}{h_2 - h_{d2}}$$

$$= \frac{0.9919 \times (1050.9 - 857.3)/1.0 - 0.07289 \times (1075.4 - 874.9)}{3016 - 874.9}$$

$$= 0.08199$$

高压加热器 H2 的疏水系数 a_{d2}：

$$a_{d2} = a_{d1} + a_2 = 0.07728 + 0.08199 = 0.1593$$

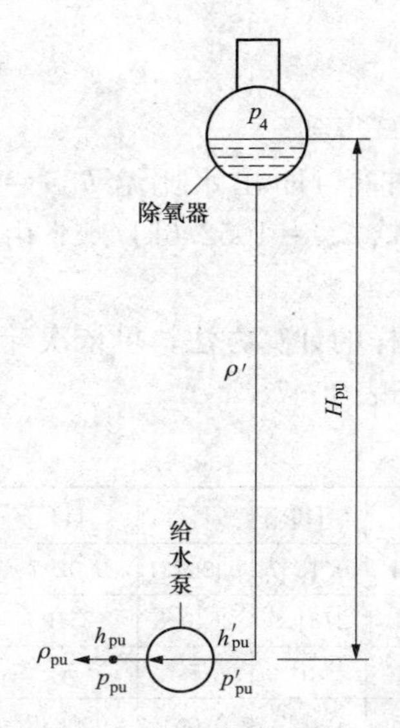

图 1-4 给水泵焓升示意

再热器流量系数 a_{rh}：

$$a_{rh}=1-a_1-a_2-a_{sg,B}-a_J-a_{sg,L1}-a_{sg,N1}-a_{sg,M1}-a_{sg,L}-a_{sg,N}-a_{sg,M}=0.8242$$

3）由高压加热器 H3 热平衡计算 a_3。

本级计算时，高压加热器 H3 的进水比焓 h_{w3} 为未知，故先计算给水泵的介质比焓升 Δh_{pu}。如图 1-4 所示，泵入口静压 p'_{pu}：

$$p'_{pu}=p'_4+\rho'gH_{pu}=0.7074+975\times10^{-6}\times9.8\times21.6=0.9139\ (\text{MPa})$$

式中 p'_4——除氧器压力，MPa；

ρ'——除氧器至给水泵水的平均密度，kg/ m³。

给水泵内介质平均压力 p_{pj}：

$$p_{pj}=0.5\times(p_{pu}+p'_{pu})=0.5\times(20.13+0.9139)=10.52\ (\text{MPa})$$

给水泵内介质平均比焓 h_{pj}：取 $h_{pj}=h'_{pu}=725.9$kJ/kg。

根据 $p_{pj}=10.52$MPa 和 $h_{pj}=725.9$kJ/kg 查得：给水泵内介质平均比体积 $v_{pu}=0.001103\ \text{m}^3/\text{kg}$。

水泵介质比焓升 Δh_{pu}：

$$\Delta h_{pu}=h_{pu}-h'_{pu}=\frac{v_{pu}(p_{pu}-p'_{pu})\times10^3}{\eta_{pu}}=25.3(\text{kJ/kg})$$

给水泵出口比焓 h_{pu}：

$$h_{pu}=h'_{pu}+\Delta h_{pu}=725.9+25.3=751.2(\text{kJ/kg})$$

高压加热器 H3 的抽汽系数 a_3：

$$a_3=\frac{a_{fw}(h_{w3}-h_{pu})/\eta_h-a_{d2}(h_{d2}-h_{d3})-a_{sg,k}(h_{sg,k}-h_{d3})}{(h_3-h_{d3})}=0.03236$$

高压加热器 H3 的疏水系数 a_{d3}：

$$a_{d3}=a_{d2}+a_3+a_{sg,k}=0.1593+0.03236+0.00409=0.19575$$

4）混合式加热器（即除氧器）抽汽系数计算。

除氧器出水流量 a_{c4}：

$$a_{c4}=a_{fw}+a_{sp}=1.016654+0.003053=1.0197$$

抽汽系数 a_4（除氧器的物质平衡和热平衡见图 1-5）：

$$a_4=[a_{c4}(h_{w4}-h_{w5})/\eta_h-a_{d3}(h_{d3}-h_{w5})-a_{sg,L1}(h_{sg,L1}-h_{w5})-a_{sg,L}(h_{sg,L}-h_{w5})-a_{nf}(h_{nf}-h_{w5})]/(h_4-h_{w5})=0.04281$$

5）由低压加热器 H5 热平衡计算 a_5。

低压加热器 H5 的出水系数 a_{c5}：

$$a_{c5}=a_{c4}-a_{d3}-a_4-a_{sg,L1}-a_{sg,L}-a_{nf}=1.0197-0.1958-0.04281-0.0016-0.001826-0.01943=0.7582$$

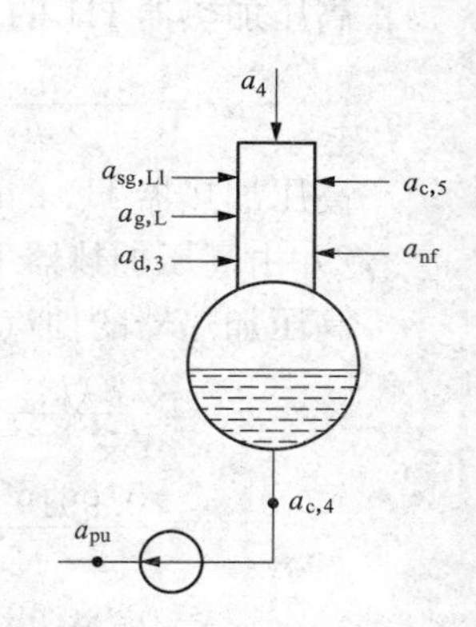

图 1-5 除氧器物质平衡和热平衡

低压加热器 H5 的抽汽系数 a_5：

$$a_5 = \frac{a_{c5}(h_{w5} - h_{w6})/\eta_h}{h_5 - h_{d5}} = 0.04090$$

低压加热器 H5 的疏水系数 a_{d5}：取 $a_{d5} = a_5 = 0.04090$。

6）由低压加热器 H6 热平衡计算 a_6：

低压加热器 H6 的抽汽系数 a_6：

$$a_6 = \frac{a_{c5}(h_{w6} - h_{w7})/\eta_h - ad5(h_{d5} - h_{d6})}{h_6 - h_{d6}} = 0.02553$$

低压加热器 H6 的疏水系数 a_{d6}：

$$a_{d6} = a_{d5} + a_6 = 0.0409 + 0.02553 = 0.06642$$

7）由低压加热器 H7 热平衡计算 a_7。

低压加热器 H7 的抽汽系数 a_7：

$$a_7 = \frac{a_{c5}(h_{w7} - h_{w8})/\eta_h - a_{d6}(h_{d6} - h_{d7})}{(h_7 - h_{d7})} = 0.02813$$

低压加热器 H7 疏水系数 a_{d7}：

$$a_{d7} = a_{d6} + a_7 = 0.06642 + 0.02813 = 0.09455$$

8）由低压加热器 H8 热平衡计算 a_8。

由轴封加热器 SG 的热平衡，得轴封加热器出水焓 $h_{w,sg}$：

$$h_{w,sg} = h'_c + \frac{\sum a_{sg}(h_{sg} - h_{d,sg})\eta_h}{a_{c5}} = 145.6(\text{kJ/kg})$$

式中，轴封加热器的进汽系数 $\sum a_{sg}$ 和进汽平均焓值 h_{sg} 的计算见表 1－5。

由 $p_{w,sg} = 1.724\text{MPa}$，$h_{w,sg} = 145.6\text{kJ/kg}$，查得轴封加热器出水温度 $t_{w,sg} = 34.8℃$。

低压加热器 H8 的疏水温度 t_{d8}：

$$t_{d8} = t_{w,sg} + \delta t_1 = 34.8 + 5.6 = 40.4(℃)$$

由 p'_8、t_{d8} 查得低压加热器 H8 疏水焓 $h_{d8} = 168.9\text{kJ/kg}$。

低压加热器 H8 的抽汽系数 a_8：

$$a_8 = \frac{a_{c5}(h_{w8} - h_{w,sg})/\eta_h - a_{d7}(h_{d7} - h_{d8})}{(h_8 - h_{d8})} = 0.03150$$

低压加热器 H8 的疏水系数 a_{d8}：

$$a_{d8} = a_{d7} + a_8 = 0.09455 + 0.03150 = 0.12605$$

（5）凝汽系数 a_c 计算。

1）给水泵汽轮机抽汽系数 a_{xj}：

$$a_{xj} = \frac{a_{c4}\tau_{pu}}{h_4 - h_{c,xj}} = 0.03606$$

2）由凝汽器的质量平衡计算 a_c：

$$a_c = a_{c5} - a_{d8} - \sum a_{sg} - a_{xj} - a_w - a_{ma} = 0.56425$$

3）由汽轮机汽侧平衡校验 a_c。

H4 抽汽口抽汽系数和 a'_4：

$$a'_4 = a_4 + a_{xj} + a_{nf} + a_{pl} = 0.04281 + 0.03606 + 0.01943 + 0.0111103 = 0.10941$$

各加热器抽汽系数和 $\sum a_j$：

$$\sum a_j = a_1 + a_2 + a_3 + a_4' + a_5 + a_6 + a_7 + a_8 = 0.42712$$

轴封漏汽系数和：

$$\begin{aligned}\sum a_{sg} &= a_{sg,k} + a_{sg,B} + a_{sg,L1} + a_{sg,N1} + a_{sg,M1} + a_{sg,L} \\ &\quad + a_{sg,N} + a_{sg,M} + a_{sg,P} + a_{sg,R} + a_{sg,T} - a_{sg,S} \\ &= 0.0086325\end{aligned}$$

凝汽系数 a_c：

$$a_c = 1 - \sum a_j - \sum a_{sg} = 1 - 0.42712 - 0.0086325 = 0.56425$$

该值与由凝汽器质量平衡计算得到的 a_c 相等，凝汽系数计算正确。

(6) 汽轮机内功计算。

1) 凝汽流做功 w_c：

$$\begin{aligned}w_c &= (a_c - a_{sg,S} + a_{sg,T})(h_0 - h_c + q_{rh}) - a_J q_{rh} - a_{sg,A}(h_0 - h_2) \\ &= (0.56425 - 0.0013 + 0.00057)(3394.1 - 2340.4 + 522.5) \\ &\quad - 0.01682 \times 522.5 - 0.0003442 \times (3394.1 - 3013.9) \\ &= 907.42(\text{kJ/kg})\end{aligned}$$

$$q_{rh} = h_{rh} - h_2 = 3536.4 - 3013.9 = 522.5(\text{kJ/kg})$$

式中　q_{rh}——再热蒸汽吸热量。

2) 抽汽流做功 $\sum w_{a,j}$：

1kgH1 抽汽做功 $w_{a,1} = h_0 - h_1 = 3394.1 - 3124.1 = 270$ (kJ/kg)

1kgH2 抽汽做功 $w_{a,2} = h_0 - h_2 = 3394.1 - 3013.9 = 380.2$ (kJ/kg)

1kgH3 抽汽做功 $w_{a,3} = h_0 - h_3 + q_{rh} = 3394.1 - 3325.5 + 522.5 = 591.1$ (kJ/kg)

1kgH4 抽汽做功 $w_{a,4} = h_0 - h_4 + q_{rh} = 3394.1 - 3147 + 522.5 = 769.6$ (kJ/kg)

其余 H5、H6、H7、H8 抽汽做功的计算同上，结果列于表 1-8。

表 1-8　　　　做功量和抽汽量计算结果

项　　目	H1	H2	H3	H4	H5	H6	H7	H8
1kg 抽汽做功 (kJ/kg)	270	380.2	591.1	769.6	968.4	1154.7	1275.8	1406.6
各级抽汽量 (t/h)	130.7	147.64	58.31	77.14	73.66	45.99	50.62	56.75

抽汽流总内功量：

$$\begin{aligned}\sum w_{a,j} &= a_1 w_{a,1} + a_2 w_{a,2} + a_3 w_{a,3} + a_4' w_{a,4} \\ &\quad + a_5 w_{a,5} + a_{61} w_{a,6} + a_7 w_{a,7} + a_{81} w_{a,8} \\ &= 306.65\ (\text{kJ/kg})\end{aligned}$$

3) 附加功量。附加功量 $\sum w_{sg}$ 是指各小流量做功之和：

$$\begin{aligned}\sum w_{sg} &= a_{sg,k}(h_0 - h_{sg,K} + q_{rh}) + (a_{sg,L1} + a_{sg,N1} + a_{sg,M1})(h_0 - h_{sg,L1}) \\ &\quad + (a_{sg,L} + a_{sg,N} + a_{sg,M})(h_0 - h_{sg,L}) + (a_{sg,p} + a_{sg,R})(h_0 - h_{sg,p} + q_{rh}) \\ &= 3.174\ (\text{kJ/kg})\end{aligned}$$

4）汽轮机内功 w_i：

$$\begin{aligned} w_i &= w_c + \sum w_{a,j} + \sum w_{sg} \\ &= 907.42 + 306.65 + 3.174 \\ &= 1218.37(\text{kJ/kg}) \end{aligned}$$

汽轮机比热耗 q_0：

$$\begin{aligned} q_0 &= h_0 - h_{fw} + a_{rh} q_{rh} \\ &= 3394.1 - 1201.1 + 0.8242 \times 522.5 \\ &= 2623.6(\text{kJ/kg}) \end{aligned}$$

3. 热经济性指标的计算

工质热效率 η_i：

$$\eta_i = \frac{w_i}{q_0} = 1218.37/2623.6 = 0.46439$$

汽轮机绝对电效率 η_e：

$$\eta_e = \eta_m \eta_g \eta_i = 0.985 \times 0.99 \times 0.46439 = 0.4570$$

汽轮机热耗率 q：

$$q = 3600/\eta_e 3600/0.4570 = 7876(\text{kJ/kWh})$$

发电机组汽耗率 d：

$$d = q/q_0 = 7876/2623.6 = 3.002(\text{kg/kWh})$$

发电标准煤耗率 b^s：

$$b^s = \frac{3600/29300}{\eta_b \eta_e} = 301.27(\text{g/kWh})$$

汽轮机进汽量 D_0：

$$D_0 = 1000 d P_e = 1000 \times 3.002 \times 600 = 1801.33(\text{t/h})$$

式中　P_e——汽轮机额定功率，取值为600MW。

检验：汽轮机进汽量 D_0 =1801.33t/h，与初选值相等。

能力训练

1. 采用回热循环的目的是什么？
2. 结合表 1－1 描述图 1－1 回热循环的组成。
3. 循环的能量分析方法有几种？采用什么样的分析思路？
4. 评价火力发电厂的热经济性指标有哪些？

任务二　回热加热器及其运行

学习任务

1. 知识目标

（1）熟练掌握回热加热器的作用及其在火力发电厂中回热循环中的位置；

（2）熟练掌握高压加热器和低压加热器的结构类型及结构组成和特点。

2. 能力目标

(1) 熟练识读高压加热器和低压加热器的结构示意图；

(2) 熟练叙述回热加热器的运行知识。

学习情境引入

回热加热器是火力发电厂回热循环机组中最常见的换热器，回热加热器包括高压加热器和低压加热器。本任务从回热加热器的结构组成及结构特点入手，详细介绍高压加热器和低压加热器。

任务分析

回热加热器通常采用表面式换热器，利用汽轮机的抽汽来加热锅炉给水，提高机组的经济性，经过机组的经济性分析，确定不同的抽汽压力和抽汽量。根据回热加热器工作压力不同，分为高压加热器和低压加热器，高压加热器布置在除氧器之后，而低压加热器布置在凝汽器和除氧器之间。

知识准备

回热加热器包括高压加热器和低压加热器，下面从结构组成及结构特点两方面分别介绍高压加热器和低压加热器，并一起学习回热加热器的运行知识。

一、回热加热器

(一) 高压加热器

1. 概述

高压加热器（见图 1-6）的作用是利用汽轮机的抽汽加热锅炉给水，以提高机组的热效率。高压加热器一般为 U 形传热器、双流程，半球形水室采用自密封结构。高压加热器按照布置的形式分为卧式加热器、倒置立式加热器、顺置立式加热器三类，结构见图1-7～图 1-9，其中卧式加热器应用最广泛，图 1-7 即为其结构剖视图。按照换热介质的类型，高压加热器的传热区由过热段、凝结段和疏水冷却段三个传热区段组成，如图 1-10 所示。

图 1-6 高压加热器

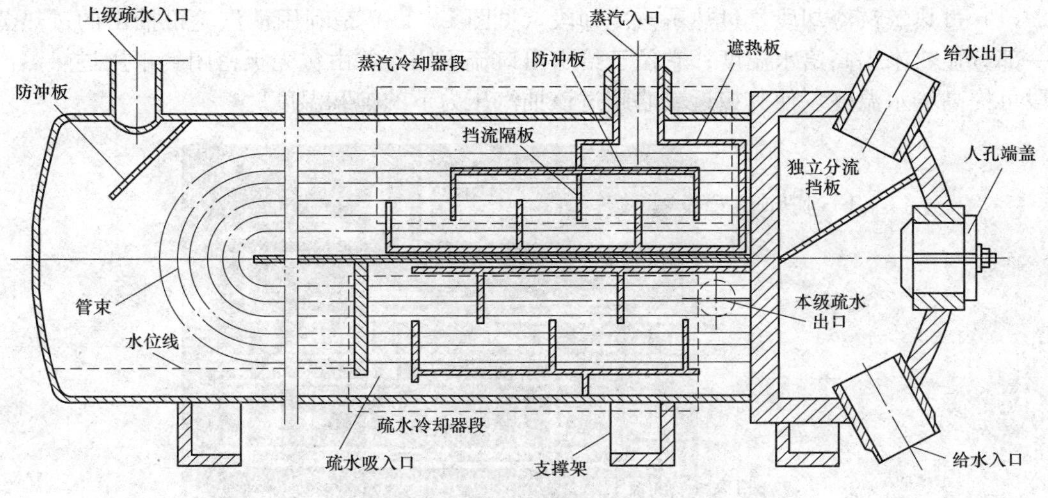

图 1－7　卧式加热器

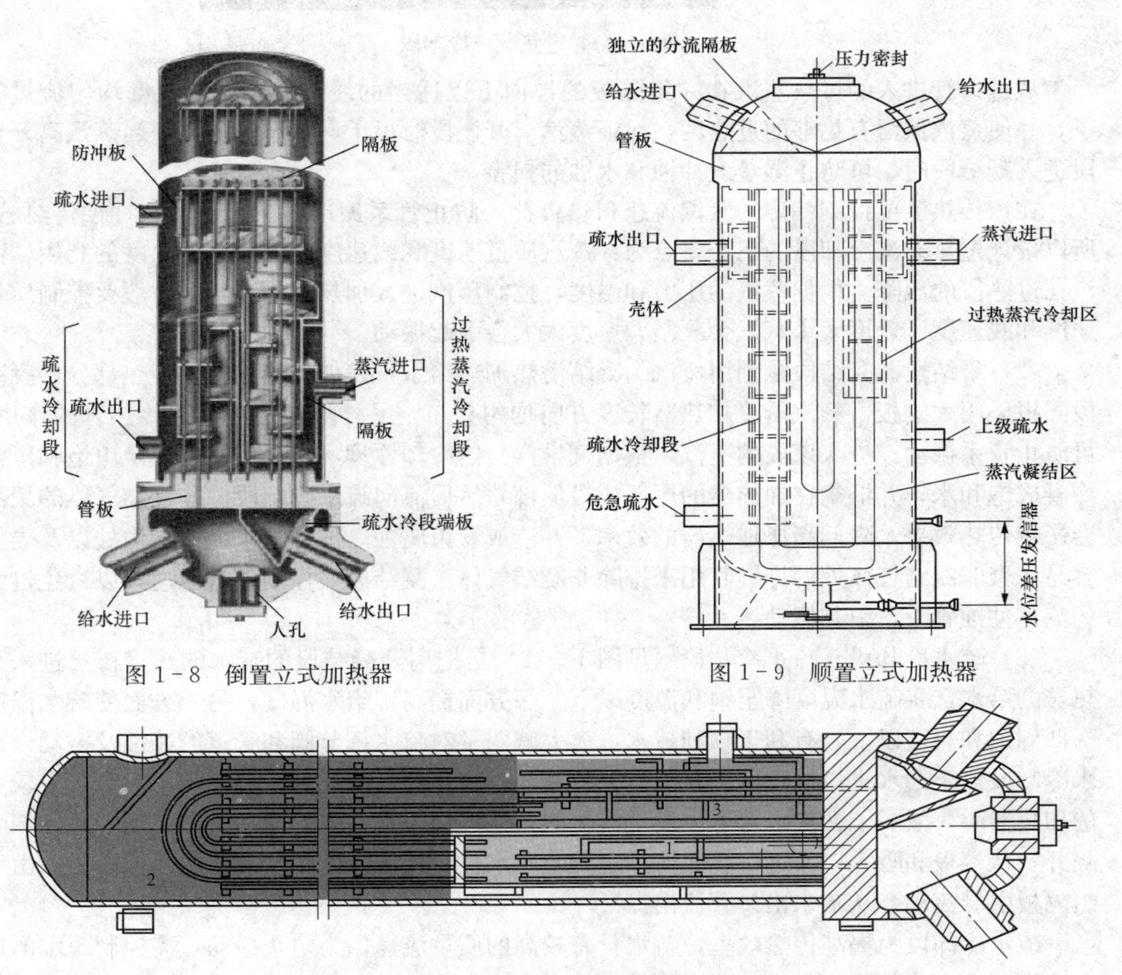

图 1－8　倒置立式加热器

图 1－9　顺置立式加热器

图 1－10　高压加热器的传热区

1—疏水冷却段；2—凝结段；3—过热蒸汽冷却段

（1）过热蒸汽冷却段。过热蒸汽冷却段（见图1－11）是利用从汽轮机抽出的过热蒸汽的一部分显热来提高给水温度；它位于给水出口流程侧，并由包壳板密闭。采用过热蒸汽冷却段可提高给水温度，使其接近或略超过该抽汽压力下的饱和温度。

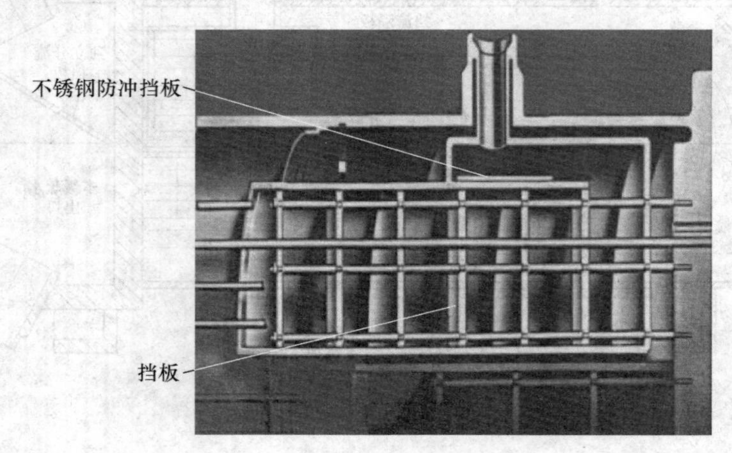

图1－11 过热蒸汽冷却段

从进口管进入的过热蒸汽在一组隔板的导向下以适当的线速度和质量速度均匀流过管子，并使蒸汽保留有足够的过热度，保证蒸汽离开该段时呈干燥状态。这样，当蒸汽离开该段进入凝结段时，可防止湿蒸汽冲蚀和水蚀的损害。

在该传热区要控制一定的蒸汽流速和热负荷，防止管系振动，防止湿蒸汽冲蚀传热管。所以设计过热蒸汽冷却段的三个要点为：蒸汽质量速度和线速度的控制、过热度的利用、蒸汽在过热段的压降。根据蒸汽的压力和温度，控制蒸汽进入加热器的流速，一般要控制质量速度和线速度。速度太小蒸汽会凝结，速度太大会引起振动。

（2）凝结段。凝结段是利用蒸汽的凝结潜热加热给水，是加热器的主要传热部分。凝结段隔板采用大隔板，蒸汽沿着加热器长度方向均匀分布，另外隔板还起支撑传热管的作用，可防止管系振动。进入该段的蒸汽，根据气（汽）体冷却原理，自动平衡，直至由饱和蒸汽冷凝成饱和水，并汇集在加热器的尾部或最低部，然后流向疏水冷却段。非凝结气体的聚集会影响传热效果，降低高压加热器的效率，并造成管束腐蚀。位于管束最低压力处以及壳体容易积聚非凝结气体处的排气管用来排除非凝结气体。凝结段要控制蒸汽流速，以避免过大的流速冲蚀管束，引起振动。

（3）疏水冷却段。疏水冷却段（见图1－12）是把离开凝结段的疏水的热量传给进入加热器的给水，将疏水温度降至饱和温度以下。一方面提高了给水温度，另一方面使疏水温度降低到饱和温度以下，有利于顺利疏水，大大减弱了对疏水调节阀和管道的冲蚀及振动。疏水冷却段位于给水进口流程侧，并由包壳板密闭。疏水温度降低后，当流向下一个压力较低的加热器时，减弱了在疏水管道中发生汽化的可能。包壳板在内部与加热器壳侧的总体部分隔开，从端板和吸入口或进口端保持一定的疏水水位，使该段密闭。疏水进入该段后，由一组隔板引导流动，从疏水出口管流出。

疏水冷却段为提高传热效率，疏水具有较高的质量流速，为防止振动，需控制疏水的质量速度，疏水冷却段具有小于一定值的内阻要求，内阻过大会影响疏水的正常流动；同时采用潜水式进口（见图1－13），控制进口流速，并保持水位，形成水封。

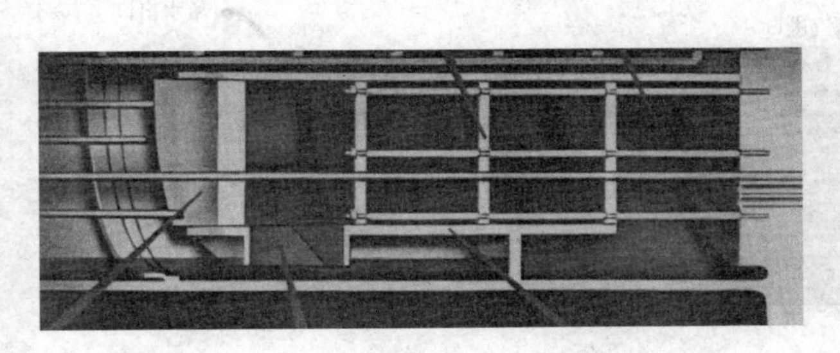
图 1-12 疏水冷却段

图 1-13 疏水冷却段的潜水式进口

2. 高压加热器的结构特点

高压加热器主要由水室、水室分隔板、管束（管板、U 形管、导流板和支撑板等）、壳体、固定支座和滑动支座等组成。

(1) 壳体。壳体由钢板焊接而成，壳体和水室通过焊接连接在一起。为便于壳体的拆移，安装了吊耳及壳体滚轮使加热器在运行时可以自由膨胀。

(2) 水室组件。水室按外形分为圆柱形大开口水室，圆柱形小开口水室和半球形小开口水室。水室组件由半球形封头、圆柱形筒身和管板组成，管板上钻有小孔，以便插入 U 形管，水室组件还包括给水进口连接管、出口连接管、排气管、安全阀、化学清洗接头和引导水流流向的隔板，以及带密封垫的人孔盖、人孔座。自密封小开口人孔、半球形水室封头、内部分隔板将水室分成两个腔室，如图 1-14 所示。

独立的水室分隔板不与水室封头连接，这类水室有以下优点：

1) 水室封头与进口温度较低的给水接触。

2) 不与封头连接，避免形成复杂的三维应力。

(3) 隔板和支撑板。钢制隔板沿着加热器长度方向布置。这些隔板支撑着管束，并引导蒸汽沿着管束按 90°折向流过管子，且隔板借助拉杆和定距管固定。

(4) 防冲板。在加热器内装有不锈钢防冲板，可使壳侧液体和蒸汽不直接冲击管束，避免管子受冲蚀。防冲板布置在壳体各进口处。

(5) 管子。管子的尺寸、壁厚、材料由加热器的工作参数确定，详见加热器专用说明书，管子是经焊接和胀接固定于管板上的。

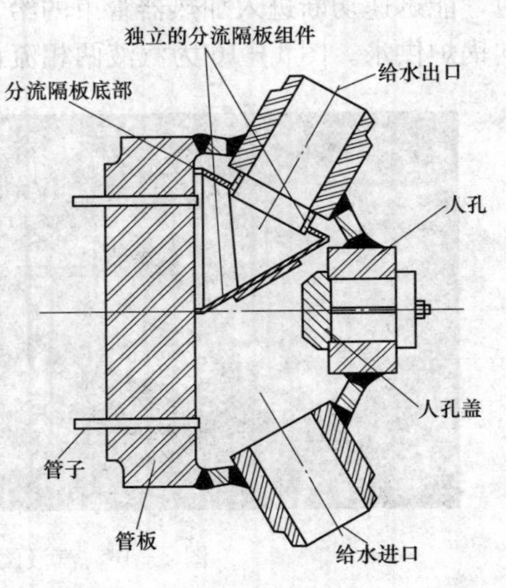

图 1-14 水室

(6) 高压加热器内的流程分布。根据给水和蒸汽的流通通道不同，将高压加热器内的流程分为管程和壳程。管程是指给水的流通通道及过程；壳程是指加热蒸汽的流通通道及过程。

给水的流向（管程）为：给水进口→下水室→U 形管（疏水冷却段→凝结段→过热蒸汽冷却段）→上水室→给水出口。蒸汽的流向（壳程）为：蒸汽进口→蒸汽进口挡板→进过热段→出过热段→进入凝结段凝结成水→疏水冷却段→下一级加热器。其介质进出口和流程分布如图1－15所示。

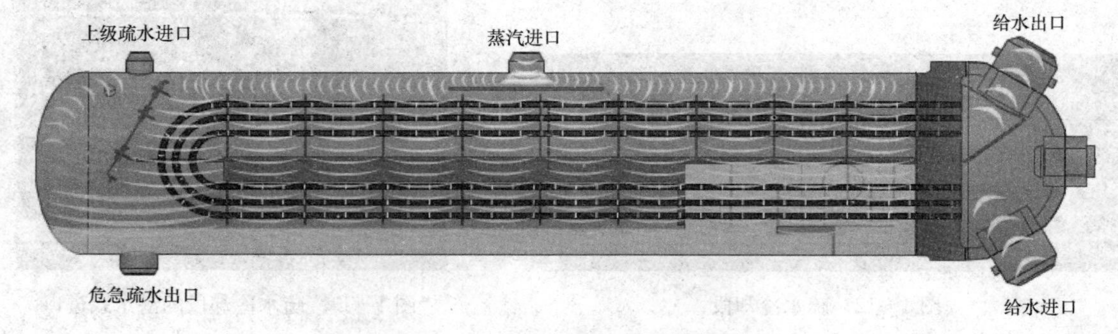

图1－15　高压加热器内流程分布

(7) 疏水装置。表面式加热器疏水装置的作用是在加热器运行时及时排出蒸汽的凝结水（即疏水），而不致使蒸汽排出，以保持加热器有一定的疏水水位，从而维持加热器蒸汽空间的工作压力。

发电厂中常用的疏水装置有浮子式疏水器、疏水调节阀和U形水封（包括多级水封）三种。

(8) 高压加热器的自动保护装置。高压加热器由于水侧的给水压力很高，常因制造工艺、检修质量、操作不当等原因引起给水泄漏事故，在高压加热器发生故障时，为了不致中断锅炉给水或高压水从抽汽管倒流入汽轮机，造成严重的水击事故，在高压加热器上设有自动旁路保护装置。高压加热器自动保护装置的作用是：当高压加热器发生故障或管子破裂时，能迅速切断进入加热器管束的给水，避免高压水从抽汽管倒流入汽轮机，同时又能保证向锅炉供水。图1－16为汽液两相流自调节水位控制器实物及控制系统图。

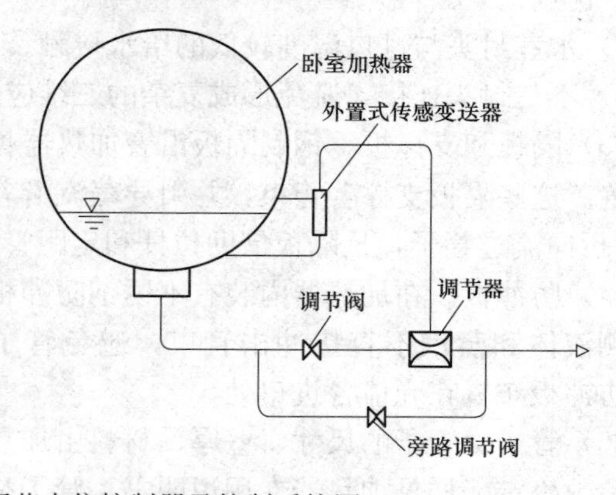

图1－16　汽液两相流自调节水位控制器及控制系统图

目前电厂高压加热器上采用的保护主要有水压液动控制和电动控制两种，图1－17为电动控制的高压加热器保护系统。该系统由进口电动三通阀、出口电动截止阀及继电器组成，上述阀门由相应高压加热器的水位信号器通过继电器控制。当任何一台高压加热器故障，汽侧出现高水位危急机组安全运行时，水位信号器发出高水位信号到继电器，由继电器接通1、3阀门，1阀门迅速切断，3阀门快速切换到旁路系统，给水由旁路系统向锅炉供水；同时，危急疏水阀打开，进行大量疏水供应，并向控制室发光报警。

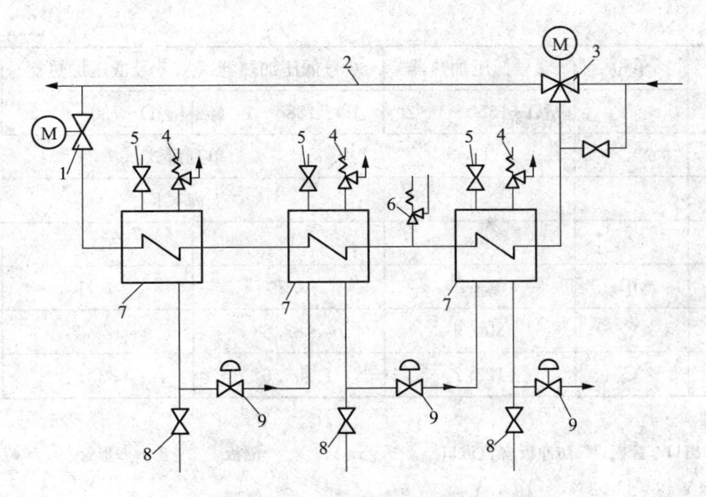

图 1-17　高压加热器保护系统

1—出口电动截止阀；2—旁路管道；3—进口电动三通阀；4—壳侧安全阀；5—进汽阀；6—管侧安全阀；7—高压加热器；8—危急疏水阀；9—气动薄膜调节阀

（二）低压加热器

应用于 300MW 以上的凝汽式火电机组的低压加热器的结构与高压加热器的结构相仿，也是表面式、U 形管、双流程换热器；换热面也分为过热蒸汽冷却段、凝结段、疏水冷却段三段，如图 1-18 所示。表 1-9 为某 600MW 凝汽式火电机组采用的低压加热器的参数。600MW 机组的低压加热器有四级，从凝汽器以后的 7、8 号低压加热器，蒸汽压力低于大气压力，现场把它们组合在一个壳体内，成为一个整体安装在凝汽器的喉部。它的疏水自流入凝汽器，由于两者压差很小，该方式避免了因疏水管道长、阻力大而引起的疏水不畅的问题；同时，从汽轮机低压缸抽汽口通向 7、8 号低压加热器的抽汽管道直径粗大，该方式大大缩短了抽汽管道的长度，简化了布置，有利于提高系统的热经济性。

表 1-9　　低压加热器的参数

项　　目	单位	5 号低压加热器	6 号低压加热器	7 号低压加热器	8 号低压加热器
型号		JD-1550-1-2	JD-1280-1-1	JD-730-1-2	JD-920-1-1
型式		单列卧式			
制造		上海某厂			
传热面积	m^2	1550	1280	730	920
壳侧设计温度	℃	340	240	150	150
壳侧设计压力	MPa	0.795	0.258	0.6	0.6
管侧设计温度	℃	170	128	110	110
管侧设计压力	MPa	3.62	3.62	3.727	3.727
凝结水流量	t/h	1444.5	1444.5	1444.5	1444.5
凝水进口温度	℃	118.1	100	77.5	34.9
凝水出口温度	℃	157.7	118.1	100	77.5

续表

项　　目	单位	5号低压加热器	6号低压加热器	7号低压加热器	8号低压加热器
型号		JD-1550-1-2	JD-1280-1-1	JD-730-1-2	JD-920-1-1
型式		单列卧式			
制造		上海某厂			
加热蒸汽流量	t/h	96	43	51.7	88.6
加热蒸汽压力	MPa	0.61	0.20	0.11	0.044
加热蒸汽温度	℃	304.9	182.8	124.7	81.5
疏水温度	℃	123.7	105.6	83.1	40.5

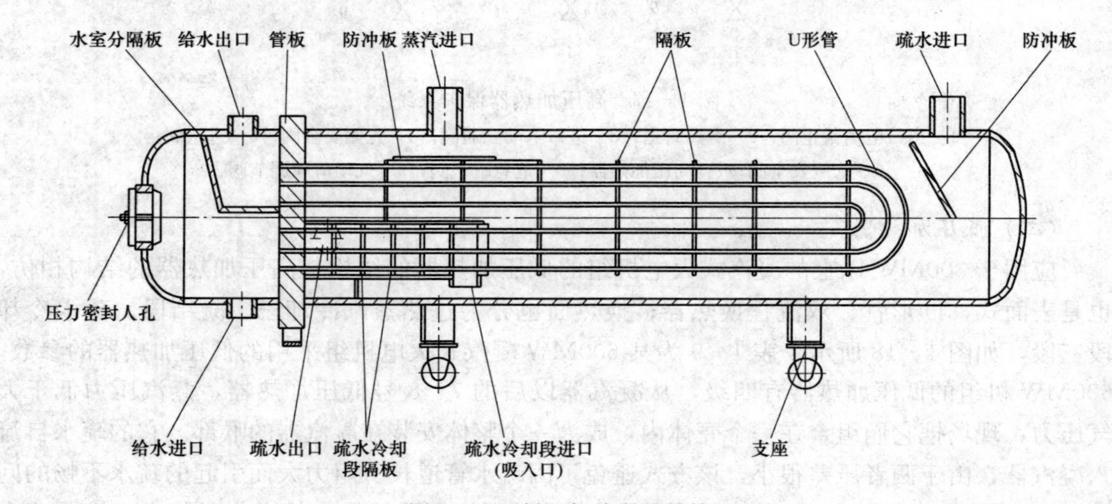

图1-18　低压加热器的结构

二、回热加热器的运行基础知识

回热加热器的运行对火力发电厂的安全、负荷率及经济性影响很大。机组实际运行的安全性和经济性首先取决于设计和制造，但在运行中，良好和严格的管理也是非常重要的。回热加热器启动时，当水质不合格时，通过放水阀将汽侧和水侧的水放至污水池或地沟中。

（一）回热加热器的温度变化率规定及限制

回热加热器冷态启动或者加热器运行工况发生变化时，温度的变化率限定在≤55℃/h。必要时可允许变化率≤110℃/h，但不能再超过此值。规定这个温度变化率可使厚实的水室锻件、壳体和管束有足够的时间均匀地吸热或散热，以防止热冲击。

运行经验表明，当总的温度变化率≤69℃/h时热冲击不会造成损坏，但是随着总的温度变化的加剧，问题也会相应增加，而且随着温度变化率的升高，故障也会增多。各种温度变化率的预计循环寿命如表1-10所示。

表1-10　回热加热器的温升率与循环次数的对照表

温升率（℃/h）	循环次数
780	1250
440	20000

续表

温升率（℃/h）	循环次数
220	300000
110	∞

表1-10表明，当温度变化率限制在≤110℃/h时，允许进行无限次热循环，此时的热冲击对加热器是处在安全范围内的，不会降低加热器的预计寿命。但是，当温度变化率增加到220℃/h时，加热器的预计寿命就会减少到300000次循环。如果热变化率剧增到780℃/h，加热器的寿命将急剧缩短为1250次循环。可见当热变化率超过110℃/h时，加热器寿命会受到有害影响，所以运行过程中要密切监视回热加热器的温度变化率。

（二）高压加热器的投运

1. 随机滑参数启动

如果高压加热器的疏水系统具有导向凝汽器或其他低压疏水扩容箱的管道，可以采取随机滑参数启动和停运的方法。随机滑启、滑停的好处是操作方便，温度变化率便于控制，能缩短机组达到满负荷的时间。随机滑启动时，按照以下步骤操作：

（1）检查阀门、仪表完好，各辅助水、气、电接通。

（2）高压加热器旁路门关闭，给水进、出口门打开，抽汽止回阀和电动隔离门打开，管、壳侧启、停放气口门打开（当高压加热器采用外置式液动三通阀给水旁路系统时，应先打开三通阀门的手轮和注水门；若给水选走旁路，高压加热器管侧至一定压力后通阀）。

（3）初次启动时，应将管、壳侧放水口打开，待冲除干净内部垃圾后关闭。

（4）给水泵启动后，管侧开始充水，待放气口见水后关闭。

（5）汽轮机冲转后，壳侧有蒸汽进入，待放气口见汽后关闭。

（6）当末级高压加热器（抽汽压力最低的一只高压加热器）的壳侧压力达到一定数值时，关闭该级高压加热器向凝汽器（或其他低压加热器扩容箱）的疏水阀门，打开至除氧器的正常疏水截止门和运行排气门，调整水位至正常范围，并投入自动和保护。

2. 带负荷的启动

有两种情况不能采用滑启动：一种是不具备随机滑启的条件，当主机升负荷到一定值时，开始投入高压加热器；另一种是主机处于正常运行中，高压加热器由于某种需要（比如检修）而单独投入。这两种情况均属于带负荷启动，也称为热态启动，应严格控制加热器的温升率，可按照下述步骤操作：

（1）检查各阀门、仪表正常无误后，打开放水门（如需冲除杂质可先开此门，待冲干净后关闭）；如采用液动三通阀的给水旁路系统，则打开三通阀手轮。

（2）打开给水进口门的注水门，以规定温升率向高压加热器注水，放气门见水后关闭。当高压加热器压力达到旁路管道压力时，缓慢打开给水出口门，关闭旁路门；采用液动三通门的系统，压力升到一定值后，给水自动切换到高压加热器，关闭注水门。

（3）打开抽气止回阀和电动截止门，暖机并监视温升率、打开放汽口，见汽后关闭。

（4）按抽汽压力由低到高的顺序，依次打开抽汽电动门，当末级高压加热器达到一定压力后，疏水导向除氧器，打开抽气排气门。

（5）调整水位在正常范围内，并投入自动和保护。

高压加热器也可以先投蒸汽暖机，方法为打开抽汽旁路门，使壳侧保持低压（比如0.02MPa）暖机30～60min。

（三）高压加热器的停运

1. 随机停运

具备随机滑停的高压加热器，当末级高压加热器抽汽压力下降到一定值时，关闭至除氧器的疏水截止门，打开至凝汽器（或其他疏水扩容器）的疏水调节门，机组停机后，打开管、壳侧放气、放水门，排尽给水。采用液动三通阀的高压加热器，停机后阀瓣自行下落，三通阀置旁路状态，此时应旋下手轮，压紧阀瓣。

2. 带负荷的停运

带负荷的停运也有与带负荷启动相似的两种情况，这两种情况均属于热态解列，因而需严格控制温升率。

（1）当末级高压加热器抽汽压力降到一定值时，将正常疏水从除氧器切换到凝汽器（或其他疏水扩容器），如果主机未降负荷而需解列某一只或全部高压加热器，则此条不执行。

（2）依照抽汽压力由高到低的顺序，依次缓慢关闭抽汽门，同时关闭运行排气门。

（3）关闭高压加热器疏水截止阀，打开放水、放气门，关闭抽汽止回阀，打开抽汽管道疏水门。

（4）缓慢打开给水旁路门，关闭给水出口门和进口门，打开管侧启停放水门，压力泄尽后，打开启停放气门。采用液动三通阀给水系统时，可手控启动液压装置关闭三通阀，给水走旁路，并旋下手轮。

3. 事故条件下高压加热器的解列

当高压加热器发生泄漏时，水位急剧上升，接通高二值报警点，自动打开危急疏水门，如水位继续上升，高三值点接通，同时迅速打开给水旁路门，关闭给水进出口和抽汽隔离门，关闭疏水至除氧器的截止门和运行排气门，打开疏水到凝汽器或其他疏水扩容器的截止门，打开启停放水门排除积水，打开放气门。

采用液动三通阀的系统，高三值接通电磁阀，活塞上部进水，阀瓣下压，给水走旁路，其他同前。

事故条件下的自动解列，因不能遵守温度变化率的限制，故对高压加热器是有害的；如果自动解列系统失灵，产生拒动作，应手控解列按钮，如仍无效，应至现场手动各给水阀门的手轮，强行切换。若液动三通阀的电磁阀失灵，应手动打开电磁阀的旁路门。

（四）保持回热加热器最佳性能的措施

1. 排气接头和控制

所有的回热加热器都有排气接头，并且所有加热器都必须将积聚的非凝结气体连续地经排气放出去。目前主要有启动排气和运行排气两种排气形式。启动排气通常都直接排入大气中；运行排气是连续投运的。

运行排气一般由内置的节流孔控制。回热加热器运行排气接头必须有单独的阀门，使所有回热加热器各自向处理非凝结气体的设备排气，例如排向冷凝器或除氧器，不要将这些排气逐级地排到一个较低压力的加热器里，否则会导致有害气体的积聚。

合适的最小排气量要求大约是进入回热加热器蒸汽总量的5%，每台回热加热器排气装置的尺寸是经计算后分别确定的。如果各排气口都通到一个公共集箱，这个集箱一定要有能力处理从所有排气口来的气体总量，并必须将气体排放到比各排气口压力都低的地方去。为了使排气节流孔正常工作，位于加热器接头处的排气管路系统的压力一定要比各加热器的饱和压力低 50%。

注意：所有的回热加热器在启动时，都应单独通过排气接头排气，一旦出现非凝结气体积聚，先是会影响传热，导致回热加热器性能降低；然后是最重要的长期影响，将引起加热器内部腐蚀使之受损，导致加热器发生事故。

2. 回热加热器的水处理

由于回热加热器的换热管材质不同，建议按照厂家要求的用水标准进行水质处理，并且要考虑到火力发电厂所在地的水质情况，调整水的化学成分，使其适合机组回热加热器系统的应用。因碳钢管应用广泛，在正常运行工况下，建议遵循下述规定：

(1) 溶介氧的浓度不超过 7μg/LB（最大值）。

(2) 为使碳钢加热器达到最小腐蚀，水的 pH 值不得小于 9.6。对于不锈钢碳钢系统，水的 pH 值为 9.6。

(3) 进入省煤器和加热器排出疏水的铁离子浓度应低于 5ppb。

(五) 超负荷限制

为了检查和维修，使一台或一列回热加热器切除而让汽、水走旁路，将使运行加热器的流量增大到失常或损坏的程度，故运行时要注意通过加热器的汽、水流量不得超过规定的极限。

(六) 疏水水位控制

1. 正常水位

正常水位即控制水位，在加热器总图和加热器水位指示板上有清楚的标注。当加热器达到运行温度并稳定运行时，一定要保证控制水位，随时监控水位指示板上的正常水位。水位由液位控制器维持，水位计连在壳体上以就地观察，一般卧式加热器允许水位偏离正常水位 ±38mm，立式加热器为 ±50mm。

2. 低水位

卧式加热器低于正常水位 38mm 为低水位。水位的进一步降低（一般超过 25mm）会使疏水冷却段进口（吸水口）露出水面，蒸汽进入该段将破坏疏水流经该段的虹吸作用，并产生下列失常情况：

(1) 造成疏水端差上升。

(2) 由于泄漏蒸汽的热量损失，使加热器性能恶化。

(3) 在疏水冷段进口处和疏水冷段内引起汽水混流冲蚀性危害，而使管子损坏。

为确定是否漏气，可比较疏水出口温度与给水进口温度。在设计工况时，疏水温度大概高于给水进口温度 5.6～11.1℃，如疏水温度高于给水进口温度 11.1～27.8℃，则疏水冷却段可能汽水混流。

3. 高水位

卧式加热器高于正常水位 38mm 即为高水位，对立式加热器该值为 50mm，当处于高水位时，加热器凝结段的传热面将浸没在水中，这种满水会减少有效传热面，导致加热器性能下降、给水出口温度降低；当立式加热器进一步提高水位，达到约 300mm 时，会使疏水淹入过热段，破坏过热段的传热，并严重冲蚀管子，使加热器破坏。造成高水位的原因如下：

(1) 疏水调节阀不正常运行或失常。

(2) 加热器之间压差不够。

(3) 超载荷运行。

(4) 传热管损坏。

在运行中通过测量流量和观察疏水调节阀的运行情况，可以检测管子的泄漏情况，比如压力信号或阀杆指示器表示阀门处于微启状态或者比该负荷条件下的通常开启度大，此时负荷是稳定的，这就表明疏水流出量比加热器负荷要求的大，多出的疏水流量必定来源于管子泄漏。停运时水压试验可以核实管子的泄漏情况，一旦发现有传热管的损坏，应立即采取措施堵塞破裂的管子，以减少高压流体对邻近管子的冲刷损害。

(七) 停机保护

停机阶段必须对加热器的水侧和壳侧进行必要的保护。运行过程中加热器短期停运时，在加热器的壳侧充满蒸汽，适当调节水侧除氧水的 pH 值也会有效保护加热器。若停机时间较长，例如为了系统设备维修长期停用，或为了系统维修或大修而机组停用时，必须提供更具有持久性的保护措施，例如采取充氮和使用其他合适的化学抑制剂。碳钢管给水加热器建议采用以下保护措施：

壳侧（即蒸汽侧）：充氮，在长期停用期间，须完全干燥后充入干的氮气。

水室（即水侧）：当机组停机时，加大联氨注入量，使加热器内的浓度提高到 200ppm，并且以增加氨来调节和控制 pH 值为 10.0。

(八) 污垢的形成

有一层起保护作用的水垢薄膜可以保护管子免受化学侵蚀，在加热器总体设计时已经将此考虑在内，但系统内因化学成分失调造成污垢或沉积物的积聚会使该性能变差，并损害加热器。

因污垢或沉积物使性能下降，可从给水的温升（给水出口温度减去给水进口温度）降低检测出来；厚的沉积物还会使给水经过加热器的压差（给水进口压力减去给水出口压力）增加，污垢和深化沉积物用机械方法（如刷除或高压水喷射等）和化学清洗方法去除，化学清洗除去的污垢可从加热器水室上的疏水接管排出。

(九) 通道之间的泄漏

水室分隔板焊缝的裂缝或螺栓连接的分隔盖板的垫圈泄漏都会造成渗漏，从而降低换热器的性能。分隔板的泄漏能从给水的温升降低和给水压差降低检测出来。一旦发现有渗漏，应立即补焊和调换垫圈，以消除进一步损坏，并恢复换热器的性能。

(十) 异物

整个管道和可进入的内部空间，在安装或维修后，必须彻底进行清洁检查，以确保无焊渣、焊丝、工具、绝缘材料的碎片或任何异物残留在里面，上述物体的残留都会使给水加热器管子损坏，严重时会导致停机。

(十一) 超负荷工况

严重的超负荷运行会危害设计的机构整体，因为压差（破坏性因素）随流速平方成正比，超负荷（蒸汽或给水流量加大）会大大缩短加热器的寿命。为了取得最长寿命，超负荷作为暂时的应急运行措施，应尽量减少，且时间尽可能缩短，并使加热器尽快恢复到设计工况。

三、回热加热器的运行方式及保护

以某凝汽式电厂 600MW 机组为例介绍回热加热器的运行方式及保护。该机组的回热系统布置及参数见本项目任务一的介绍。

（一）回热加热器的水位调节

加热器水位采用 DCS 控制调节方式。高压加热器和低压加热器均设有各自的水侧旁路系统，在正常运行中可单个也可数个切除。一般最后两级低压加热器由于布置特殊，只能同时进行隔离或投运。因疏水为逐级自流，在上一级加热器仅隔离汽侧时，仍可接受更上一级的加热器疏水。当某一级高压加热器水侧隔离时，上一级加热器的疏水可进入除氧器；当某一低压加热器水侧隔离时，上一级加热器的疏水可进入凝汽器。除氧器隔离时，联动关闭四抽至除氧器进汽电动门和止回阀，3 号高压加热器至除氧器正常疏水阀联动关闭，联开 3 号高压加热器至凝汽器疏水阀。

（二）回热加热器的防进水保护

1. 高压加热器水位保护

（1）高压加热器水位高Ⅰ值（＋38mm），报警。

（2）高压加热器水位高Ⅱ值（＋88mm），联开高压加热器危急疏水。

（3）高压加热器水位高Ⅲ值（1、3 号高压加热器为＋188mm，2 号高压加热器为＋138mm），高压加热器解列，高压加热器水侧走旁路，高压加热器抽汽电动隔离门及抽汽止回阀关闭，同时开启抽汽管道疏水，上一级高压加热器疏水自动切换至除氧器。

2. 低压加热器水位保护

（1）低压加热器水位高Ⅰ值（＋38mm），报警。

（2）低压加热器水位高Ⅱ值（＋88mm），联开低压加热器危急疏水。

（3）低压加热器水位高Ⅲ值（＋188mm），低压加热器解列，低压加热器水侧走旁路，低压加热器抽汽电动隔离门及止回阀关闭，同时开启抽汽管道疏水，上一级低压加热器疏水自动切至凝汽器。

（三）回热加热器的端差

各加热器的上、下端差值分别为：

上端差：各高压加热器分别为－1.7、0.0、2.0℃，各低压加热器分别为 2.0、2.0、2.0、2.8℃。

下端差：高压加热器、低压加热器均为 5.6℃。

（四）回热加热器的投停

1. 回热加热器投停时的注意事项

（1）回热加热器投运时，应先投水侧再投汽侧；停运时，应先停汽侧再停水侧。

（2）低压加热器在凝结水系统注水时应投运水侧，高压加热器在锅炉上水时应投入水侧，完成低压下注水投运。

（3）低压加热器在机组冲转时随机滑启，高压加热器在机组负荷达到 25%，除氧器等到本机四段抽汽供汽后投入；停机时在 25%负荷左右退出加热器运行。

（4）投高压加热器时，应遵循从低压到高压的原则，停时相反。

（5）回热加热器投停过程中，应严格控制低压加热器出水温度变化率≤3℃/min，高压加热器出水温度变化率≤1.85℃/min。

(6) 投入高压加热器时，应手动开启高压加热器至凝汽器疏水手动门，使凝结水能排至凝汽器，防止因疏水不畅造成高压加热器满水、解列。

(7) 高压加热器解列后投入运行时，运行人员可以联系热工专业强制上级疏水至除氧器，防止高压加热器水侧投入运行后，上级加热器疏水大量流入本级，造成高压加热器水位高保护动作。

(8) 任何时候发现高压加热器水位超过保护动作值而高压加热器未解列时，都应立即手动解列高压加热器，防止发生汽轮机进水事故。

2. 回热加热器水侧投停的程序逻辑

当某加热器水侧投入时，在CRT显示器上调出所投加热器水侧进口门控制画面，先按“RESET”，然后按“HEATER IN SERVICE”，注意检查各门动作顺序：

(1) 低压加热器进出口门开启，当全开后，旁路门关闭直至全关，低压加热器水侧投入。

(2) 高压加热器进出口门的小旁路门全开后，水侧进出口门开启至全开，然后关闭水侧进出口门的小旁路门，开启水侧大旁路门的小旁路门至全开后，关闭水侧大旁路门至全关，最后关闭水侧大旁路门的小旁路门，高压加热器水侧投入。

(3) 高、低压加热器水侧停运步骤与投运步骤相反。在水侧投停过程中若发现阀门动作异常，可按“RESET”按钮中止所有阀门的动作，以防锅炉上水中断。发现高压加热器水侧阀门动作不正常时，应立即到就地MCC（motor control center）进行操作，手动强制开启阀门，防止锅炉给水中断。一般来说，加热器水侧的旁路门可单独开启或关闭，以防锅炉上水中断。

四、回热加热器的运行及故障分析

（一）加热器投运前检查

(1) 确认加热器及其管道冲洗合格，有关试验、校验合格。

(2) 确认系统各气动门控制气源投入正常。

(3) 确认各疏水阀动作正常，并已投入自动控制。

(4) 打开所有表计的考克门。

(5) 确认加热器充氮及湿保护系统隔离。

(6) 确认所有放水门关闭。

(7) 稍开低压加热器连续放气至凝汽器一、二次门。

(8) 确认高压加热器连续放气至除氧器一、二次门关闭。

(9) 确认高压加热器启动放气阀开启。

(10) 确认加热器正常疏水阀截止门开启，事故疏水阀前后隔离阀开启。

(11) 确认抽汽止回阀关闭，抽汽止回阀前、后疏水阀开启。

（二）运行中低压加热器的投入

(1) 投入低压加热器水侧，当水室放气阀见水后关闭放气阀。注意低压加热器进、出水门开启正常，水侧旁路门关闭，检查低压加热器水位计应无水位出现，凝结水流量无变化。

(2) 开启加热器至凝汽器放水门，开启所投低压加热器抽汽止回阀，稍开所投低压加热器抽汽电动门以对加热器设备进行加热（暖体），注意控制低压加热器出水温度变化率≤3℃/min。

(3) 逐渐全开低压加热器抽汽电动门，开启连续放气阀，逐渐关闭加热器至凝汽器放水门，注意凝汽器真空变化及疏水阀动作正常。

(4) 检查并确认抽汽电动隔离门的前、后疏水阀应关闭。

(三) 运行中高压加热器的投入

(1) 开启加热器进水门的小旁路门进行高压加热器注水，当水侧放气阀见水后关闭放气阀，注水结束后关闭进水门的旁路门。

(2) 在CRT上调出所投高压加热器的进口门控制画面，先按“RESET”，然后按“HEATER IN SERVICE”投入高压加热器水侧运行，注意监视程序执行情况，检查加热器水位计有无水位出现。

(3) 开启高压加热器的启动放气阀。

(4) 开启加热器至凝汽器放水门，开启投运高压加热器的抽汽止回阀，稍开投运高压加热器的抽汽电动门，加热器暖体，严格控制高压加热器出水温度变化率≤1.85℃/min。

(5) 逐渐关闭加热器至凝汽器放水门，逐渐全开投运高压加热器的抽汽电动门，疏水阀动作正常。

(6) 关闭启动放气阀，开启连续放气阀。

注意：抽汽管道疏水阀应关闭，高压加热器水位在正常范围内。

(四) 回热加热器的运行维护

(1) 就地水位计照明正常，水位显示清晰、正常，疏水阀动作正常。

(2) 加热器保温良好，无振动及汽水冲击声，汽水管道无泄漏。

(3) 加热器各处压力、温度指示随机组负荷变化正常。

(4) 检测加热器端差正常，控制在5.6℃。

(五) 高压加热器的停运

(1) 缓慢关闭需停高压加热器的抽汽电动门，并严格控制高压加热器出水温度变化率≤1.85℃/min，注意控制机组负荷的变化，关闭连续放气至除氧器一、二次门。

(2) 当高压加热器的抽汽电动门全关后，关闭抽汽止回阀，在CRT上调出所停高压加热器的进水门控制画面，先按“RESET”，然后按“BYPASS”，确认高压加热器水侧解列(旁路门开启，进、出水门关闭)，注意程序执行情况及上级高压加热器疏水至除氧器调节阀动作正常，注意高压加热器水位变化。

(3) 根据需要开启汽侧和水侧放水阀和放气阀，检查压力应逐渐降至零，注意在汽侧放气阀开启之前，应确认抽汽止回阀后疏水阀关闭严密，否则将影响真空。

(4) 加热器停止后需采取充氮保护时，充氮操作应随水侧放水同时进行。

(六) 高压加热器紧急停运条件

(1) 加热器汽水管道及阀门等爆破，危急人身及设备安全时。

(2) 加热器水位升高，处理无效，高压加热器满水时。

(3) 所有水位指示均失灵，无法监视水位时。

(4) 高压加热器危急疏水频繁动作，造成系统补水困难时。

(七) 高压加热器解列

(1) 高压加热器解列的现象：

1) 发电机有功功率增加。

2) 汽轮机调节级压力及其他监视段压力升高。

3）汽轮机高压缸排汽压力及再热热段压力升高，有可能安全门动作。

4）锅炉给水温度降低，凝结水流量增大。

5）当机组负荷100%时高压加热器解列触发RB，10s内负荷降到95%，如果负荷降不到95%，则跳机。

（2）发生下列情况之一时，高压加热器解列运行：

1）任意一台高压加热器水位高Ⅱ值，高压加热器手动解列指令存在时，发出报警信号，解列高压加热器。

2）高压加热器系统的汽水管道及管道上的控制门破裂，危及人身和设备安全时，应立即解列高压加热器。

3）高压加热器水位升高，处理无效，高压加热器满水时，应立即解列高压加热器。

4）高压加热器正常疏水门及事故疏水门卡涩，导致高压加热器水位高Ⅱ值。

5）高压加热器水侧泄漏，导致高压加热器水位高Ⅱ值。

（3）高压加热器解列的处理：

1）关闭一、二、三段抽汽电动及止回阀，并且联动一、二、三段抽汽管道疏水门开启。

2）高压加热器事故疏水门自动开启。

3）高压加热器水侧旁路门自动打开，高压加热器进、出口电动门自动关闭。

（4）高压加热器解列时，应注意以下几个方面：

1）监视除氧器水位调节情况、凝结水泵电流变化情况，机组负荷较高时，应防止凝结水泵过负荷。

2）监视机组负荷调节情况，高压调门在手动时应及时调整，防止机组过负荷或再热器超压现象的发生。

3）注意监视汽轮机组调节级压力，轴系的串轴、胀差、推力轴承温度、轴承振动等各项参数变化情况。

4）机组带满负荷运行时，应注意锅炉的燃料量，不能超过机组额定燃料量的10%。

5）监视机组的主、再热蒸汽温度，防止主、再热蒸汽温度超温。

（八）回热加热器常见问题分析及解决

1. 回热加热器出水温度偏低

（1）原因分析。

1）回热加热器水室分隔板泄漏，形成短路，加热面不起作用，导致出口温度降低。

2）加热器抽汽压力偏低。

3）高压加热器传热管污垢严重，热阻增加，使换热性能下降。

4）高压加热器运行排汽不畅，不凝结气体不能及时排除，导致加热器传热效果降低，出水温度降低。

（2）解决办法。运行排汽时，每个回热加热器应该单独排向除氧器或采用尺寸足够大的母管。

2. 回热加热器的传热管泄漏

（1）原因分析。对于传热管的频繁泄漏，主要原因为堵管工艺不良、管束冲蚀和腐蚀造成。运行原因有：

1）低水位运行，引起疏水冷却段传热管泄漏。

2）高压加热器超负荷运行，引起高压加热器过热段传热管泄漏。

3）运行中不凝结气体和有害气体的积聚造成加热器传热管腐蚀而引起泄漏。

（2）解决办法。首先应确定传热管泄漏的部位和深度，这对确定泄漏原因是至关重要的。确定部位一般采用反泵的方法，也就是壳侧加压，从管侧看泄漏的位置。确定好泄漏管后，若泄漏量少，可对泄漏管进行隔离，用堵头堵漏处理；若泄漏量大，应解列加热器进行换管检修。

3. 回热加热器疏水不畅

（1）原因分析。

1）连接回热加热器的疏水阀门口径选择偏小。

2）疏水管道布置不合理。

（2）解决办法。

1）更换合适口径的阀门。

2）重新校核疏水管道系统，采用合理布局。

4. 回热加热器水位不稳

（1）原因分析。

1）水位偏低，需要调整。

2）阀门选型有问题，比如应采用非笼罩式调节阀，而采用炮弹头式调节阀。

（2）解决办法。

1）调整回热加热器的水位。

2）更换合理的阀门。

（九）回热加热器的运行监视项目

1. 疏水水位

在加热器的启动和运行的整个过程中，始终要监视加热器的疏水水位情况。如果疏水水位过低，会使疏水冷却段的吸入口露出水面，蒸汽进入该段，将破坏该段的虹吸作用，造成疏水端差变化和蒸汽流量损失；进入的蒸汽还会冲击冷却段的U形管，造成振动，严重的还会引起汽蚀现象损坏管束。运行中若发现水位过低，应检查疏水的自动调节装置。如果疏水水位过高，将使部分管子浸没在水中，使换热面积减少，换热效果下降；水一旦倒流入汽轮机，会引起汽轮机本体或系统的损害。造成加热器疏水水位过高的主要原因有疏水调节阀失灵、加热器之间疏水压差太小、加热器超负荷运行、加热器管子损坏等。

2. 传热端差

在运行中，加热器的传热端差是监视的重要项目之一。很多不正常的因素都会影响加热器的传热端差，比如：

（1）传热面结垢或加热器管子堵塞。

（2）汽侧积聚空气：由于空气漏入或者排气不畅使得加热器中聚集了不凝结气体。

（3）疏水水位过高。

（4）抽汽管道阀门没有全开，蒸汽发生严重的节流损失。

3. 加热器负荷

监视加热器的负荷，尽量减少超负荷运行时间。

能力训练

1. 高压加热器和低压加热器的结构有何异同点？为什么？

2. 简述高压加热器的传热区段组成，并描述各区段的作用。

3. 描述高压加热器内的流程分布。

4. 绘制高压加热器的电动保护系统，并简述当高压加热器发生故障时，保护系统的动作过程。

5. 回热加热器在冷态启动和运行时为什么要控制温度变化率？

6. 描述回热加热器的热态启动类型及启动过程。

7. 简述回热加热器的疏水水位类型，并分析造成高水位的原因。

8. 描述回热加热器运行时的监视项目。

9. 简述回热加热器的常见问题、故障分析及解决方法。

回热加热器的拓展知识

一、回热加热器停运对机组的影响

回热加热器是发电厂的重要辅机，回热加热器的正常投运与否对发电厂的安全经济运行及机组满负荷运行影响很大。机组实际运行的热经济性主要取决于设计和制造，但和运行也有很大关系，尤其是回热加热器的运行。

回热加热器停运后会造成以下影响：

(1) 一般高压加热器发生事故较多，若高压加热器不投入运行，将会使机组的煤耗增加。

(2) 高压加热器的停运将使给水温度降低，造成超高参数直流锅炉的水冷壁超温及汽包炉的过热蒸汽温度升高。

(3) 低压加热器的停用将降低机组的热经济性，同时会造成汽轮机末几级的蒸汽流量增大而导致浸蚀加剧。

因此，停用某回热加热器时，为保证相应抽汽段以后汽轮机的各级不过负荷，应该根据机组的具体情况减少负荷。

二、回热加热器的安装

1. 安装使用前注意事项

(1) 出厂时产品接管上的封头、闷盖和法兰等均为充氮或/和包装使用，不得作为水压试验的工装使用。

(2) 高压加热器在使用前应将水室人孔和壳体上的安全阀法兰的橡皮垫片更换成不锈钢缠绕垫片或石棉橡胶板（部位可参阅产品总图或“充氮及水压试验装置”）。

(3) 加热器使用前要调整冷态水位和热态水位。因为保持稳定和一定高度的回热加热器水位，对机组和加热器效率、安全运行至关重要，而低水位运行将引起加热器内部汽水两相流，从而导致加热器传热管迅速泄漏、损坏。加热器是否建立水位，以疏水端差来衡量。

(4) 因水质对加热器传热管损坏影响极大，应根据加热器传热管类型进行水处理。

(5) 高压加热器在启动时水侧应注水，当给水旁路门前后无压差时方能切换，否则将冲击加热器，并引起加热器内部结构损坏，使加热器失效。

(6) 运行人员应注意疏水调节阀开度，一旦开度变大，应注意加热器是否发生泄漏，若不及时发现，将冲蚀周围传热管，并引起更大面积的损坏。

(7) 如使用非焊接性的临时堵头，不得对壳侧进行水压试验。

2. 安装注意事项

(1) 安装时，回热加热器周围要留有足够的空间，以使对加热器进行维修、保养而不妨碍邻近的设备。加热器的抽壳或抽芯长度、拆装人孔盖所需空间等，可参阅加热器总图。

(2) 为了确保回热加热器能很好地运行和避免不必要的维修，不要使加热器管道承受过大的力或把加热器作为管道的支撑点，应尽量减小管道反作用力，外加的载荷会危害加热器并缩短其运行寿命。切忌把管道强制装入法兰或焊接接头。

(3) 回热加热器的主要固定座应牢固地固定在基础或支撑结构上，滑动的支座搁置在支撑结构上，但不固定住，这样便于加热器的膨胀变形。对于卧式加热器安装时装上的中间滚轮，应待运行时拆除，仅保留远端一对滚轮。

(4) 回热加热器投运前，必须拆除充氮用的橡皮人孔垫圈，装上永久性弹性垫圈（圆柱形大开口水室加热器除外）。

(5) 回热加热器管侧、汽侧的安全阀应垂直安置。管侧安全阀的安置，可用$\phi 25\times 4$mm的管子从加热器总图中所示安全阀接口引出，管子与安全阀接口可用角焊缝连接。安全阀与设备之间不允许有其他阀门隔截。

(6) 回热加热器管道上温度计的安装。管道上温度计的安装位置要便于观察，温度计用测温座可直接焊于管道上。

(7) 在运行前所有引出管道应安装保温层，特别需要指出的是水位引出管道应在回热加热器运行前装上保温层，以保证取得水位与加热器内实际水位接近。

(8) 运行时回热加热器的水位对加热器的性能及寿命影响最大。回热加热器的性能指标是基于正常水位来保证的，回热加热器在安装时对水位引出管正常水位进行初调（即总图上所示正常水位线），运行时应再进行一次统调，使水位更接近实际值，此值可能与总图不符，但应以此值为真正的运行水位。

回热加热器运行时必须是有水位运行，不可以长期处于无水位或低于最低水位线之下运行，否则除疏水温度偏高、热效率差外，尚会引起U形管的冲刷损坏。

(9) 安装回热加热器的管道时，不要使杂物通过管接头落入加热器内，否则会损伤加热器，影响加热器的正常运行，缩短加热器的寿命。

三、回热加热器的检修

回热加热器的检修包括正常检修和事故检修两种。正常检修一般每年一次，事故检修是在机组运行中加热器解列后进行的。

正常检修：加热器本体、给水保护系统、疏水调节系统、启动排气、连续排气、汽侧放水及水位计、安全门等附件均应定期检查修理，并经调整试验确认状态良好。应定期检查空气管路上的节流孔或阀门是否堵塞或被冲刷，以便及时进行清理检修或更换。

事故检修：加热器人孔门泄漏检修、加热器管系泄漏检修、加热器壳体检修等。

(一) 检修工艺质量标准

(1) 管系无泄漏。

(2) 水室隔板及稳流板无冲刷、变形、腐蚀、裂纹等缺陷。紧固螺栓齐全，螺纹完好，弹簧垫齐全。

(3) 水室隔板换垫后密封良好，无泄漏。

(4) 包壳无裂纹、砂眼、孔洞等缺陷。

(5) 人孔盖与人孔座无变形、腐蚀、裂纹等缺陷。换垫后安装位置正确，螺栓紧固均匀，密封效果好，无泄漏。

(6) 所有阀门检修后开关灵活，无卡涩，无泄漏。

(7) 所有法兰换垫后无泄漏。

(8) 安全门整定压力准确，无泄漏。

(二) 回热加热器壳体的维修

1. 壳体的拆卸

该工艺包括壳体拆卸和环缝焊接，指导维修人员拆卸壳体和把壳体重新焊接于水室上。设备总图表明了焊接结构的剖面，加热器检修工作开始前，要求工作人员熟悉设备总图，进行现场修理前，建议制造三个定位支架。

(1) 使回热加热器停运，排除水侧和汽侧的水。

(2) 松开法兰，拆除所有可能妨碍壳体拆卸的管道。焊接连接的管道应切割在现场焊接缝上，用气弧刨切割，至管子内壁留下 1.5cm 的厚度。剩余管壁用薄型切割砂轮（砂轮厚度≤3mm）割断。

(3) 根据总图给予的尺寸，定出新的现场切割中心线，划一条连续的圆周线，以表明准备切割的确切位置。

(4) 将事先制作好的三个定位支架按下列要求焊于加热器壳体上：应沿着壳体周向大致相隔 120°布置并骑跨在切割线上；将定位支架焊接区域预热至 121℃。用分段焊方法焊满角焊缝。

(5) 不锈钢板制防护环放在现场切割的环形区域下面。当切割和重新焊接时，它可保护管束。壳体材料的切割只能用气弧刨，决不能用氧乙炔割刀。因为内部积有溶渣，阻碍滑动配合，使壳体拉出工作增加麻烦。

(6) 为了预防火焰切割裂缝，气弧刨前在热切割区域预热至 121℃，对厚度＜32mm 的壳体是推荐采用；对厚度≥32mm 的壳体则必须采用。

(7) 用气弧刨将壳体材料刨至内表面留下约 1.5mm 厚度，壳体厚度见总图。气弧刨割成的剖口形式建议按图纸或者见总图的详图所示。留下的 1.5mm 厚度材料用高速、磨头和薄型（厚度≤3mm）切割砂轮磨断。

说明：如壳体以前经过现场切割和焊接，则内侧有一个厚度为 3mm 的衬圈，也必然被割断。这在上述图上有详细说明，改用一根直径较小的碳棒（直径＜3mm）刨去余下的壳体材料，直到距衬圈内表面 1.5mm 处，然后再用砂轮使衬圈断开。如在定位支架区域砂轮受阻，则可锯开，注意不要使锯片损坏正好在下面的任何部件。

(8) 开始拉壳体。管束隔板支撑板与壳体之间为滑动配合，必须小心地操作，以防壳体与管束、隔板支撑板之间卡住和擦伤。

(9) 使用手动葫芦能很好地控制起吊和牵拉，当可使用行车时，手动葫芦连在行车和加热器之间，壳体的估计重量见总图，手动葫芦和其他工具的规格应能安全地承受这些力，加上其他可能的阻碍和摩擦所增加的负荷来确定。

（10）壳体拆除时，要沿着壳体长度，确保每个隔板支撑板部位的管束支撑牢固，置于隔板下的斜楔、垫块或可调节的管式支撑都能很好地起到牢固支撑的作用。

（11）壳体要安放在适当的位置上，以便在重新焊接前整修端部表面。

2. 焊缝坡口的制备

（1）准备。

1）用喷枪和砂轮去除切割部位的残留老焊缝和熔渣，壳体和短节上如有衬圈的残留部分要铲掉。如果切割时不慎铲下了壳体或短节的金属，在换上新的衬圈前，要将铲除部位焊接补好且磨光，使其恢复原来的外形。

2）壳体进行第一次现场切割，只割断壳体金属，此后的切割得割断现场焊的接缝及衬圈。

3）按照总图或附图的要求制备加热器壳体的焊缝坡口，壳体厚度≤19mm 的应采用单斜度坡口或组合斜度坡口。

4）从焊缝表面和邻近的母材表面除去所有的油污、油脂及其他异物。

（2）安装衬圈。准备一条厚 3mm（最小厚度）、宽 16mm、材料牌号为 A3 低碳钢（热轧）的衬圈，将该衬圈放入壳体短节内，高出焊接坡口边缘 14mm，然后与壳体短节进行装配点焊，填角断续焊缝长度为 25mm，焊缝间隔为 150mm。使用直径为 3mm 的结 506 焊条。

3. 壳体与壳体短节的组装和重新焊接

（1）组装。焊接前装一个临时夹具，把壳体和水室对准夹紧。在壳体和水室距离焊边大约 250mm 的环形线上点焊四个对称的角铁（尺寸 75mm×75mm×6mm）。在每个角铁上钻一个孔，能穿过 12mm 粗的拉程，连接对边的角铁，收紧每根拉杆，直到壳体与定位块相碰为止。

（2）焊接。接头厚度＞19mm 时，将接头表面和邻近母材预热至 121℃，并在整个焊接过程中保持这个温度；接头厚度≤19mm 时，母材温度至少应是 15℃。

（三）回热加热器水室的维修

1. 水室隔板泄漏

给水加热器水室隔板焊缝出现裂缝或破漏可按下述方法修复：

（1）用打磨、碳弧气刨或批铲的方法除去受影响区域的材料，切割或打磨出一个 V 型坡口，注意必须除去所有的裂缝。

（2）从该区域清除所有的异物。

（3）使用直径为 3mm 的结 506 焊条进行电弧焊修复，使用电压为 20～24V、电流为 100～130A 的交流电或反极直流电，使用干燥的焊条及保持短弧，以免焊接材料中出现气孔。

（4）当采用焊多层焊道时，在焊下道焊缝前必须清洁前道焊缝。焊第一道即根部焊缝时不要中断，视力检查根部焊缝时裂缝或缺陷。按需要进行多层堆焊直至该区域原来的焊缝外形。

2. 堵管方法（堵单孔）

（1）在离管板面 63～75mm 的高度处测定管子内径，选取适合于膨胀管束管子尺寸和管子厚度的胀管器。放入胀管器，对离管板面 50～75mm 的管子进行冷滚轧。将管子内径扩大 0.127mm，这可保证被堵部位的管子与管板完全贴合。

（2）铰刮管孔直至表面光滑，直槽扩孔铰刀可满足此要求，测定经铰刮管子的实际内径。

注意：在扩孔操作中不可使用硫化切割油，这种化合物很难去除，会污染焊缝，并引成焊接金属产生裂缝。管孔应干铰，如需使用冷却剂，只能使用非硫化水溶性化合物。

(3) 按图纸要求机加工管子堵头。所用的堵头材料必须为非再硫化的热轧钢。堵头长约50mm，堵头锥度应是0.0500mm/mm，大端应比各个管孔至少大0.025mm，但不能大于0.050mm，以免使附近的管板孔带受到过大的应力。在堵头大直径端打一沉孔，深为19mm，保留最小壁厚为3mm，这可减少由焊接产生的应力。堵头应磨平，为此制造一个堵头压入工具。

(4) 由于管子是焊接在管板上，可以用打磨或管子密封焊缝铲除工具，把原来的焊接金属在管板上铲平。

(5) 清洁并抛光管孔和堵头。除去所有的氧化物、潮气、油脂和油污。最后清洁工作要用清洁的丙酮，丙酮不会留下污染性残余物，不要使用氯化物溶剂（如四氯化碳、三氯乙烯、全氯乙烯），因为这些溶剂有害焊工的健康，并且其残渣会污染焊缝，在以后的运行中会形成裂缝。

(四) 加热器水室密封件的维修

根据回热加热器结构的需要，人孔盖必须能从人孔座上拆下来，以使人能进入水室。

注意：受压容器内部有压力时，不能在加热器受压部件上从事维修工作。开始工作前，应从汽侧和水侧排尽积水。

1. 拆卸

从回热加热器上拆除人孔盖（约120kg）建议采用下列顺序（所有的组件在拆除前均需打上配合标记）：

(1) 用规定的螺栓将拆装托架固定在人孔座上，将人孔盖的拆装装置装配在托架上，并与可卸式人孔盖的中心相连。

(2) 拆除固定人孔盖的双头螺栓和压板。在拆除双头螺栓和压板前，首先要将拆装工具与人孔盖相连，防止人孔盖掉进水室。

(3) 松开人孔盖，将其推入水室；不要旋转拆装装置的螺杆松开人孔盖，在装上拆装装置后，要加力使人孔盖松开；然后必须采取适当的保护以免损坏人孔盖（可用木头保护水室人孔盖）。沿逆时针方向旋转拆装装置的螺杆将其退出。

(4) 伸手到水室内，将人孔盖沿任何一个方向旋转90°，留出空隙以便从椭圆口中取出人孔盖。

(5) 小心（用滑轮组或手动葫芦等）退回人孔盖，并经人孔拉出，从拆装装置上拆下人孔盖。

(6) 凡是有垫圈的接合面拆开后，均要换上新的垫圈，因为垫圈在使用受压后，弹性丧失会导致密封失效。清洁垫圈面使垫圈安放平服。

2. 组装

在人孔盖复位前，检查和清洁人孔盖座，用金属刷清洁所有的螺纹表面，双头螺栓涂上适合的螺纹润滑剂。检查人孔盖有无突起和毛刺。在装上操作工具前，换上一个新的人孔盖密封垫圈。

(1) 将可卸式人孔盖预装在拆装装置托架上。用合适的滑轮组或手动葫芦将人孔盖推入水室。

(2) 旋转人孔盖，使其穿过椭圆形人孔口，再朝水室密封座方向旋转拆装装置的螺杆。

（3）人孔盖就位后，拆去拆装装置和托架。

（4）装上压板和双头螺栓，用手旋紧。

（5）交叉旋紧螺栓，每次旋紧都要保持平服，以期获得良好的密封。

（6）进行泄漏试验，检查接合面的密封性。

说明：检查垫圈接合面的密封性，如有泄漏，再旋转螺栓；一旦加热器投入运行，需再检查水室人孔盖接合面的密封性。

注意：当人孔盖受内压时，切勿将水室人孔盖螺栓旋得过紧，如旋得过紧，一旦卸放内压后，螺栓会因过紧而不易拆卸。

任务三　除氧器及其运行

任务目标

1. 知识目标

（1）熟悉除氧器的作用；

（2）熟练掌握除氧器热力除氧的原理；

（3）掌握除氧器的结构组成。

2. 能力目标

（1）熟练识读除氧器的结构示意图；

（2）会分析参数变化对除氧器除氧效果的影响；

（3）掌握除氧器的运行知识。

学习情境引入

除氧器是大型火电机组回热系统的重要辅机之一，设置在低压加热器和高压加热器之间，兼具对给水除氧和加热的作用。本任务详细介绍除氧器的结构组成及其运行知识。

任务分析

作为混合式换热器，除氧器是火力发电厂中重要的热力辅机，本任务先从除氧器的作用入手，介绍热力除氧的原理，接着介绍除氧器的结构组成及运行知识。

知识准备

一、除氧器的用途

除氧器的主要功能是除去给水中溶解的氧和二氧化碳等非冷凝气体；将凝结水加热至除氧器运行压力下的饱和温度，以提高机组的热经济性；凝结水泵损坏，机组甩负荷或紧急停机，锅炉或蒸发器立即停炉时，锅炉尚须自身循环冷却以确保锅炉的安全运行，此时除氧器水箱内储存的含氧量达标的饱和水可以随时满足锅炉的需要，供锅炉停炉后自身循环冷却之用。除氧器的加热汽源一般是汽轮机低压侧的抽汽及其他方面的余汽、疏水等。

二、除氧器的工作原理

进入锅炉的给水由主凝结水和补充水组成，它含有溶解的气体，主要是氧和二氧化碳等不凝结气体，这是腐蚀热力设备的主要成分，而且随着温度的升高，氧气与金属发生氧化腐蚀的过程加剧，对设备的危害增加。所以随着锅炉蒸汽参数的提高，对给水中允许的残存含氧量的限制就愈严格。氧腐蚀对热力设备的损害可以由两个方面表现出来：氧腐蚀会造成锅炉省煤器的局部腐蚀，严重时会造成管壁穿孔泄漏；氧腐蚀产生的腐蚀产物为金属氧化物，会随给水带进锅炉，在炉水的循环和蒸发过程中，这些腐蚀产物在热负荷较高的区域内沉积，形成额外的传热热阻，造成管壁传热不良，同时产生溃疡性垢下腐蚀，严重时，会发生炉管泄漏和爆破，不仅消耗大量的钢材，还会造成停炉事故。因此清除锅炉给水中含有的气体，是电厂运行中的一项重要工作。

除氧方法分为化学除氧和热力除氧两种，目前电厂对给水普遍采用热力除氧为主，化学除氧为辅的方法。热力除氧的原理可以由两个定律（道尔顿定律和亨利定律）分析得出。由道尔顿定律可知：混合气体中各种气体的分压力之和等于气体总压力；由亨利定律可知：当液体和液面上的气体之间处于平衡状态时，单位体积水中溶有的某种气体量与液面上该气体的分压力成正比。在开口系统中只要保持水面上的总压力不变，持续对水加热，水蒸气的分压力就会不断增加，而水面上其他气体的分压则相应减少；把水加热到沸点时，蒸汽的分压力就会接近或等于水面上的全压力，而水面上所有其他气体的分压力将趋于零，于是溶解于水中的气体就被全部清除出去。除氧过程析出的气体经排气管排出，除氧后的水则在水箱内与回收的疏水等混合。从工作原理和工作过程看，除氧器是混合式换热器，在实现热力除氧的同时达到对锅炉给水的加热作用。

三、除氧器结构及性能

目前常用的除氧器有无头喷雾式除氧器和卧式除氧器两大类，其中卧式除氧器应用较广。卧式除氧器是卧式布置的混合式加热器，分为除氧头和除氧水箱两部分。图 1－19 和图 1－20分别为无头喷雾式除氧器和卧式除氧器。

图 1－19　无头喷雾式除氧器

图 1－20　卧式除氧器

影响除氧器安全工作的指标之一是有效容积，除氧器的有效容积是指机组运行时，7min 锅炉最大连续蒸发量的给水消耗量。除此之外，运行时要注意除氧器的正常水位，正常水位在除氧器水箱中心线以上某处，比如某电厂 600MW 凝汽式机组除氧器的正常水位在除氧器水箱中心线以上 1050mm 处。

（一）除氧器的结构

凝结水通过进水管进入除氧器的凝结水进水室，在进水室的长度方向均匀布置有上百只一定流量的恒速喷嘴，因为凝结水的压力高于除氧器的汽侧压力，水汽两侧的压差 Δp 作用在喷嘴板上，将喷嘴上的压缩弹簧打开，使凝结水从喷嘴中喷出，呈现一个个圆锥形水膜，形成喷雾除氧段空间。加热蒸汽也被引入这个空间，过热蒸汽与水膜充分接触，蒸汽迅速将凝结水加热到除氧压力下的饱和温度，绝大部分的非凝结气体均在喷雾除氧阶段除去，该阶段被称为初步除氧。凝结水接着进入下部的多层淋水盘，与蒸汽进行深度接触，不断再沸腾，从而使剩余的非凝结气体被进一步除去，水中溶解氧可达到≤7ppb的标准，故称该阶段为深度除氧。凡在喷雾除氧段中或深度除氧段中被除去的非冷凝气体均上升到除氧器上部特定的排气管中排向大气，达到溶解氧要求的除氧水从出口管流入除氧器水箱（储存段），以满足锅炉随时对给水的需要。

加热蒸汽均匀地进入深度除氧空间，再进入喷雾除氧空间，形成一个汽水逆向流动的运动，有利用提高除氧效果。除氧器还设置除氧循环泵，用于启动初期和低负荷阶段对除氧器水箱进行水循环，一方面可提高水箱温度，另一方面可使水箱各部温度均匀，防止出现振动。此外，该泵还可用于冷态时向锅炉上水，节约厂用电。

为了增强大家对除氧器的了解，表1-11列出了某凝汽式电厂除氧器的参数。

表1-11　　除氧器参数

项目	单位	除氧器	给水箱
型号		GC-2400	GS-235
型式		喷雾填料卧式布置	
设计压力	MPa	1.4	1.4
设计温度	℃	374	350
工作压力	MPa	1.1	1.1
工作温度（最高）	℃	374	350
额定出力	t/h	2400	—
给水温度	℃		183.5
有效容积	m^3		235
出水含氧量	μg/L	≤5	
安全阀动作压力	MPa	1.3	
运行方式		定、滑压（滑压范围：0.05～1.1MPa）	
设备外径	mm	2550	3864
设备总长	mm	15500	26040

（二）除氧器的设备规范及工作性能

除氧器的设备规范要指明设备型号、型式、设计参数、运行方式等，下面以某电厂600MW凝汽式机组除氧器为例，介绍除氧器的设备规范及性能要求。

1. 除氧器的设备规范

型号：YC-2000（235）。

型式：无头除氧器。

设计压力/工作压力：1.37/1.14MPa。

设计温度/工作温度：350/183.4℃。

最大出力：2050t/h。

运行方式：定压—滑压—定压。

有效容积：235m³。

喷嘴压降：0.06MPa。

2. 除氧器的性能

在凝结水含氧不超过 40μg/L，满负荷（T－MCR）工况下：除氧器含氧量≤5μg/L，除氧器排汽损失≤0.2%。

除氧器加热蒸汽及给水等参数见表 1－12。

表 1－12　　除氧器加热蒸汽及给水等参数

工　况　名　称	单位	夏季工况（TRL）	热耗率验收工况（THA）	阀门全开工况（VWO）	最大连续运行工况（TMCR）
加热蒸汽压力	MPa	1.37	1.052	1.192	1.14
加热蒸汽温度	℃	350	368	367.5	367.9
加热蒸汽流量	t/h	113.621	99.5	117.482	110.703
凝结水量	t/h	1515.668	1356.7	1540.967	1472.367
凝结水温度	℃	138.4	136.3	140.7	139.1
高压加热器疏水量	t/h	356.133	304.17	369.548	344.531
高压加热器疏水温度	℃	191.9	189.1	194.7	192.7
除氧器出水量	t/h	1985.428	1760.24	2028	1927.6
除氧器出水温度	℃	182.6	179.9	185.4	183.4

为了达到良好的除氧效果，应注意以下几个方面：

（1）在除氧器中，应将水加热到加热蒸汽的饱和温度，以免引起除氧效果的恶化，从而使水中的残存含氧量增高。

（2）在除氧器中，被除氧的水在除氧过程中应有足够的表面积。

（3）必须及时地将分离出的气体排出去。

（4）除氧效果还与除氧过程时间的长短，除氧器的水力工况、结构特点以及加热蒸汽供应情况等因素有关。

四、除氧器的运行

（一）除氧器的运行特点

（1）设有汽轮机防进水保护。当除氧器达到高Ⅱ水位时，关闭除氧器的进水调节阀及其旁路电动阀，以及上一级高压加热器正常疏水气动阀，打开除氧器的事故泄放阀；当除氧器达到高Ⅲ水位时，自动关闭除氧器进汽电动阀。除氧器高水位则作为高Ⅱ水位保护动作的逻辑条件。

（2）除氧器的压力可实现自动或手动控制。正常运行中，除氧器压力随抽汽压力变化而变化，保持滑压运行；在机组启、停和低负状态下运行时，则用辅助蒸汽通过压力控制阀对除氧器的压力进行自动和手动控制。

（3）设有给水泵防汽蚀保护。当汽轮机跳闸时，经一段时间迟延后，将除氧器补水调节阀关闭，从而抑制除氧器压力和给水泵有效净正吸水头的衰减，防止给水泵的汽蚀。

（4）除氧过程分两次。先是凝结水通过弹簧喷嘴喷成雾状后和一次加热蒸汽混合实现初步除氧，混合后的凝结水再经淋水盘淋至填料层上溅起与二次加热蒸汽充分混合，实现深度除氧，总除氧效率可达98%以上。

（5）除氧器喷嘴流量。因恒速喷嘴在运行时的流量大小是由水侧压力（凝结水侧压力）与汽侧压力（除氧器工作压力）之间的压差Δp来决定，Δp大喷嘴的流量大，Δp小喷嘴的流量小，因此要求除氧器在滑压运行时，除氧器系统能保证除氧器水汽侧的压力差Δp大小与机组需要凝结水量大小（即喷嘴流量的大小）相匹配，才能使喷嘴达到最佳的雾化效果，从而保证凝结水在喷雾除氧器段空间的除氧效果。

（6）除氧器停运保护。当除氧器较长时间停运时，应作充氮保护，维持充氮压力在0.029～0.049MPa或用其他保护措施，以防除氧器水箱内壁受有害气体的侵蚀。

（7）除氧器启动前冲洗。当除雾器安装后投运，大修或长期停机后投运时，应对除氧系统进行除铁冲洗，用冷除铁或热除铁视具体除铁效果而定。除氧系统除铁冲洗合格的指标是含铁量≤50μg/L。当悬浮物≤10μg/L时，在冷凝器未投真空前，除铁冲洗用水应用补给水箱来水，而不应采用冷凝器来水。

（二）除氧器的压力控制

除氧器是一个水容积很大的混合式加热器，正常运行靠四段抽汽来作为加热汽源，一旦汽轮机甩负荷时，抽汽压力突然下降，除氧器中的饱和水将迅速汽化产生大量的蒸汽，若蒸汽倒流入汽轮机内，将对汽轮机超速构成严重威胁，所以在四段抽汽总管上安装一个电动截止阀和两个气动截止阀。机组启动时用辅助汽源，保持除氧器内水面的压力适当，对除氧效果起决定性作用，所以除氧器压力控制也是很重要的。除氧器压力定压控制一般是单回路调节系统，除氧器压力变送器测出的压力信号经过PI比例积分调节器运算后，控制调节阀开度，以维持除氧器内压力的恒定。

当汽轮机跳闸后除氧器压力降至0.25MPa时，辅助蒸汽调节阀自动打开，辅助蒸汽投入。

（三）除氧器的水位控制

除氧器水位定值（除氧器中心线为零位）：

正常水位：920mm。

水位低Ⅰ值：720mm。

水位低Ⅱ值：－1000mm。

水位高Ⅰ值：1120mm。

水位高Ⅱ值：1220mm。

水位高Ⅲ值：1320mm。

除氧器的水位由70%主调节阀、30%副调节阀及电动旁路阀控制。低负荷当给水流量≤20%时，采用副调节阀单冲量（除氧器水位）回路控制；高负荷当给水流量＞20%时，采用串级三冲量（5号低压加热器至除氧器流量、锅炉来总给水流量和除氧器水位）控制。除氧器水位采用两信号相加后的平均值作为主信号，此信号送出高、低报警，水位高时关闭调节阀；如果调节阀关闭后，水位继续升高到高Ⅱ值，则开启事故放水阀；水位继续升高至高Ⅲ值时，跳凝结水泵，关闭抽汽管道气动止回阀和电动隔离阀，以防止除氧器满水通过抽汽管道进入汽轮机。

当除氧器水位降低至低Ⅰ水位时，低水位开关动作在控制室报警，开大除氧器水位调节阀，以加大进水量。当除氧器水位继续下降至低Ⅱ水位时，联锁停给水泵及前置泵。低Ⅱ水位警戒线尽量设低些（接近水箱下水口），以免轻易解列给水泵，造成停机事故。

（四）除氧器的启动加热循环系统

机组启动时，为了迅速加热除氧器内的给水以及停机后能够维持一定的温度、压力，设置了除氧器启动循环系统。本系统由除氧器至电动给水泵入口管接出，经除氧器再循环管引到主凝结水管进入除氧器。

（五）除氧器的运行注意事项

（1）正常运行中，应注意检查除氧器的自动补水是否正常，防止除氧器水位过高造成满水事故或水位过低造成给水泵跳闸。

（2）应注意监视除氧器的工作水温及压力是否正常，溶解氧是否正常。

（3）应注意检查除氧器运行中有无异常及汽水冲击声。

（4）应定期对除氧器的有关联锁保护进行试验，如发现异常，应及时处理。

（六）除氧器启动前的检查和准备

（1）除氧器启动前的检查和准备工作应先于高、低压加热器系统，以便条件满足后使用辅汽加热给水。

（2）检修工作结束，保温完好，现场清理干净，标牌齐全。

（3）确认系统各气动门控制气源投入正常，各电动门电源投入，且阀门状态正确。

（4）除氧器水位、压力联锁保护试验已合格；投入除氧器水位、压力等测量、保护装置。

（5）除氧器充氮保护系统已隔离，取样一次阀开启。

（6）检查除氧器启动排气阀、连续排气阀、除氧器溢放水至凝汽器管路的所有隔离阀、除氧器溢放水至凝汽器旁路阀的状态正确。

（7）除氧循环泵进出口门开启，冷却水投入，油位正常。

（8）确认辅汽系统运行正常，辅汽压力、温度符合要求。

（七）除氧器启动前的确认事项

（1）确认所有的排气管阀门已打开，节流孔板安装正确。

（2）确认除氧器内部已经完全清洁、无污垢。

（3）确认所有水位已正确标注并在明显位置，仪器仪表工作正常。

（4）确认喷嘴和各扩散器已经安装。

（5）确认所有的管道、法兰均已正确安装。

（八）除氧器的启动

（1）出现下列情况之一，严禁投运除氧器

1）保温不齐全。

2）主要仪表之一（水位、压力）失去监视。

3）水位保护失灵。

4）安全门动作失灵。

（2）当凝结水系统冲洗合格后方开始除氧器上水。

（3）通过凝结水泵至除氧器上水旁路阀给除氧器上水至正常水位。

(4) 启动除氧循环泵。

(5) 投辅汽加热，开启辅汽至除氧器调门前后的隔离门，缓慢开启辅汽至除氧器压力调节阀，控制除氧器给水升温率不大于1.5℃/min。

(6) 当除氧器水温达到105℃以后，根据给水的溶氧量可开启连续排气门，关闭启动排气门，将辅汽至除氧器压力调节阀投入自动，检查除氧器升温率不大于1.5℃/min，除氧器压力逐渐上升到0.147MPa。

(7) 辅汽加热过程中可通过开启溢流放水至定排电动阀控制除氧器水位。

(8) 当负荷大于15%，检查四段抽汽电动阀开启。

(9) 当四段抽汽压力>0.3MPa时，检查四段抽汽供除氧器电动门开启，辅汽供除氧器电动门关闭。检查除氧器压力、水位正常，除氧器由辅汽切至四段抽汽，辅汽至除氧器压力调节阀关闭，除氧器由定压运行变为滑压运行。

(10) 当四段抽汽电动阀后止回阀已开后，应检查四段抽汽至除氧器电动阀前气动疏水阀关闭。

(11) 当机组给水进入CWT工况后，根据给水含氧量调节除氧器的连续排气电动门。

(九) 除氧器的停运

(1) 当四段抽汽压力<0.3MPa时，四段抽汽供除氧器电动门关闭，辅汽供除氧器电动门开启，除氧器由四抽切换为辅汽加热，维持0.147MPa定压运行。

(2) 当机组停止运行后，根据具体情况决定是否停止除氧器上水。

(3) 除氧器水温降至50℃以下时，可以向凝汽器放水。

(4) 除氧器若停运一周以上，应采用充氮保护，切断一切汽源、水源，放尽水箱余水，关闭放水阀，全面隔离后开启充氮总门和隔离门，对除氧器充氮并维持一定压力。

(十) 除氧器的运行监视调整

(1) 除氧器运行方式为定压-滑压-定压方式。

(2) 除氧器正常水位应控制在(0±50)mm范围内。

(3) AVT工况下除氧器出口溶氧应低于7ppb，如出口溶氧偏高，应检查联胺加药是否正常，除氧器温度及抽汽压力是否正常，至凝汽器排气管道是否堵。查明原因后采取相应的措施。

(4) CWT工况下可通过调整连续排气电动阀的开度来控制给水的含氧量，以满足CWT工况的要求。

(十一) 除氧器的事故处理

1. 除氧器振动或冲击

(1) 原因。

1) 除氧器进水突增或突降。

2) 除氧器进汽突增或突降。

3) 给水突增或突降，造成除氧器水位快速波动。

4) 高压加热器大量疏水突然进入除氧器。

(2) 处理。

1) 调整除氧器进水。

2) 调整除氧器进汽。

3）调整给水流量。

4）调整除氧器水位。

5）调整高压加热器的疏水量及疏水方式。

2. 除氧器含氧量增大

（1）原因。

1）联胺加药不足或中断。

2）进汽不足或中断。

3）除氧器压力突然升高。

4）排气管堵塞。

5）除氧头内喷嘴堵塞或脱落严重，雾化不良。

6）凝结水温度过低。

7）抽气量不足。

8）补给水含氧量过高。

（2）处理。

1）调整联胺加药。

2）增大进汽或切换汽源。

3）注意保持负荷平稳。

4）停机检查处理，并采取相应的措施。

5）检查除氧器运行方式有无变化，如因凝结水温度过低，应提高凝结水温度，当凝结水温度无法提高时，应开大进汽调节阀。

6）若因补给水或回收水含氧量过高，应改变运行方式。

7）若为立式除氧器，可调整除氧头上、下加热蒸汽的分配比例。

8）当给水溶解氧严重超标，且采取上述措施无效时，应停用检查处理。

3. 除氧器压力突然下降

（1）原因。

1）进汽阀误关或阀芯脱落，导致进汽中断。

2）除氧器水位调节阀失灵，大量凝结水进入。

3）除氧器放水阀、安全阀误动作或动作后不回座。

4）压力自动调节阀失灵。

5）机组负荷降低，或热电厂抽气热负荷增加。

6）抽气管道泄漏。

7）凝结水温度突然降低，或凝结水及其他水源突然增加。

（2）处理。

1）核对控制室和就地压力表，判断除氧器压力是否真实降低。

2）若压力自动调节阀失灵，应开启调节阀的旁路阀，维持除氧器压力。

3）若机组负荷降低到切换压力以下，应联动开启高一级抽气阀门或投入厂用辅助气源。

4）若为抽气管道泄漏，安全阀误动作或动作后不回座时，应迅速查明原因，并采取相应措施。

5）若凝结水温度过低、水量过大，应查明原因并相应开大进汽阀门。

4. 除氧器压力突然升高

(1) 原因。

1) 凝结水泵跳闸（凝结水及其他水源突然减少）或水位调节阀失灵，进水中断。

2) 机组过负荷。

3) 高压加热器疏水调节阀失灵。

4) 阀门误操作或有大量其他高温气源进入。

(2) 处理。

1) 迅速恢复除氧器进水。

2) 降负荷至正常。

3) 核对控制室和就地压力表，判断压力是否真实升高。

4) 若压力自动调节阀失灵，应立即用手动方式调节进汽电动阀或调节阀的旁路阀，维持除氧器压力。

5) 检查凝结水泵是否工作正常，凝结水系统阀门是否误关或阀芯脱落，其他补充水源工况是否有变化，并采取相应措施。

6) 若高压加热器疏水调节阀失灵，应立即改为手动调节，维持高压加热器正常水位。

7) 如有其他气源进入，应立即查明原因，切断有关气源。

8) 若采取上述措施无效，应立即要求机组降负荷。

5. 除氧器水位异常

(1) 现象。

1) DCS画面及就地水位计指示异常，DCS画面水位高或低报警。

2) 凝结水流量变化。

(2) 原因。

1) 除氧器水位调节失灵。

2) 负荷短时间变动过大。

3) 凝结水泵故障或凝结水系统阀门误动。

4) 除氧器水位调节电动旁路门误开，除氧器放水门误开，溢流阀失灵。

5) 高、低压加热器严重泄漏。

(3) 处理。

1) 若除氧器水位低，则检查除氧器上水门或凝结水泵变频器应正常，否则切至手动调节，检查放水门及溢流阀应在关闭状态，检查汽水系统是否泄漏、上水系统阀门是否误动。

2) 因加负荷引起除氧器水位低时，应及时手动调整变频器转速，必要时开启备用凝结水泵，水位持续下降时应降负荷。

3) 除氧器水位低至正常水位－1500mm（液位开关）时，给水泵应自动跳闸，否则手动停泵。

4) 若除氧器水位高，检查变频器自动正常，否则应切至手动调整。

5) 除氧器水位高至2690mm时，溢流阀应自动开启，否则手动开启。

6) 除氧器水位高至正常水位600mm（液位开关）时，检查四抽至除氧器进汽门应自动关闭，否则手动关闭，开启至连排放水门，防止水倒入汽轮机内。

6. 除氧器水位高

(1) 原因。

1) 补给水阀开度过大。

2) 凝汽器管子泄漏。

3) 给水泵故障跳闸或锅炉给水系统阀门误关。

4) 水位自动调节阀失灵。

5) 机组负荷突然降低。

(2) 处理。

1) 核对各水位计，确认水位是否真实升高。

2) 发现水位超出正常规定范围时，应将水位调节阀用手动关小，并停止其他水，如调节阀失灵，应隔绝调节阀，开启旁路阀进行调节。

3) 如因给水泵跳闸或锅炉给水系统阀门误关引起水位升高，应将水位调节阀改为手动调节，并查明原因，采取相应措施。

4) 如水位升高超过溢流水位而溢流阀未动作，则应改为手动，必要时开启除氧器至凝汽器放水阀或至疏水箱放水阀放水，并密切注意除氧器水位。

5) 如水位仍继续升高，则应关闭抽汽止回阀和抽汽电动隔离阀，并检查联锁动作是否良好。

7. 除氧器水位低

(1) 原因。

1) 水位自动调节阀失灵。

2) 补水量太少。

3) 除氧器底部放水阀、除氧器至凝汽器放水阀或机组事故放水阀未开或不严。

4) 给水系统阀门误开或给水系统、锅炉省煤器等管子泄漏。

5) 机组负荷突然增加。

6) 凝结水泵故障。

7) 凝结水系统阀门误关或阀芯脱落。

8) 锅炉给水流量突然增加。

(2) 处理。

1) 核对各水位计，确认水位是否真实降低。

2) 发现水位低于正常规定范围时，应将水位调节阀用手动开大，手控无效时可开启调节阀的旁路阀。

3) 若给水系统阀门误开或管子泄漏，应立即纠正或采取相应措施。

4) 如因凝结水系统故障，应根据实际情况，迅速恢复通水，如短时无法恢复，则应采取停机措施。

(十二) 除氧器安装、启动、运行及检修时需注意的特殊事项

(1) 除氧器喷嘴、扩散器应在系统冲管后安装入进水管座。

(2) 在将喷嘴投入使用前，应先确认凝结水管道中没有残余空气。

(3) 不要瞬间把喷嘴加到满负荷使用，应慢慢开大流量，以免压力大幅变动。

(4) 抽气管道上的止回阀安装方向应是从筒体到抽汽管道为开。

（5）除氧器冷态启动时，充入给水不要高于说明书规定的水位线。

（6）当除氧器稳定运行且出口含氧量小于规定值时，可以关小排气阀门以减少排气损失。

（7）除氧器需要进行内部检修时，应保证除氧器完全排空，并且压力和温度降到环境参数，内部含有充足的氧气。

（十三）除氧器停机保养

1. 除氧器短期保存（不大于2个月）

（1）除氧器短期保存可以采用湿保护法。

（2）在除氧器隔离前，给水的pH值至少应为9.2。此外，给水中应加入一定量的除氧剂（亚硫酸钠 Na_2SO_3），按每立方米给水至少投入300g添加。

（3）将除氧器充满水，最好是使用已除氧的水。定期检查除氧器内的钠离子浓度和pH值是否满足要求。

（4）注意防止除氧器内的给水结冰，特别是当除氧器安装在室外或在寒冷的冬季时。

2. 除氧器长期保存（大于2个月）

（1）除氧器长期保存可以采用干保护法。

（2）除氧器应先停运、隔离。

（3）当除氧器内压力充分降低，并且给水的温度降到50℃，除氧器彻底排空后，将人孔门打开，清洁内部，并彻底清理所有的腐蚀、锈蚀处。

（4）如果除氧器安装在干燥的锅炉房内（相对干度＜60%），可以让人孔门保持开的状态，使用通风设备吹扫除氧器以保持内部干燥。

（5）如果不确定上述方法能起到保护作用，可以在除氧器内部放置硅胶，按每立方米150g添加。如采用此方法，则必须将所有的开孔封闭，并保证密封。

3. 充氮保存

（1）除氧器的停机保养还可以采用充氮保护。

（2）在除氧器温度、压力充分下降后，清洁筒体内部，并彻底清理所有的腐蚀、锈蚀处。

（3）待除氧器内完全干燥后，将所有的开孔封闭，并保证密封。

（4）通入干的氮气，使得除氧器内部氮气压力达到0.049MPa。

（5）定期检查氮气压力，当压力小于0.029MPa时需要补充氮气。

能力训练

1. 描述除氧器的作用。
2. 为什么要对锅炉给水除氧？热力除氧的原理是什么？
3. 常用的除氧器类型有哪些？影响除氧器安全工作的指标是什么？
4. 描述热力除氧的两个阶段。
5. 除氧器运行时需要注意哪些事项？
6. 除氧器启动前需要做哪些检查和准备？
7. 除氧器启动前需要做哪些确认？
8. 在哪些情况下严禁投运除氧器？

9. 分析除氧器的常见故障现象、原因及处理方法。

10. 除氧器安装、启动、运行及检修时需要注意的特殊事项有哪些？

11. 描述除氧器的停机保养类型及方法。

除氧器的拓展知识

一、某电厂除氧器结构简介

某电厂除氧器结构见图1-21，图中各部分设备规格尺寸见表1-13、表1-14。

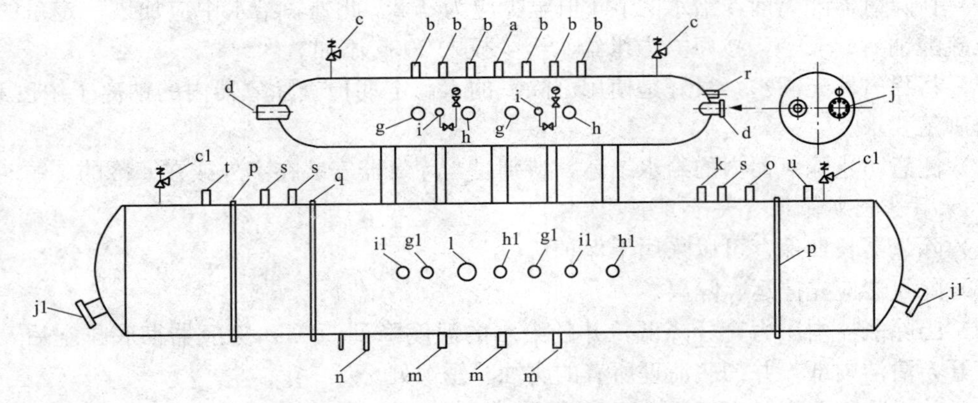

图1-21 某电厂除氧器结构示意图

表1-13 除氧水箱设备规范

符号	用　　途	数量	型式	材　料	尺寸（mm）
c1	安全阀	2	FLG	20	$\phi159\times6$
g1	压力测点	2	SW	20	
h1	双金属温度计	2	SW	20	
i1	压力表	2	FLG	CS	
j1	人孔	2	FLG	CS	
k	充氮口	1	SW	20	
l	溢流口	1	BW	20	$\phi273\times7$
m	出水口	3	BW	SA516Gr70	$\phi540\times10$
n	排污口	1	BW	20	$\phi133\times4$
o	预暖管	1	BW	20	$\phi219\times6$
p	磁浮式翻板液位计	4	FLG	20	
q	电接点液位计	2	FLG	20	
s	再循环接口	3	BW	20	$\phi159\times6$
t	暖风器疏水接口	1	BW	20	$\phi108\times4$
u	采暖加热器疏水接口	1	BW	20	$\phi133\times4$

表 1-14　　除氧器设备规范

符号	用　　途	数量	公称直径（in）	型式	材　　料	尺寸（mm）
a	凝结水进口	1	25	BW	OCr18Ni10Ti	ϕ540×14
b	排汽管	6	3	BW	OCr18Ni11Ti	ϕ89×6
c	安全阀	2	6	FLG	20	DN15
d	抽汽进口	2	20	BW	OCr18Ni11Ti	ϕ508×16
g	压力测点	2	2	SW	20	
h	温度计	2	2	SW	20	
i	压力表	2	DN20	FLG	20	
j	人孔	1	20	FLG	SA516Gr70	
r	高压加热器疏水进口	1	14	BW	12Cr1MoV	ϕ355.6×20

（1）除氧器本体：由圆形筒身与两端的两只椭圆封头焊制而成，材料是 SA516Gr70。

（2）凝结水进水室：按 H 型布置的接管，沿除氧器长度方向均布 128 只 13t/h 的喷嘴。

（3）喷雾除氧空间：由两侧的两块侧包板与两端密封板焊接后组成。两端密封板都有人孔门，以便检修人员进入喷雾除氧段空间。

（4）深度除氧段：由淋水盘包壳焊接后组成。上层淋水盘箱和下层栅架搁在栅架工字梁上，工字梁搁在沿除氧器长度方向的两个基面角钢上，基面角钢的平面、工字梁的两平面及栅架的两平面都经过了机加工，从而保证了淋水盘箱能水平地放在栅架上，凝结水从淋水盘箱上的上层小槽钢的两侧流入下面的小槽钢中，上下槽钢彼此交错、重叠，使凝结水与蒸汽接触面积达到最大值。淋水盘箱间由固定螺栓、螺母连接，使淋水盘在受到冲击时不会移动。

二、除氧器设备厂家的说明

（一）安装及运输说明

（1）除氧器一般用两个围绕壳体的吊点起吊，每个吊点应尽量靠近支座处。

（2）当使用吊点起吊时，在吊点与筒体处应有相应措施，防止对筒体油漆的损伤。

（3）禁止使用接管作为吊点。

（4）如没有接管支座等支点，起吊时应注意防止设备滑动损伤等。

（5）设备应水平布置，以取得良好的除氧效果。

（6）支座结构及基础螺栓安装完成后，应释放应力。

（7）当除氧器室外布置时，厂房基础支撑设计应考虑风载。

（8）在设备使用前应有保温设施。

（二）启动及运行说明

（1）在给水系统及除氧器启动前，应检查所有附件及管件法兰是否正确安装。

注意：如设备采用化学手段防腐，在投运前除氧器应先通风排气一段时间。用袋装防腐剂时，在启动除氧器前应将其去除。

（2）检查除氧器内是否有遗漏的工具，如螺母、螺栓等，并清除。除氧器启动前应先清洗，将紧固件上紧。

（3）除氧器上的所有附件（阀、夸克等）应正确安装，并处于正确的开关状态，所有进、出除氧器的管路都应清洗干净，并无应力集中。

（4）高水位、正常水位和低水位按照工程图设置水位测点。

（5）喷嘴应在冲洗完整个系统后安装。

（6）在暖机开始前，确认整个凝结水系统已充满水，在管路及喷嘴中没有残余的空气。系统充水时应防止喷嘴遭水击。

（7）除氧器的排气孔板可根据相关说明书进行安装。除氧器的排气阀应一直打开。

（8）开始状态，给水充入除氧器至30%正常容积处，约70m³，见表1-15。

表1-15　　除氧器参数及启动特性

<table>
<tr><td colspan="4">STORK除氧器　　冷态启动　　日期：</td></tr>
<tr><td colspan="4">除氧器设计参数　　加热蒸汽参数（上游）
总容积：345m³　　压力：10.64bar（a）　　有效容积：235m³　　温度：361.5℃
焓值：3181.8kJ/kg　　加热蒸汽管数：1　　内部加热蒸汽管直径：590mm
喷嘴最大流量：2400t/h</td></tr>
<tr><td>启动过程</td><td>启动前</td><td>加热</td><td>注水</td></tr>
<tr><td>蒸汽供应</td><td>无</td><td>见图1-22</td><td>由压力控制流量</td></tr>
<tr><td>经喷嘴注水</td><td>短时间至启动水位</td><td>无</td><td>由蒸汽量决定总量</td></tr>
<tr><td colspan="4">启动前状态
排气口打开数量：2　　每个排气口打开直径：50mm　　相应排气时间：3min
启动前温度：20℃　　50%喷嘴流量下注水时间：6min
启动时注水百分比：30%　　启动时水容积：70m³（至正常水位为100%）
启动时除氧器内蒸汽压力：1bara　　大气压力启动</td></tr>
<tr><td colspan="4">加热至运行温度
预热状态除氧器压力：1.5bar（a）　　除氧器温度：111.4℃
预热状态蒸汽最小流速：15m/s　　蒸汽流量：3～4.5t/h　　所需时间：193min
预热状态蒸汽最大流速：80m/s　　蒸汽流量：16～24t/h　　所需时间：36min</td></tr>
<tr><td colspan="4">在运行温度下注水至正常水位
注水时经喷嘴的温度：30℃　　至正常水位注水量：126898kg　　注水时蒸汽流速：115m/s
相应蒸汽流量：34.4t/h　　相应喷嘴流量：273.2t/h　　所需时间：28min
在启动水位线以上排水所需时间：6min　　除氧器压力：1.5bar（a）</td></tr>
</table>

（9）除氧器暖机开始，这个过程通过控制加热蒸汽管道中的控制阀来实现。

（10）当除氧器达到所需要的温度及压力时，进一步向除氧器注水应通过缓慢开启凝结水供应阀进行。锅炉给水在上水阶段可以从除氧器中抽出，但必须使上水速度远大于给水抽出速度；在水箱水位上升至水箱正常水位前不要抽出给水供给锅炉。图1-22显示了给水启动阶段水位升至正常运行状态的过程。

以上（8）～（10）项仅适用于冷启动时，蒸汽通过除氧器内部加热管的方式。

（三）启动阶段允许的温升速率及注水速率

通常除氧器启动需3个过程：向除氧器注水；升温升压；进一步向除氧器注水至正常水位。

1. 上水至启动水位线

在除氧器投入运行前，向除氧器注入20℃冷水至70m³容积。

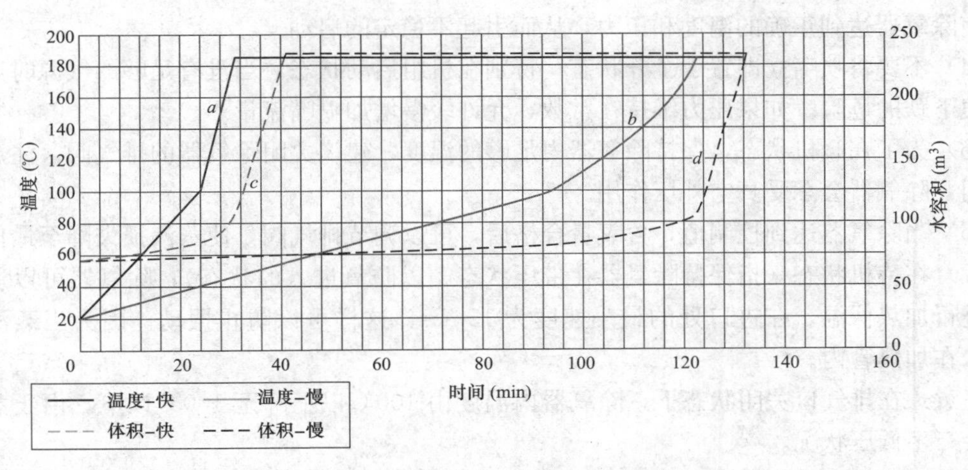

图 1-22　冷态启动时温度、体积-时间表（加热注水至正常水位）

2. 温度及压力提升

(1) 图 1-22 中曲线 a、b 互相联系。曲线 a 显示在暖机阶段在最大允许蒸汽流速（80m/s=6.6kg/s）下的温升率；曲线 b 显示在暖机阶段在最小允许蒸汽流速（15m/s=1.25kg/s）下的温升率。最小及最大所需加热时间分别约为 36min 和 193min，凝结水由 20℃ 加热到 104℃。实际使用中温升率应控制在两根曲线的中间。

在实际运行中的曲线斜度应两根曲线相交，只有在这种情况下，加入管中的流速才能大于在设备暖机时所需的最大及最小值。

(2) 图 1-22 中曲线 c、d 显示了水容积随时间的增长率。曲线 c 对应于最大流速时的温度-时间曲线。沿着该曲线，水容积将增加，因为蒸汽被用于加热凝结水，使其水温由 20℃升至 104℃，沿该虚线，水容积将更大，因为原因有二：凝结水由喷嘴进入；蒸汽同时通入以维持水温 104℃，如果加热的凝结水量没有相对应的加热蒸汽量，将引起除氧器内的压力变化，如果除氧器内的压力突然下降，那么相应凝结水量也应减少。如果除氧器内压力上升，那么相应蒸汽供应量应减少，在曲线中水的容积仍是个常数，因为出水口是开的。

曲线 d（最小流速时）也是同样的过程，但该过程在喷嘴打开前需要更多的时间，因为加热蒸汽管在低流速情况下加热给水需要更多时间。与另一曲线相比该过程导致该曲线飘至曲线右侧。

3. 注水至正常水位

当加热至运行温度及压力后，在保持该压力、温度的情况下，除氧器用喷嘴注水至正常水位，通过喷嘴的凝结水量应与所需的蒸汽量相对应。假设流速为 115m/s，则所需蒸汽量为 9.5kg/s，通过喷嘴的凝结水量为 75.8kg/s（30℃时）。

（四）特别注意项目

(1) 在喷嘴投入使用前，应确认管路中没有空气而只是充满了凝结水，这样可防止水击造成喷嘴损坏。

(2) 除氧器启动的速率不要低于图 1-22 中所示，在给定的区域内，蒸汽速度控制在规定范围内，可以获得良好的启动效果。

(3) 除氧器不要在水位低于 70m³ 时冷态启动。当凝结水水位超过了规定值启动时，将无法使除氧器达到正确的温度和压力，从而引起不稳定的启动。

(4) 不要将喷嘴立即置于全开状态，特别在机组启动状态，当没有足够的气源时，压力有迅速下跌的危险。如果压力维持在常数，允许缓慢增加喷嘴流量。

(5) 为了在暖机状态，保持除氧器内足够的温度，建议关闭除氧器的排气阀，注意在有些时间，除氧器会承受真空外压作用。

(6) 当除氧器达到控制值，含氧量合格后，可以调节排气阀，使蒸汽损失降至最低。

(7) 在待机状态（指保持除氧器在带压状态，以防氧进入的状态），除氧器可以通过加热管进行加热保温。在进口处的最小速度为 15m/s，这样可以防止振动，因为当蒸汽加热时，水在加热管内。

注意：在排气口关闭状态下，除氧器内温度由 100℃以上降至 100℃以下。由于蒸汽凝结，会产生低压状况。

(8) 当除氧器需要内部检查时，应确认除氧器已排空，且已达到室温，再打开人孔进入。

（五）除氧器的保养

当除氧器不用时，应防止除氧器的氧化腐蚀。为了方便除氧器的隔离，在通用管路上应设置法兰盖（给水、蒸汽、排气等）或在每个连接管上设置两只截止阀。

1. 水侧保养

保养期超过 2 个月的保养：在除氧器内压力释放后，除氧器解列，打开人孔，将除氧器冲洗干净，去除可能的腐蚀物；安全阀、截止阀等仔细检查，并涂防锈油。

如果除氧器设置在干燥的锅炉房内，可以将人孔打开通风来保持除氧器干燥；如果安置在室外，或无法确定是否干燥，可以安置干燥剂在水空间，且人孔盖应盖严、拧紧。

2. 保养注意事项

(1) 放化学试剂保养时，应先通风，再进入除氧器，除去残渣。

(2) 最好采用干保护。任何一种方法都不能提供一种彻底的保护方法。必须不时地检查除氧器是否干燥且无生锈现象发生。

（六）喷嘴使用说明

1. 喷嘴构造

碟型喷嘴是一种结构可靠、特别适用于电站除氧器的喷嘴，该喷嘴不受灰尘影响，相互之间无表面滑动。

其关键元件是由不锈钢材料制成的平衡碟片。这些碟片周边的开孔夹在一起，用拉杆拉紧。在喷嘴中，安装有一个流量分配器，上面有开有小孔的区域和一个灰尘收集区。在后部区域有一个底部分配器，并包含有一个防涡流装置。在喷嘴的周边区域有一定数量的对中心环来防止碟片在传输中以及除氧器安装及拆卸中受损。

2. 碟型喷嘴的功能

水由连接主凝结水的管路进入喷嘴，通过流量分配器和夹片间的小孔，主凝结水进入碟片间。由于喷嘴中的压力与除氧器蒸汽空间的压差作用使碟片张开，主凝结水形成水膜状。碟片周围的齿形设计能够保证水膜交错，以获得最佳的水滴。在周边有均布的凹槽，在承受外压时，这些凹槽对弹性碟片起支撑作用。

3. 碟型喷嘴的安装

喷嘴的末端是与夸头连接的法兰；喷嘴通过锁紧板和螺栓固定在接管中；喷嘴安装就位无须调节即可使用；主凝结水管路设计时，应考虑方便喷嘴的拆卸。

(1) 清洗流量分配器。流量分配器也可以作集尘器，可以捕捉主凝结水中的灰尘（在机组冲洗完毕后很少有），小颗粒灰尘由开槽经流量分配器进入除氧器，所以它不会影响碟片的正常工作或导致淤塞流量分配器；由于流量分配器有收集功能及其独特的开孔形式，通常在机组的两个停机期无需清洗流量分配器。卸掉螺栓移去弯头，即可拆卸流量分配器。

(2) 取出喷嘴。喷嘴用吊耳可以从除氧器中取出。卸掉固定螺栓，将喷嘴从接管中取出。

(3) 喷嘴拆卸。在除氧器外部，拆开连接棒即可拆开整个喷嘴。喷嘴也可以完全拆开，在松开连接棒前，先移去流量分配器。流量分配器可以用吊耳从喷嘴中吊出。

(4) 重装喷嘴。与拆卸时的顺序相反进行重装。

每个碟片都有齿和凹槽，每个碟片上有两个较宽的凹痕，沿着拉杆将各部件滑入相应的位置（记住各碟片的编号），最终将盖子盖上；交替地拧紧拉杆上的螺母，这样可以保证作用在环上和碟片上的力均匀，允许的紧力矩为60N・m或更大，建议使用新的锁紧板。

(5) 特别注意事项：

1) 在安装喷嘴前，应确保整个凝结水管道已清洗完毕。

2) 在喷嘴投入使用前，应确认在供水管道中无空气，管道中只有凝结水或一半水。

3) 切勿将喷嘴立即投入满负荷状态，特别是在启动时，存在由于蒸汽不足引起的压力突降的危险，只有压力没有下降的趋势，通过喷嘴的流量才能上升至最大设计流量。

任务四　凝汽设备及其运行

任务目标

1. 知识目标

(1) 掌握凝汽设备的组成；

(2) 掌握凝汽器本体的分类及结构组成；

(3) 掌握双压凝汽器的工作原理；

(4) 掌握凝汽器的运行知识。

2. 能力目标

(1) 能叙述凝汽设备的作用、组成及对火力发电厂运行的影响；

(2) 能绘制并识读凝汽设备原则性系统图；

(3) 能描述双压凝汽器的工作原理及结构组成；

(4) 能说明凝汽器运行过程中的相关知识。

学习情境引入

按照凝汽式汽轮机组热力循环的设计，凝汽设备在火力发电厂生产中起着冷源的作用。凝汽设备的主要任务是不断地将汽轮机的排汽冷凝，使其凝结成凝结水，通过凝结水泵将纯净的凝结水升压、预热，然后经过给水泵送到各级回热加热器，作为锅炉给水继续使用；与此同时循环水将排汽凝结时放出的热量带走，进入循环水系统；因为凝汽器上接汽轮机的排汽口，为保证汽轮机的安全工作，需设置抽汽器，将聚集在凝汽器内的空气和不凝结气体抽出，以在汽轮机排汽口建立与维持一定的真空度。凝汽设备包括凝汽器本体及其辅助系统（循环水泵及冷却系统、后缸喷水系统、抽真空系统、胶球清洗系统等），其中凝汽器本体是最主要的组成部分。

任务分析

本任务从凝汽设备的原则性系统图入手，介绍凝汽设备的组成及凝汽器的作用；接着介绍凝汽器的性能及结构特点和组成；最后详细介绍凝汽器的运行知识。

知识准备

一、凝汽设备

凝汽设备是凝汽式汽轮机的重要设备之一，其任务是：在汽轮机的排气管中建立并维持高度真空，并且供应洁净的凝结水作为锅炉给水。其工作性能直接影响着整个汽轮机组的经济性和安全性。按照凝汽设备的工作任务，可将其分为凝汽器本体及其辅助系统（包括循环水泵及冷却系统、后缸喷水系统、抽真空系统，胶球清洗系统等）。

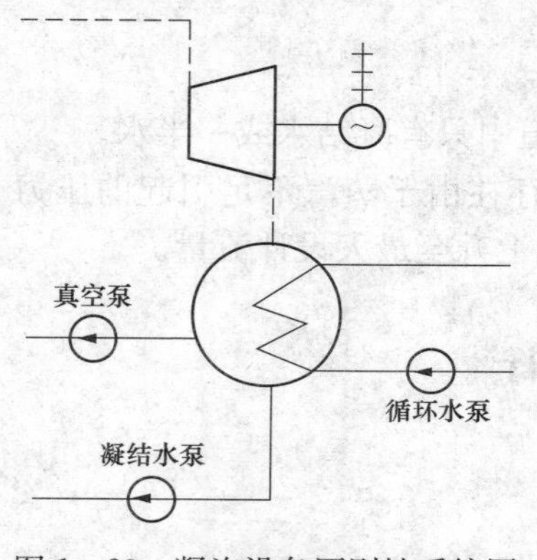

图 1-23　凝汽设备原则性系统图

图 1-23 为最简单的凝汽设备原则性系统图。汽轮机的排汽进入凝汽器后，其热量被循环水不断地带走，因而排汽不断地凝结成水，并汇聚流入凝汽器底部，通过凝结水泵升压送入给水回热加热系统，进行下一个新的给水循环。由于蒸汽凝结成水时，体积会骤然缩小（在 0.005MPa 压力下，体积约缩小 28000 倍），所以凝汽器内就会形成高度的真空，此时需要设置真空泵，不断地将漏入凝汽器的空气抽出，确保凝汽器的真空不会因漏气而降低。

（一）凝汽器本体

1. 凝汽器的分类

发电厂凝汽器按蒸汽凝结方式，可分为混合式凝汽器和表面式凝汽器，冷却介质的类型可采用水或空气。目前国际上大型火力发电厂大都采用以水为冷却介质的表面式凝汽器。表面式凝汽器按其布置、冷却水供水方式、总体结构形式、冷却管材料等的分类如表 1-16 所示。

表 1-16　表面式凝汽器分类

分类依据	类别	定义
与汽轮机位置的关系	下向布置	布置在低压缸下面
	侧向布置	布置在低压缸侧面
	整体布置	与低压缸做成整体
与汽轮机轴线的关系	横向布置	冷却管中心线与汽轮机轴线垂直
	纵向布置	冷却管中心线与汽轮机轴线平行

续表

分类依据	类别	定义
冷却水供水方式	直流供水	冷却水一次性使用
	闭式循环供水	冷却水循环使用
冷却水流程数	单流程	冷却水在冷却管内流过一个单程就排出
	双流程	冷却水在冷却管内流过一个往返才排出
凝汽器壳体数	单壳	采用单个壳体
	多壳	采用多个壳体
凝汽器压力数	单压	按单一压力设计
	多压	按多种压力设计
凝汽器管材	铜管凝汽器	冷却管材采用铜合金管
	不锈钢管凝汽器	冷却管材采用不锈钢管
	钛管凝汽器	冷却管材采用钛管，管板采用钛板或钛复合板

当然对于一台凝汽器，按照上述分类方法可以有不同的名称，比如：600MW 汽轮机组凝汽器大多采用双壳体、双流程、双背压表面式凝汽器，因为压力的变化在凝汽器的工作性能中影响较大，所以一般将双背压称为双压凝汽器。以下学习双压凝汽器的工作原理及结构，并介绍两种分别采用铜管和不锈钢管作为换热管束的双压凝汽器，也是目前 600MW 机组应用最广的凝汽器类型。

2. 双压凝汽器

这里主要介绍双壳体、双背压（对每个壳体而言为单背压）、双流程（对每壳体而言为单流程）表面式凝汽器。该类凝汽器大都是由两个斜喉部、两个壳体（包括热井、水室、回热管系），循环水连通管，凝汽器底部的滑动和固定支座等组成的全焊结构，汽轮机排汽缸与凝汽器采用不锈钢波形膨胀节连接，如图 1-24 所示。

低压缸排汽分别进入 A、B 凝汽器，循环水串行通过 A、B 凝汽器，由于循环水温的不同，所以形成了高、低凝汽室（有时称为 HP 和 LP 凝汽室）。凝汽器循环水的流动示意图如图 1-25 所示。

(1) 工作原理。双压凝汽器中的循环水依次流过 LP 和 HP 凝汽器管束中的冷却管，在低压侧，冷却水进口温度低，蒸汽饱和温度也较低，相对压力也低；在高压侧，冷却水进口温度高，蒸汽饱和温度也较高，相应压力也高。所以双压凝汽器从根本上改善了蒸汽负荷的不均匀性，提高了循环的热经济性。

双压凝汽器的温度分布图如图 1-26 所示。

双压凝汽器和单压凝汽器的平均排汽温度之差为

$$\Delta t_s = \frac{\Delta t}{4} + \delta t - \frac{\delta t_1 + \delta t_2}{2}$$

当循环水进口温度超过某一分界温度时，排汽温度差为正值，且循环水进口温度越高，排汽温度差越大。综合双压凝汽器的工作性能，优点如下：较低的热耗；较小的凝汽器表面积；冷却水需求较少；可大大优化设备的布置和运行。所以在缺少冷却水和气温较高的地区采用多压凝汽器是比较有利的，一般可提高装置效率 0.15%～0.25%。

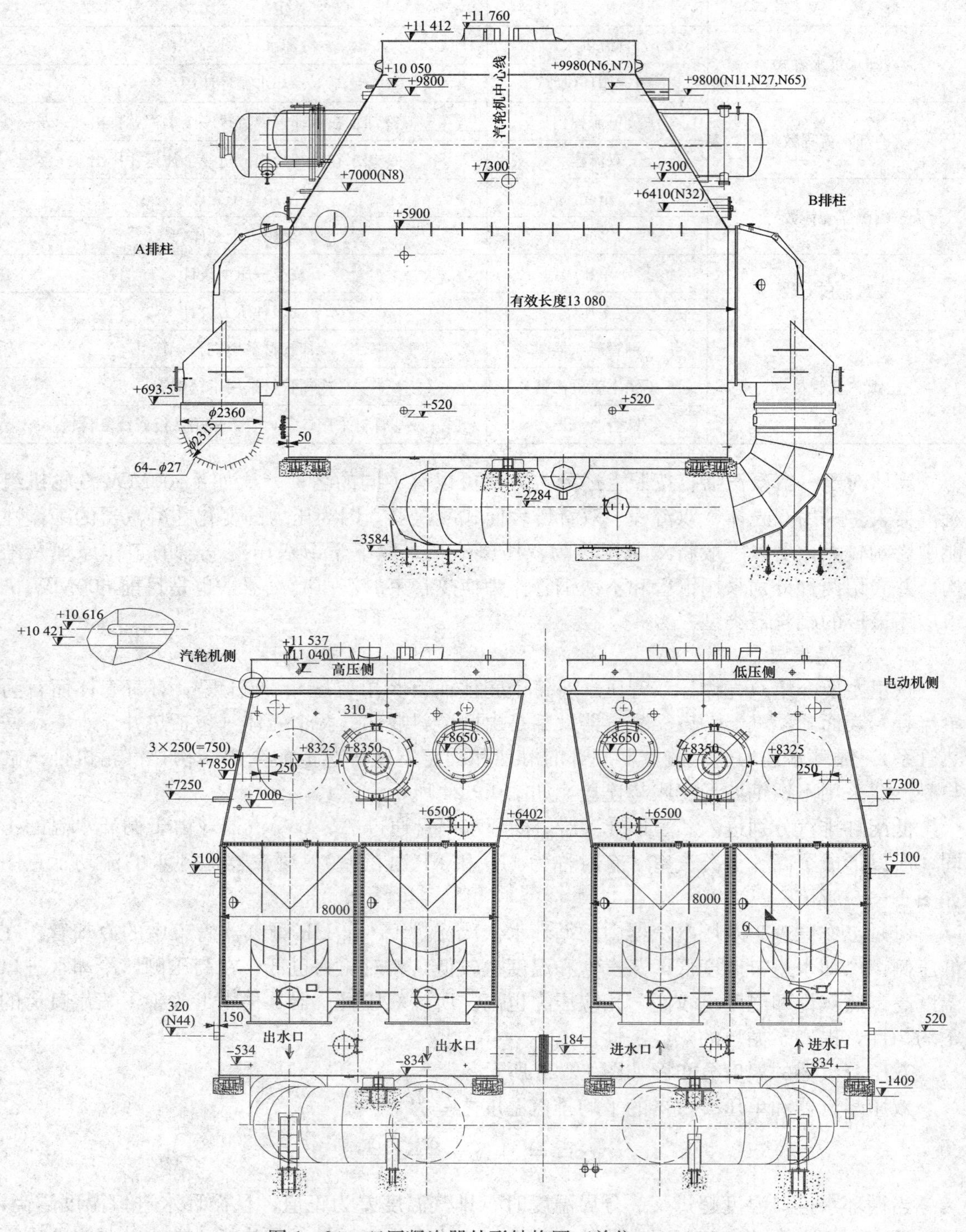

图 1-24　双压凝汽器外形结构图（单位：mm）

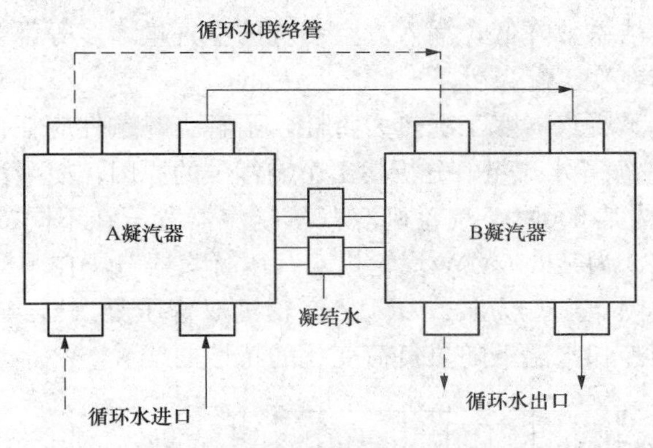

图 1-25　双压凝汽器循环水流动示意图

另外，若任由凝结水由高压侧自流至低压侧，最终凝结水温度将高于单压凝汽器的凝结水温度，从而出现过冷，降低其经济效益。所以一般将低压凝汽器的水位设计得高于高压凝汽器的水位，低压侧凝结水依靠重力作用流入高压侧，利用高压侧温度较高的蒸汽将凝结水加热到高压侧的凝结水温度，则可使循环效率进一步提高。

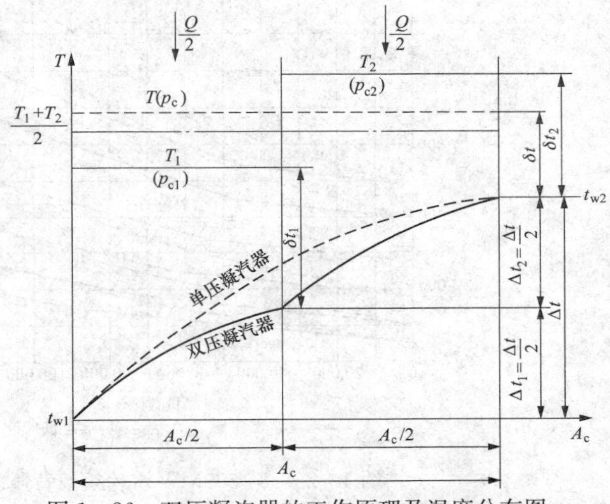

图 1-26　双压凝汽器的工作原理及温度分布图

凝汽器的性能曲线是根据不同的排汽量、循环水进水温度、循环水量，按照端差、循环水温升随负荷变化的规律，求得凝汽器的排汽压力后绘制的，图 1-27 为双压凝汽器的性能曲线。由图可见，在一定冷却水量和进水温度下，凝汽器的真空值随机组负荷的增加而减少；当汽轮机的负荷与冷却水量不变时，凝汽器的真空值随进水温度的增加而降低。因此在相同的运行条件下，凝汽器的真空冬天要比夏天高。

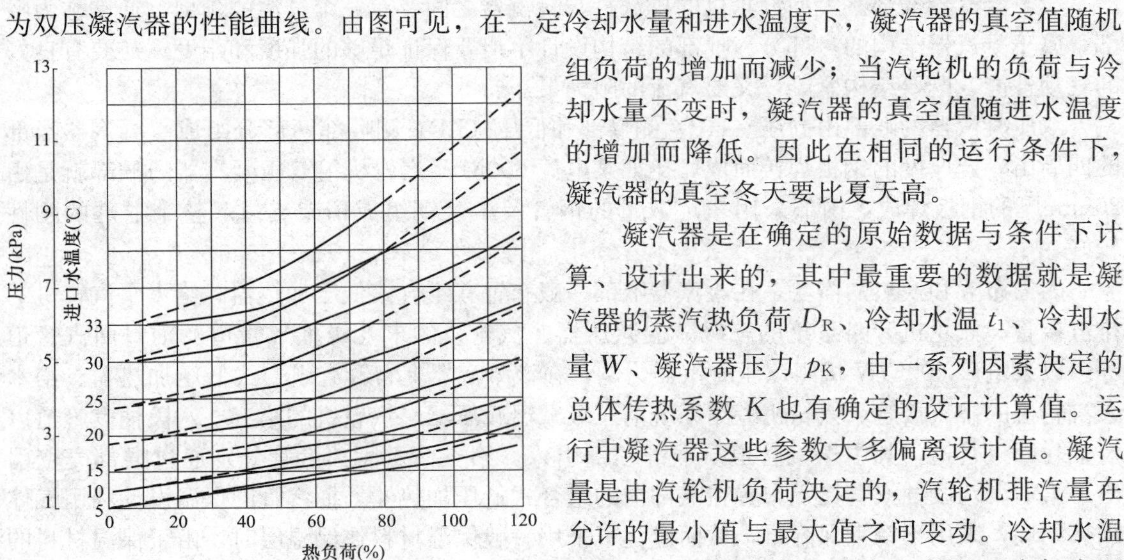

图 1-27　双压凝汽器性能曲线

凝汽器是在确定的原始数据与条件下计算、设计出来的，其中最重要的数据就是凝汽器的蒸汽热负荷 D_R、冷却水温 t_1、冷却水量 W、凝汽器压力 p_K，由一系列因素决定的总体传热系数 K 也有确定的设计计算值。运行中凝汽器这些参数大多偏离设计值。凝汽量是由汽轮机负荷决定的，汽轮机排汽量在允许的最小值与最大值之间变动。冷却水温则由当地的气象条件决定。实际上冷却水温度在一年四季都在很大范围内变化。运行中冷却表面逐渐脏污、清洁系数降低，漏入真空系统的空气量增多等都会使传热恶化。因此凝汽器大多数情况都工作在变工况条件下。

电厂运行人员应熟悉凝汽器变工况热力特性，了解当时条件应在什么背压下运行，并根据相应的水温和负荷调整循环水流量，分析找出影响背压的原因，使凝汽器运行在曲线规定的经济背压下。图 1 - 28 为某 600MW 汽轮机双背压凝汽器背压在不同冷却水温下随热负荷变化的特性曲线，图 1 - 29 为某 600MW 汽轮机双背压凝汽器背压在不同冷却水温下随循环水流量变化的特性曲线。图 1 - 30 为某 600MW 汽轮机双背压凝汽器半边停运（清洗、检修）半边运行时背压在不同冷却水温下随热负荷变化的特性曲线。

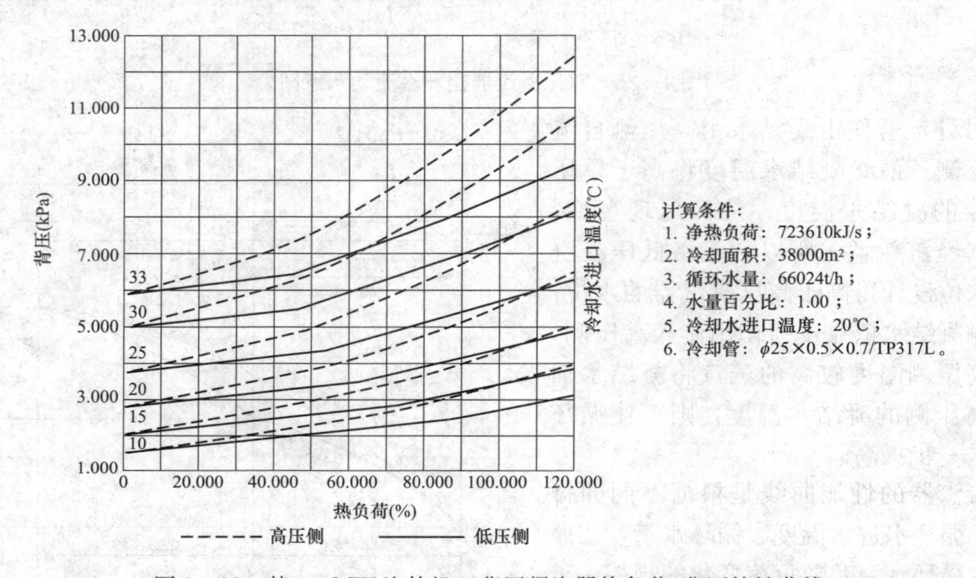

图 1 - 28 某 600MW 汽轮机双背压凝汽器热负荷-背压特性曲线

（2）凝汽器喉部。大型汽轮机的排汽缸与凝汽器之间要有一个过渡的颈部，通常称为喉部，属于凝汽器结构的一部分。喉部的结构设计不但要保证足够的强度和刚度，还要有良好的气动性能，既要结构紧凑，又要汽流的阻力最小。

双压凝汽器的喉部由高压（HP）侧喉部和低压（LP）侧喉部两部分组成。凝汽器喉部的四周由一定厚度的钢板焊接而成，比如某电厂 600MW 汽轮机组双压凝汽器的喉部就是由 20mm 厚的钢板焊成，内部采用一定数量的钢管及工字钢组成桁架支撑，整个喉部的刚性较好。

因为布置和换热的需要，在凝汽器喉部一般布置有组合式低压加热器、给水泵汽轮机的排汽接管、汽轮机旁路系统的三级减温减压器、汽轮机的末几级抽气管道及轴封回汽管道等。以某电厂 600MW 机组双压凝汽器为例，在该凝汽器上布置有组合式低压加热器、给水泵汽轮机的排汽接管、汽轮机旁路系统的三级减温减压器、汽轮机的第五～八段抽汽管道以及轴封回汽管道，其中送汽管道从喉部顶部引入，第五、六段抽汽管分别通过喉部壳壁引出，第七、八段抽汽管接入布置在喉部内的组合式低压加热器。抽汽管的保温设计利用气体隔热原理，采用不锈钢保温罩，从而避免了采用一般保温材料作保温层时，由于保温材料的剥落而影响凝结水水质的缺陷。

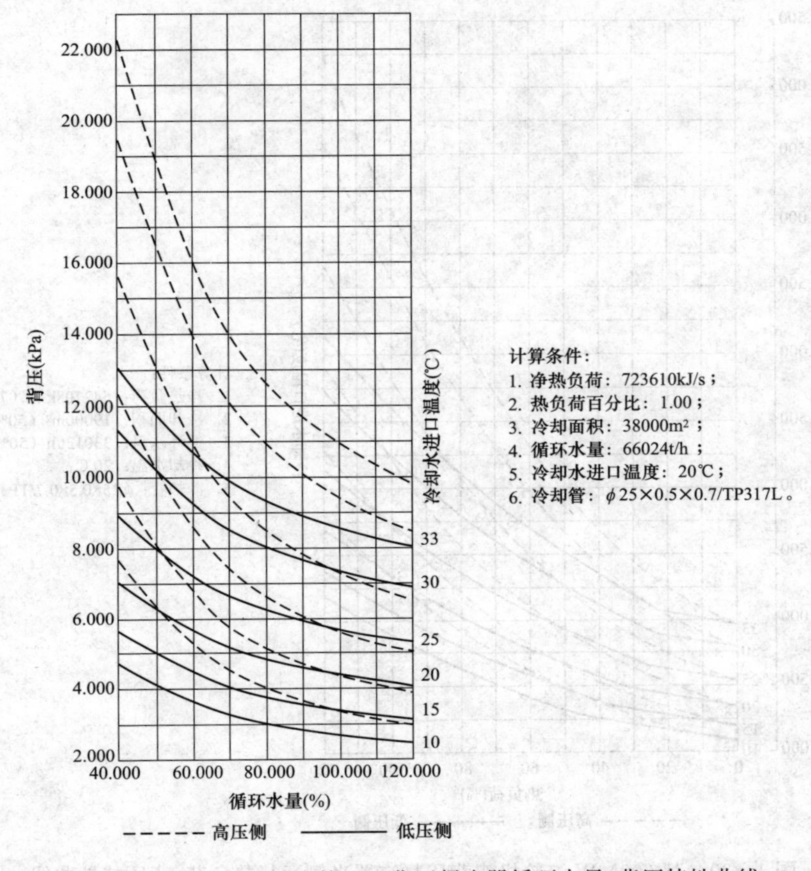

图 1-29　某 600MW 汽轮机双背压凝汽器循环水量-背压特性曲线

在凝汽器喉部内，减温减压器的上方布置有水幕保护装置，以便在减温减压器喷水减温不正常时，投入凝汽器水幕保护喷水，避免低压缸排汽温度升高引起的凝汽器喉部温度过高现象。比如，某电厂 600MW 凝汽式汽轮机组的双压凝汽器（HP、LP 凝汽器）喉部分别布置了 20 只减温水喷嘴，其喷水压力为 1.0MPa，每一个喉部内的喷水量为 11.5t/h。水幕保护装置的控制信号取自低压缸排汽温度，当低压缸排汽温度高于 80℃时，水幕保护装置动作并喷水，水幕保护装置喷水调节阀后的整定压力为 1.0MPa。

同时凝汽器的喉部还设置有抽真空系统，抽真空系统以并联方式为主，抽汽管道从 HP 侧、LP 侧喉部分别引出，有时抽真空系统也可采用串联方式。

(3) 凝汽器的壳体和水室。双压凝汽器壳体分为低压（LP）侧壳体和高压（HP）侧壳体，每个壳体四周都由一定厚度的钢板拼焊而成，比如某电厂 600MW 凝汽式汽轮机组的双压凝汽器的壳体就是由 20～25mm 厚的钢板拼焊而成的。按照凝汽器内部换热管管束凝结功能的不同，采用不同的换热管材质，相应的区域划分为主凝结区、空气冷却区和管束迎流区。以某电厂采用的 600MW 凝汽式汽轮机组的双压凝汽器为例，该凝汽器为铜管换热器，凝汽器本体的总质量（含壳体、喉部）为 820t，运行时水的质量为 560t，汽室全部充水时水的质量为 1500t。每个壳体内有四组管束（管束为三角形排列）为主凝结区，在每组管束下部均设有空冷区，最底部设置管束迎流区。具体的区域划分、管材及管束数量对应见表 1-17。

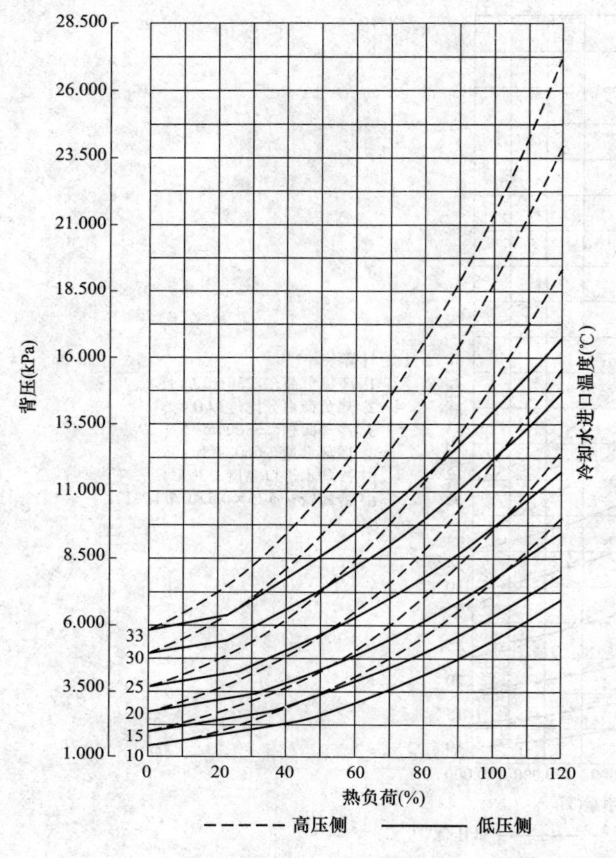

图 1-30 某 600MW 汽轮机双背压凝汽器半侧运行热负荷-背压特性曲线

表 1-17 凝汽器区域划分、管材及管束数量对应表

区 域	管 材	管束数量（根）
主凝结区	HZn70-1+B 铜管	38136
空气冷却区	Bfe30-1-1 镍铜管	2712
管束迎流区	DG18Ni9 不锈钢管	4032

凝汽器内换热管束的布置如图 1-31 所示。

由图 1-31 可看出：该凝汽器热井水位最高 1400mm，最低 200mm，正常应在 800mm 处，波动范围 150mm。过高或过低的水位对凝汽器的性能和设备安全都会造成很大的影响。

换热管的两端采用胀接+焊接的方式固定在端管板上，端管板组件与壳体采用焊接形式构成一个整体，中间管板通过支撑杆与壳体侧板及底板相焊。在壳体内还设置了一些集水板和挡汽板，靠近两端管板处，还设置有取样水槽，以便在运行中检测冷却管与端管板之间的密封性。壳体下部为热井，凝结水出口设置在低压侧壳体热井的底部，凝结水管出口处设置了滤网和消涡装置。前、后水室均为由钢板卷制成的弧形结构。

凝汽器采用循环冷却水双进双出形式，其中水室分为 8 个独立腔室，分别为低压侧 2 个进水室、2 个出水室，高压侧 2 个进水室、2 个出水室，水室与端管板采用法兰连接。在凝

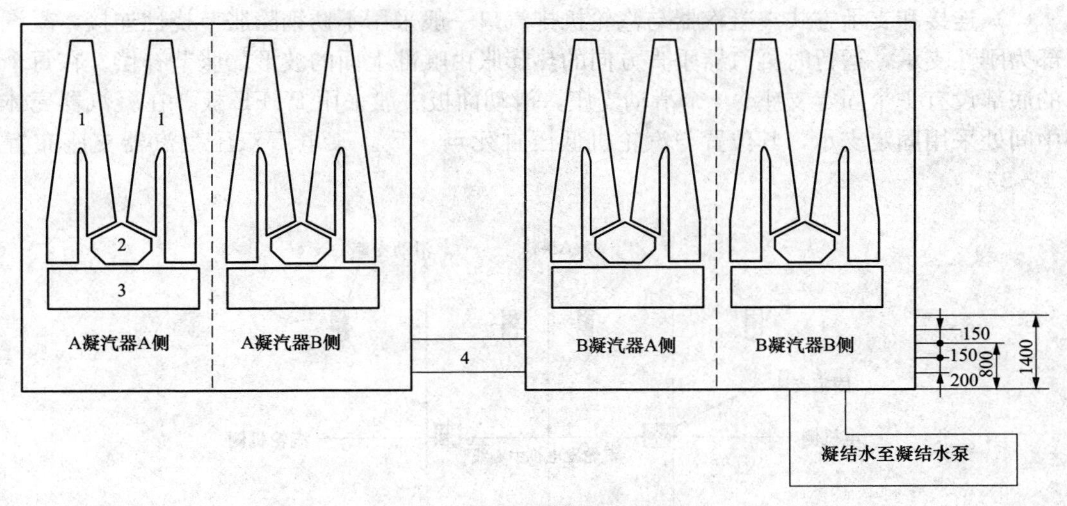

图 1-31　凝汽器内换热管束布置图

1—主凝结区；2—空气冷却区；3—管束迎流区；4—凝结水连通管

汽器喉部、壳体下部、水室上均设有人孔，以便对凝汽器进行检修、维护。水室上还开有通风孔、放气孔等。凝汽器配置有一套水位计，包括磁翻板水位计和平衡容器，运行时，可对凝汽器热井水位进行就地及远传显示监测。

（4）凝结水回热系统。大功率机组双背压凝汽器大都采用凝结水回热装置，以减小凝结水过冷，提高机组循环热效率。在该凝汽器的低压侧壳体内设有集水板，从集水板向下引出两根凝结水回热主管，通过低压侧热井引向高压侧热井，并与高压侧热井中的回热管系相接。高压侧、低压侧热井之间有凝结水连通管，回热主管从其中穿过，高压侧设有双层淋水盘，如图 1-32 所示。

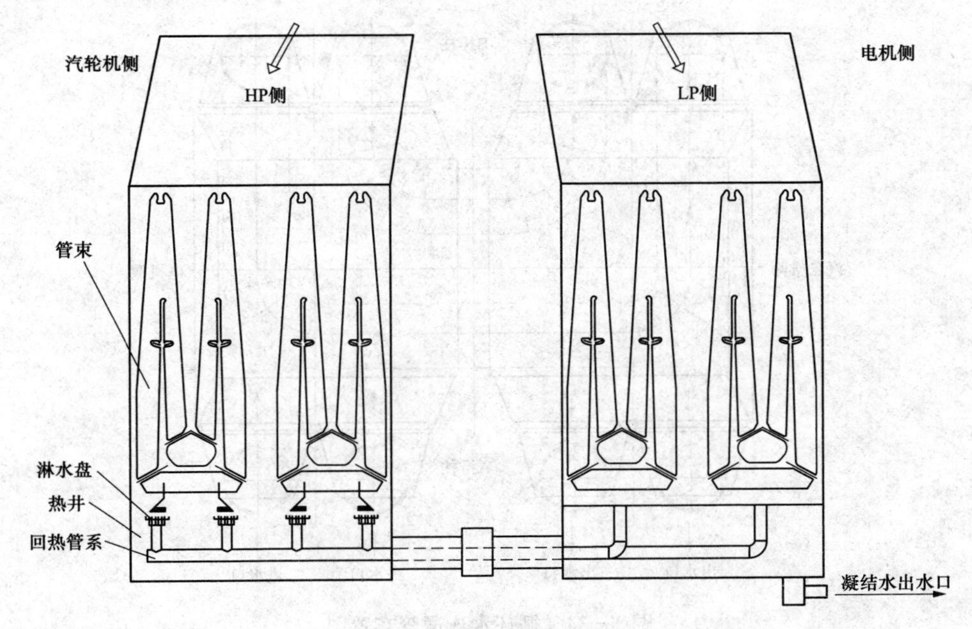

图 1-32　凝结水回热系统

（5）连接和支承方式。凝汽器与汽轮机排汽口一般采用不锈钢膨胀节挠性连接，凝汽器下部为刚性支承，运行时凝汽器垂直方向的热膨胀由喉部上面的波形膨胀节补偿。在每个壳体的底部设有1个固定支座、4个滑动支座，滑动面板一般采用PTFE板，在凝汽器壳体底部中间处采用固定支承，其位置与汽轮机低压缸死点一致。某电厂双压凝汽器支座布置见图1-33。

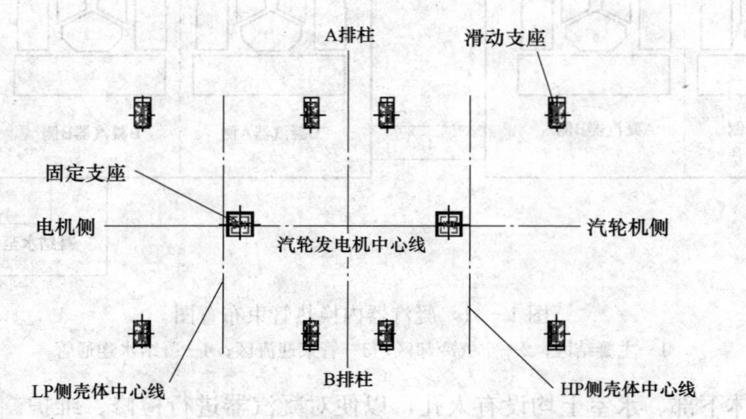

图1-33 某电厂双压凝汽器支座布置图

（6）循环水连通管。以上述某电厂600MW凝汽式汽轮机组的双压凝汽器为例，该凝汽器有两根循环水连通管，用以连通B排柱的四个水室。循环水连通管布置在壳体的下面（见图1-34）。某工程的冷却水水质为淡水，对循环水连通管内表面需进行防腐处理，因此循环水管内部尖角处均应打磨光滑，其过渡半径不小于5mm。连通管内表面（含人孔盖板及法兰盖板内表面）应涂0.5mm厚的环氧煤沥青，并且要求在现场装焊完成后应补涂环氧煤沥青防腐层。

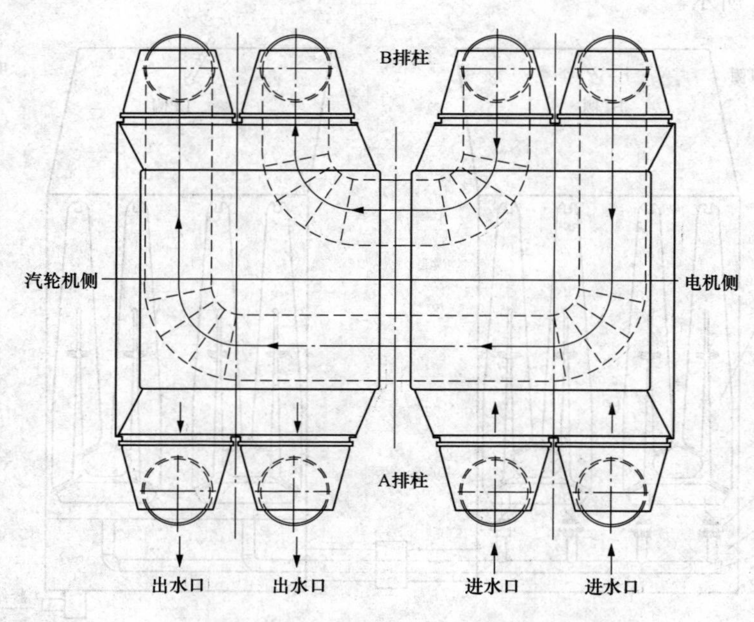

图1-34 循环水连通管布置图

（7）凝汽器的工作过程。凝汽器正常工作时，循环冷却水由低压侧靠A排柱的两个水室进入，经过凝汽器低压侧壳体流入低压侧的另外两个水室，经循环水连通管水平转向后，通过凝汽器高压侧壳体流至高压侧靠A排柱的两个水室并排出凝汽器。蒸汽由汽轮机排汽口进入凝汽器，然后均匀地分布到管子全长上，经过管束中央通道及两侧通道使蒸汽能够全面地进入主管束区，与冷却水进行热交换后被凝结；部分蒸汽由中间通道和两侧通道进入热井对凝结水进行回热。LP侧壳体中的凝结水经LP侧壳体中的部分蒸汽回热后，被引入凝结水回热管系，并经凝结水连通管流入HP侧热井，通过淋水盘与HP侧壳体中的凝结水汇合，同时被HP侧壳体中的部分蒸汽回热，以减小凝结水过冷度，被回热的凝结水汇集于热井内，由凝结水泵抽出，升压后输入主凝结水系统。HP侧壳体与LP侧壳体剩余的汽气混合物经空冷区再次进行热交换后，少量未凝结的蒸汽和空气混合物经抽气口由抽真空设备抽出。

（8）设备举例。以某电厂600MW凝汽器为例，从性能参数和结构布置上看该类凝汽器的设备特点。表1-18为双压凝汽器的主要性能参数。

表1-18　双压凝汽器的主要性能参数

型　　号	N-36000型	冷却面积	36000（A+B）m^2
型式	双壳体、双背压、 单流程（对每一壳体而言）	凝汽量	1100.5+57.6t/h （主机+给水泵汽轮机）
热井出口凝结水含氧量	≤30μg/L	冷却水量	67700t/h
凝汽器铜管总根数	44880根	水室试验压力	0.375MPa
冷却水温	20℃（最高33℃）	冷却介质	循环水
清洁系数	0.85	凝汽器设计压力	4.4kPa/5.4kPa
凝结水温度	34.3℃	膨胀节材料	不锈钢
制造厂家	东方汽轮机厂	冷却管	φ25×1

该台双压凝汽器具有以下的设备特点：

（1）凝汽器采用刚性支撑，喉部与汽轮机排汽缸采用不锈钢波形节连接，为了减少流动损失，采用了球型整体水室。

（2）凝汽器壳体、喉部、水室、端部管板均采用Q235-A钢板制作，喉部波形节采用Ocr19Ni9不锈钢制作。

（3）凝汽器设计上可以直接接受汽轮机本体疏水，加热器疏水、低压旁路三级减温器后蒸汽。其中低压旁路三级减温器和7、8号低压加热器布置在凝汽器喉部。

（4）凝汽器每个水室上、下部各设置一个人孔门，热井设置快开式人孔门，在A、B凝汽器凝结水侧底部各开有一个放水接口，能将凝汽器内正常水位的水量在30min内放完。

（5）在凝汽器壳体的上部设置人孔门，管束的上部设置格栅平台通道，可以对管束、内置低压加热器、三级减温器以及疏水消能装置进行检查和维修。凝汽器喉部也设有人孔门。这样该凝汽器共在四处开有人孔门，可以全方位对凝汽器及内部设施进行检查和维修。

（6）A、B凝汽器各安装有一个真空破坏门，在出现紧急停机条件需破坏真空时打开，可快速降低主机真空，以使汽轮机转子尽快停运下来。在集控室汽轮机操作盘上有手动远控开关。机组正常运行中，该门全关，应仔细调整水封注水门的开度，使溢流口有少量水流出即可。

（二）凝汽器抽真空系统

凝汽器抽真空系统是凝汽器真空得以维持的重要系统。

1. 凝汽器抽真空系统与设备特点

双压凝汽器的抽真空系统按气体/蒸汽混合物的冷却要求进行设计：在额定工况下，空气排气口的温度较凝汽器入口压力下的饱和蒸汽温度低4℃。抽真空系统既可以布置成并联方式，也可以布置成串联方式。串联抽真空系统是指空气由高压凝汽器流向低压凝汽器，经抽气管道抽出；并联抽真空系统即A、B凝汽器各设一抽气管，独立抽气，两抽气管在真空泵组进口前有联络门，以适应不同的真空泵运行方式。两种抽真空系统的布置如图1－35所示。

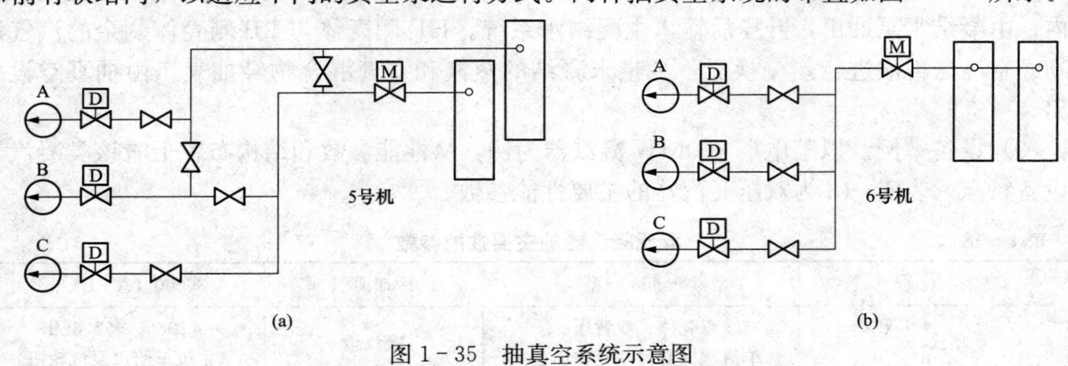

图1－35 抽真空系统示意图

（a）并联抽真空系统；（b）串联抽真空系统

2. 真空泵及其工作原理

真空泵普遍采用单级水环式真空泵，自密封型，工作水为凝结水，工作水的冷却水为循环水或掺混水。真空泵汽水分离器上装有空气流量检测装置，可以检查真空泵的抽气能力。由于机组启动过程中，要求凝汽器在极短的时间内迅速地建立起真空状态，所以对真空泵的性能要求比较高，比如某电厂600MW凝汽式汽轮机组也是采用双压凝汽器，配备三台水环式真空泵，启动时三台真空泵同时运行，当真空达到23.5kPa时，所用时间不大于30min。

表1－19为某电厂配备的真空泵系统的主要设备规范。

表1－19　　真空泵系统的主要设备规范

项　　目	353型真空泵	403型真空泵
型号	2BE1－353－0	2BE1－403－0
抽吸干空气量（kg/h）	51	110
吸入温度（℃）	22	
吸入压力（kPa）	3.5	
极限真空（－kPa）	3.3	3.3
转速（r/min）	590	490
项　　目	353型真空泵电动机	403型真空泵电动机
型号	Y355L－10	
功率（kW）	160	220
电压（V）	380	6000
电流（A）	319.2	31.7
转速（r/min）	589	494

续表

项　　目	管　道　泵
流量（m^3/h）	50
电机功率（kW）	5.5
电压（V）	380
扬程（m）	20
电流（A）	11.1
转速（r/min）	2900

(1) 真空泵的抽真空过程。图1-36为真空泵的抽真空系统图，系统在接通电源后，真空泵开始运行，当入口气动门前后的压差大于3kPa时，该气动门自动打开，气体进入真空泵，压缩后经排气管进入汽水分离器，经过汽水分离后气体排至大气，工作水经管道泵升压送到换热器内，最后进入真空泵重新开始新的抽吸过程。该系统既有远程控制又有就地控制，在就地设有一控制盘，可选择真空泵的控制方式，切换至就地控制时，可就地手动启、停真空泵。在实际运行中为确保真空系统运行的可靠性，可设置真空泵和气动门的联动：真空泵启动后气动门联开；停运后联关。气动门接受的是电动机开关的位置辅助接点。

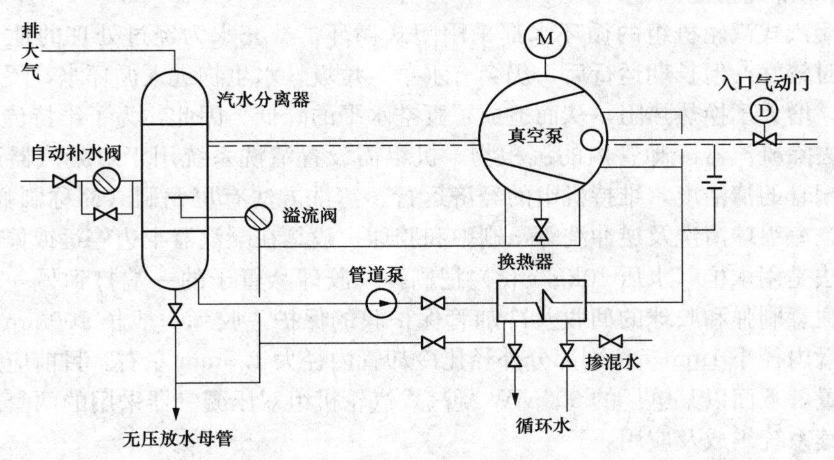

图1-36　真空泵的抽真空系统图

(2) 真空泵的工作水。真空泵采用凝结水作为工作用水。分离器水位由浮球阀和溢流阀自动控制，设有旁路门可手动补水。工作水经换热器换热降温后进入真空泵，其中部分水经喷射口与气体混合后进入真空泵。真空泵在运转中随气体排出部分工作水，进入汽水分离器，气体排入大气，工作水进入下一个循环。图1-36中真空泵的抽真空系统设有管道泵，用于加强工作水的换热效果，但在实际运行中，如果设备选择不合理，管道泵有较高的流量，往往由于出口门调节困难，会造成真空泵泵体内满水或缺水而降低真空泵的抽吸能力，影响机组安全运行，所以管道泵的合理选择至关重要。工作水的冷却水为主机循环水，当夏季水温较高时，可切至温度较低的掺混水，以提高换热效果。

3. 凝汽器的真空监测与保护

凝汽器的真空是指凝汽器负压的绝对值。由于凝汽器真空下降严重影响汽轮机组的安全、经济运行，大型汽轮机组必须装设凝汽器真空监测保护装置。除装设指针式、数字式和记录式真空表外，还应装设独立的电触点真空表或真空继电器，以供低真空保护使用。在机组启动、运行和停机过程中必须严密监视凝汽器真空的变化情况。

当真空下降，超过预报报警值（或称为第Ⅰ限值）时，真空监测保护装置发出报警信号，提醒运行人员采取必要的措施，使凝汽器真空恢复正常或防止真空继续下降；当真空下降，超过危险值（或称为第Ⅱ限值）时，真空监测保护装置发出危险信号，实现停机保护。对于不同容量的机组，凝汽器真空低的预报值、危险值是不同的。例如：125MW 机组的预报值为 84.6kPa，危险值为 67.7kPa；200MW 机组的预报值为 83.3kPa，危险值为 63.7kPa；300MW 机组的预报值为 86kPa，危险值为 63kPa。

以 600MW 机组为例，凝汽器真空下降的处理过程为：正常运行时，真空应大于 90kPa；降至 86kPa 时，发出预报报警信号；若继续下降，应启动备用循环泵和备用抽气器；降至 86kPa 以下时，应减负荷，每降 1.3kPa，减负荷 30MW；降至 70kPa，减负荷至 0；降至 63kPa 时，发出危险信号，立即关闭主汽门和抽气止回阀，实现紧急停机。凝汽器上还设有安全门，当凝汽器真空降至危险值，而低真空保护装置不动作时，则排汽压力进一步上升。当排汽压力大于 4kPa 表压力时，凝汽器上等薄膜式安全门被冲开，汽轮机向外排汽，以免凝汽设备因低压缸排汽温度和压力上升而损坏。

（三）胶球清洗系统

大部分凝汽式汽轮机组的循环水都采用闭式循环，补充水为经过处理的地下水或地表水，水质相对较好。但长期运行后，仍会有水草、垃圾、水生物进入循环水，逐渐积聚在凝汽器水室内，增大了换热热阻，从而造成了真空水平的降低。因此，为了维持传热效率和防止腐蚀，应去除凝汽器冷却管内的沉积物。机组需设置清洗系统用于对凝汽器进行日常清洗，以提高铜管的清洁度，维持机组的经济运行。清洗方法有尼龙刷（简称刷弹）、橡胶球（简称胶球）、海绵球清洗及逆冲洗等，刷弹和胶球一般是在凝汽器半边停运或停机的情况下采用，此方法是用水枪（水压 $10kg/cm^2$）把刷弹或胶球从管子的一端打到另一端，来回一次就可以，注意刷弹和胶球的回收及冷却管保护膜的保护。胶弹一般长 100mm，引导部分外径比冷却管内径小 1mm，洗刷部分外径比冷却管内径大 1.5mm 左右。目前应用最多的是胶球清洗装置，下面以某电厂的 600MW 凝汽式汽轮机组双压凝汽器采用的两套胶球清洗系统为例介绍其系统组成及应用。

1. 胶球清洗系统的结构特点

凝汽器胶球清洗系统如图 1－37 所示，主要设备包括收球网、胶球泵、装球室等。其中收球网安装在循环水回水管道上，由 101 和 102 电动门控制其开关状态。装球室上部端盖可以打开，以补充新球。105 阀打开时，胶球可以通过一圆形孔，进入循环水。本系统中的阀门和收球网板均为电动门，有开度指示，当阀门不操作时，均可自锁。

在设计工况下，使用湿态直径比凝汽器铜管内径大 1～2mm 的胶球，每次清洗 30min，可保证收球率大于 97%。胶球投运时，收球网板的水力损失小于 2kPa。

2. 胶球清洗系统的控制运行

两套清洗系统分别对应于凝汽器的 A、B 循环水室，电气控制共用一个控制柜，清洗时可同步进行也可独立进行。操作均为就地程控进行，无远方信号。

在进行投运操作时，送上清洗装置控制电源及胶球泵动力电源。将控制盘上的收球网板按钮（V101、V102）切至“ON”位置，确认两侧开关灵活。检查胶球泵入口门 V103、出

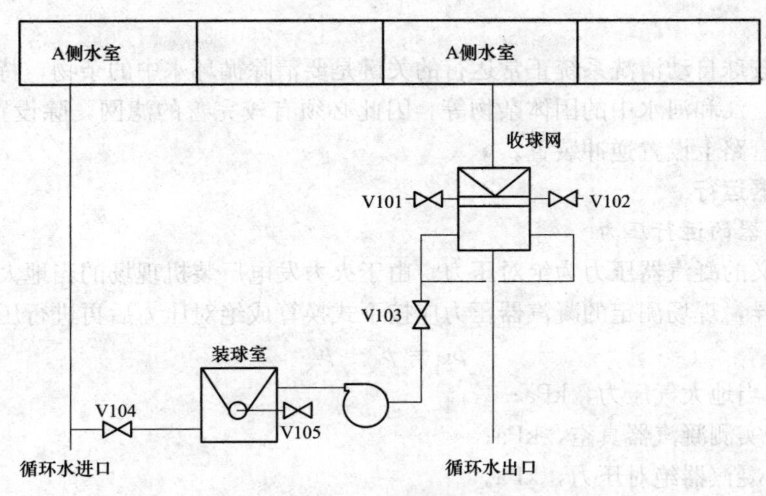

图 1－37　胶球清洗系统图

口门 V104 及装球室出口门 V105 关闭。关闭装球室底部放水门，打开装球室上盖，投入 1000 只合格胶球。关闭上盖并上紧，开启顶部放气。稍开 V104，装球室注满水，放气后关闭放气门。开启胶球泵入口门 V103，启动胶球泵，全开出口门 V104。将 V105 打至“开”位（如为第一次加新球，应在 V105 关闭状态下运行 30min 后再打至开位），系统投入运行。从装球室上盖观察窗看到有球返回为正常，一次清洗时间为 60min。

回收胶球时，将装球室出口门 V105 打至“关”位，收球 60min；关闭 V104，停胶球泵，关闭 V103。需清点胶球时，将装球室下部放水门打开，打开放气门，待水放净后打开装球室上盖点球。如收球率低于 90%，可按上述步骤继续收球。

3. 胶球清洗系统运行的注意事项

胶球清洗系统运行时，应注意以下几种情况，以保证凝汽器的高效、经济、安全运行：

（1）凝汽器出水管上的收球网投运时一定要可靠到位，关闭严密，否则会跑球。

（2）在投运系统时，要保证一定的循环水压力和流速，防止凝汽器上部无水而清洗不到；同时循环水流量不宜太小，因为循环水流量太小会使胶球不易通过铜管，降低收球率，清洗效果变差。

（3）使用的胶球要耐磨、质地柔软、富有弹性、气孔均匀贯通、硬度适中，使用前要先在水中浸泡 24h，湿态直径比凝汽器铜管内径大 1～2mm，相对密度 1.00～1.15，在 5～45℃水温下及使用期内直径不超标、不老化。使用金刚砂球清洗铜管硬垢时，其湿态直径应比铜管内径小 1～2mm，待硬垢基本清除后立即停止使用，注意冷却管保护膜的完整，不因胶球清洗而损坏。

（4）正常投球量为单侧凝汽器铜管数量的 7%～13%，胶球循环一次不超过 30s，每天运行一次。系统运行 7d，进行点球，并补充损失的胶球。累计运行 60 次，更换新球。运行中应当根据收球率、胶球直径及耐磨性等参数适当调整上述周期。个别胶球在水中浸泡一段时间后可能会因质量原因而膨胀过多，球径超标或破损，应随时更换。

（5）提高胶球回收率。除清洗装置本身结构合理外，凝汽器的水室、循环水管道等均须作相应的考虑。

（6）系统长时间停运时，应每隔 3d 活动一次各阀门。若在冬季，应注意放尽系统中的存水。

(7) 能使胶球自动清洗系统正常运行的关键是要清除循环水中的杂物，特别是直流供水系统中海、湖、江和河水中的固体杂物等。因此必须有较完善的滤网，除设置二次滤网外，最好在循环水管路上设置逆冲装置。

二、凝汽器运行

(一) 凝汽器的运行压力

制造厂定义的凝汽器压力为绝对压力，由于火力发电厂装机现场的当地大气压力与标准大气压力的差异，现场测定的凝汽器压力应按下式换算成绝对压力后再进行压力评定：

$$p_k = p_a - p_v$$

式中 p_a——当地大气压力，kPa；

p_v——实测凝汽器真空，kPa；

p_k——凝汽器绝对压力，kPa。

(二) 凝汽器的试验

为了确保机组的运行性能，凝汽器在正式投入运行前，其水侧必须进行水压试验、汽侧进行灌水试验及真空系统进行严密性试验。以某600MW汽轮机组凝汽器为例介绍凝汽器的试验。

1. 水侧的水压试验

凝汽器水压试验压力为0.5MPa，用于水压试验的水温应不低于15℃。试验步骤如下：

(1) 关闭所有与水室连接的阀门。

(2) 灌入清洁水，并缓慢加压至0.5MPa（水室底部）。

(3) 维护此压力30min。

在试验过程中必须注意水室法兰、人孔及各连接焊缝等处有无漏水、渗水及整个水室有无变形等情况发生。发现问题应立即停止试验，并采取补救措施。若在规定时间内不能做完全部检查工作，则应延长持压时间。

2. 汽侧的灌水试验

为了检验壳体及冷却管的安装情况，灌水试验在凝汽器运行前是必不可少的，但不能与水侧水压试验同时进行。灌水试验水温应不低于15℃。汽轮机检修后再次启动前也要做灌水试验。试验步骤如下：

(1) 关闭所有与壳体连接的阀门。

(2) 灌入清洁水，灌水高度应高于凝汽器与低压缸连接处约300mm。

(3) 维持此高度24h。

在试验过程中如发现冷却管及与端管板连接处、壳体各连接焊缝等处有漏水、渗水及整个壳体外壁变形等情况，应立即停止试验，放尽清洁水进行检查，找出原因并采取处理措施。试验后应先放掉壳体内的水，并吹干。

3. 真空系统的严密性试验

为了检测机组的安装水平，保证整个真空系统的严密性，应进行真空系统严密性试验。检测方法是停主抽气器或关闭抽气设备入口电动门（要求该电动门为零泄漏），测量真空下降的速度，试验时必须遵照《汽轮机启动运行说明书》有关严密性试验的规定和要求进行。试验步骤如下：

(1) 停主抽气器或关闭抽气设备入口电动门，注意凝汽器真空应缓慢下降（试验时负荷为80%～100%额定负荷）。

(2) 每分钟记录真空读数一次。

(3) 5min后开启主抽气器或抽气设备入口电动门。

(4) 真空下降速度取3～5min的平均值。

(5) 记录当时的负荷及真空下降的平均值。

根据检测结果可以得到机组整个真空系统的安装水平，若真空下降率小于0.13kPa/min（1mmHg/min），则机组真空严密性为优；小于0.27kPa/min（2mmHg/min）则为良；小于0.4kPa/min（3mmHg/min）则为合格；若机组真空严密性不合格，则应检漏并消缺。

（三）凝汽器的启动

1. 凝汽器启动要求

凝汽器必须在汽轮机启动前投入运行。凝汽器投运时，首先投运抽气设备，使凝汽器内形成一定的真空。启动凝汽器前，应检查与凝汽器相连的各阀门，使之处于正确状态。同时打开前后水室上部的放气阀。为了启动凝结水泵，热井内应预先灌入由储水箱来的凝结水，灌入的水位高度根据凝结水泵的吸入高度而定，然后进行凝结水再循环。

当出现下列情况时，应停止启动：

(1) 温度表、真空表、凝汽器水位计等主要表计失灵。

(2) 低真空自动保护装置失灵。

(3) 凝结水调整阀、凝汽器循环水阀失灵。

2. 凝汽器的半侧运行

当冷却管脏污，需要进行半侧清洗或冷却管损坏，需要进行堵管操作时，凝汽器允许半侧运行。即关断需检修的半壳体对应的循环水，半侧运行时，机组减负荷至75%额定负荷。

3. 凝汽器的水侧半侧隔离查漏

当凝汽器换热管出现漏点时，循环水将漏至凝结水侧，造成凝结水的水质恶化，严重威胁机组安全运行。另外，当凝汽器换热管管板上垃圾堵塞时，产生较大的流动阻力和传热热阻，会造成凝汽器的换热效果急剧下降，凝汽器真空严重偏低，影响机组的经济运行。由于机组结构上的特点，这时就可以实现机组在低负荷时隔离半侧循环水进行查漏，一般机组负荷可降至40%～50%。

机组每个凝汽器的循环水分为A、B两侧，先关闭相应侧的进、出水蝶阀，开启放气门和放水门，就可以实现循环水的半侧隔离。水室放尽水后，检修人员可以打开水室人孔门，利用灯光法或薄膜法检查漏点。检修结束后进行恢复时，开启电动蝶阀一定要利用点动方式，逐渐开启，以防循环水压力出现异常波动。另外，一定要对循环水管充分放气，以防出现循环水流动不畅，影响换热效果。

需特别注意的是，在进行半侧隔离时，应监视凝汽器真空变化情况，当真空低至−87kPa时，应立即停止隔离，进行恢复。

4. 凝汽器减负荷运行及凝汽器的停用

汽轮机在解列前，负荷逐渐减小，汽轮机排出的蒸汽量也减小，在减负荷运行时，必须注意凝汽器水位及真空是否正常，若不正常，必须采取措施，使之处于正常水位，同时应注意并维持排汽温度正常。

若凝汽器停运时间超过一周，则必须把凝汽器内的水排净，并吹干，以防锈蚀。

5. 凝汽器热力性能的运行监督

凝汽器运行的热力性能对汽轮机组运行的安全性与经济性有很大影响。评价凝汽器运行热力性能的主要指标是凝汽器压力（真空度）、凝结水的过冷度及含氧量。要求如下：

（1）根据凝汽器特性曲线，使凝汽器压力达到规定值。

（2）使凝结水过冷度为最小。

（3）使凝结水含氧量等于或低于规定值。

6. 凝汽器日常运行中监视项目

为了监督凝汽器运行的热力性能，应在日常运行中对表 1－20 中各项进行测量监视。

表 1－20　凝汽器运行监测项目及仪表安装地点

序号	监测项目	单位	仪表安装地点
1	大气压力	MPa	表盘
2	排汽温度	℃	汽轮机排汽口
3	凝汽器压力	MPa	凝汽器喉部
4	冷却水进口温度	℃	冷却水进口管道
5	冷却水出口温度	℃	冷却水出口管道
6	凝结水温度	℃	凝结水泵进水管
7	被抽出的汽-气混合物温度	℃	凝汽器抽气管道
8	冷却水进口压力	MPa	冷却水进口管道
9	冷却水出口压力	MPa	冷却水出口管道
10	凝结水流量	t/h	凝结水出口管道
11	凝结水含氧量	ppm	凝结水出口管道
12	热井水位	m	热井

7. 凝汽器真空度下降原因的综合分析控制

凝汽器真空下降可分为急剧下降与缓慢下降，凝汽器真空度的急剧下降又称凝汽器事故性真空破坏，产生这种事故的原因可能是：

（1）由于冷却水泵工作不正常，使冷却水流量连续地减少，或是由于冷却水泵工作突然失常而使冷却水流量突然急剧减少，乃至发生“失水”事故。

（2）抽气设备工作失常。

（3）凝结水泵工作失常。

（4）机组真空系统突然发生空气大量渗漏。

当发生真空急剧下降所引起的事故状态时，汽轮机必须立即减负荷，并通过对事故现象的分析，采取措施，消除产生真空急剧下降的原因。

当凝汽器真空度以较小的数值缓慢下降时，此时应全面考察凝汽设备的运行状态，仔细分析各有关测试数据，参考表 1－21 对真空下降的现象和原因进行综合分析。

表 1-21　凝汽器真空下降的分析

现　　象	产生的原因	消　除　方　法
1. 凝汽器的负荷和冷却水的进口水温不变，而冷却水温升Δt_w超过额定值，水阻增加，冷却水进口压力增加，端差δt在额定值范围内或少许超过额定值	凝汽器冷却管板脏污，出口水室存有空气等，使冷却水流量减少	清扫或反冲洗凝汽器管板脏物，放出或抽出积存于出口水室的空气
2. 凝汽器的负荷和冷却水进口水温不变，而冷却水温升Δt_w超过额定值，冷却水进出口压力增加，凝汽器水阻降低，端差δt变化不大	冷却水出口水管闸门未全开，喷水池喷嘴堵塞等使冷却水回水管压力增大，或是冷却水回水沟水位升高，使冷却水流量减少	开大冷却水回水闸门，清扫喷水池的喷嘴，降低回水管的压力，或降低冷却水回水沟的水位
3. 凝汽器负荷和冷却水进口水温不变，而冷却水温升Δt_w超过额定值，冷却水出口管负压减小，凝汽器水阻减小，端差δt变化不大	冷却水出口管上部虹吸破坏，致使冷却水流量减小	启动虹吸抽气器或采取其他措施恢复虹吸作用
4. 凝汽器负荷和冷却水进口水温不变，而冷却水温升Δt_w超过额定值，冷却水进口压力降低，凝汽器水阻降低	冷却水泵故障（泵入口管滤网结垢、堵塞，入口门卡涩，水轮及导叶堵塞、结垢或磨损）或吸入空气，冷却水压力降低	消除冷却水泵缺陷造成的故障
5. 凝汽器在不同，负荷下凝结水温度都比以前高，和冷却水端差δt增大，冷却水温升Δt_w稍有增大，主抽气器抽出的空气温度与冷却水进口温度之差增大，凝汽器气密性试验证明没有过量空气漏入	凝汽器冷却管脏污、结垢	刷洗和干燥冷却管，冷却水加氯
6. 汽轮机排汽温度上升，冷却水出口水温不变，端差δt增加，凝结水温度降低，过冷度增加，主抽气器抽出的空气温度与冷却水进口温度之差无变化，气密性试验证明有空气漏入凝汽器	轴封供汽压力低，真空系统管道法兰、虹吸截止门盘根处漏空气，真空系统的密封水中断使空气漏入，凝结水泵吸入侧盘根不严密，漏入空气	调整轴封供汽压力至正常，消除漏空气部分的缺陷，保持足够的真空系统密封水，上紧或更换凝结水泵入口侧盘根
7. 现象同6，但试验证明无过量空气漏入凝汽器。射汽抽气器排出空气和蒸汽的量增大，抽气器内部可能有冲击声	主抽气器工作不正常，为射汽抽气器冷却用的凝结水量不足或温度过高、冷却管结垢、破裂，喷嘴结垢或损坏，去凝汽器的U形管断水等。射水抽气器工作水的压力低、温度高，喷嘴结垢、堵塞，喇叭管损坏	运行人员尽可能按规程进行调整，调整无效时，可启动备用抽气器运行，停运故障抽气器并进行检修
8. 凝汽器水位升高至空气管管口，冷却水出口水温不变，端差δt增大，凝结水温度降低，过冷度增大，射汽抽气器排出汽-气混合物量明显增加，凝汽器真空下降	（1）凝结水泵真空部位漏空气或发生其他故障，造成凝结水不能从凝汽器中排出，造成水位过高。 （2）凝汽器冷却管破裂，冷却水漏入凝结水中（此时有凝结水硬度增大的现象发生）	（1）凝结水泵故障不能消除时，应立即启动备用泵，恢复凝汽器的正常工作，然后查找漏空气部位或其他缺陷加以消除。 （2）检查和化验凝结水硬度证实凝汽器冷却管破裂或胀口漏水，可在运行中停止半侧凝汽器或停机时堵漏

8. 凝结水的过冷度和含氧量的控制

造成凝结水过冷的原因有：真空系统严密性下降，使漏入或积聚在凝汽器内的空气量增加；水位调节器失灵，凝结水位过高，甚至达到最底部的第一排管之上；冬季冷却水温过低，且冷却水仍然为全流量。

防止凝结水产生过冷的有效措施有：密切监视真空系统严密性，防止漏入空气；保持凝汽器内凝结水的水位，一旦水位过高及时报警；冬季通过控制循环水泵以减少冷却水流量。

凝结水的过冷与含氧量有直接关系。由于气体溶解于水中的程度与汽-气混合物中气体分压力和混合物温度有关，当总压力一定时，凝结水温度越高，蒸汽分压力越大，空气的分压力越小，水中溶解气体量也越少。当凝结水温度等于凝汽器压力下的饱和温度时，过冷度为零，水面上气体分压力接近零，则水中溶解的气体量也趋于零。所以，凝结水过冷度和含氧量是两个密切相关的物理量，消除凝结水过冷度，也就可以消除水中的含氧量。

（四）凝汽器运行故障现象、原因分析及解决方案

1. 凝汽器真空下降

(1) 现象。

1) 真空下降，低压缸排汽温度升高。

2) 机组负荷减少。

3) 轴向位移增大。

4) 主蒸汽流量增大。

(2) 原因。

1) 循环水中断或水量不足。

2) 循环水入口温度升高。

3) 真空系统泄漏。

4) 凝汽器满水。

5) 轴封供汽不足或中断。

6) 机械真空泵故障。

7) 真空系统门操作不当或误操作。

8) 储水箱水位过低。

9) 水封门的密封水门运行中误关，防进水保护误动或凝汽器热负荷过大。

10) 真空破坏门误开。

11) 低压缸安全门薄膜破损。

(3) 处理。

1) 发现真空下降，应首先核对有关表计，迅速查明原因并立即处理，同时汇报值长。

2) 启动备用真空泵，如真空继续下降至18.6kPa以下时，应联系值长机组开始减负荷维持真空在18.6kPa以上，减负荷速率视真空下降的速度决定。

3) 如机组已减负荷至零，真空仍无法恢复，并继续下降时，应汇报值长立即故障停机，并注意一、二级旁路，主、再热蒸汽管道所有疏水严禁开启。

4) 真空下降时，应注意汽动给水泵的运行，必要时可及时切换为电泵运行。

5) 注意低压缸排汽温度的变化，达到52℃时，低压缸喷水开始投入，80℃报警喷水门全开，继续上升到107℃时，保护动作跳机。

6）事故处理过程中，应密切监视下列各项：

a. 各监视段压力不得超过允许值，否则应减负荷至允许值。

b. 倾听机组声音，注意机组振动、胀差、轴向位移、推力轴承金属温度、回油温度的变化。

2. 循环水中断或水量不足引起的真空下降

（1）现象。

1）凝汽器真空急剧下降。

2）循环水母管压力降低或到零。

3）凝汽器循环水出水温度升高，出、入口门循环水温差增大。

（2）原因。

1）循环水泵跳闸。

2）入口平板滤网、旋转滤网及胶球回收滤网堵塞。

3）循环水泵出口门误关，备用泵出口门误开。

4）凝汽器循环水出、入口门误关。

（3）处理。

1）循环水泵跳闸，有备用泵时应立即启动备用泵，并确认跳闸泵出口蝶门已联关，备用泵出口蝶门已联开，否则立即手动关、开出口蝶门。无备用时，应检查并确认跳闸泵的电气及机械部分无异常后，可强合一次跳闸泵，若强合不起来，则减负荷维持真空在 18.6kPa 以上，并断开跳闸泵联锁开关，联系电气运行人员处理。减负荷至零真空仍无法恢复，并继续下降至 13.3kPa 时，应汇报值长立即故障停机，同时注意高、低压旁路，主、再热蒸汽管道所有疏水应严禁开启。若厂用电中断，造成循环水中断时，应按厂用电中断一节中有关规定进行处理，并特别注意以下几个方面：

a. 确认高、低压旁路是否开启，若已开启，应立即关闭。

b. 注意各油温、水温、风温的变化，严密注意锅炉运行工况。

c. 厂用电恢复后，先关闭凝汽器循环水入口门，后启动循环水泵，待低压缸排汽温度下降至 50℃以下时，再开启凝汽器循环水入口门，向凝汽器通循环水。

d. 检查低压缸安全门薄膜有无破损。

2）平板滤网堵塞，应更换备用滤网；旋转滤网加强运行，清洗脏物，保持通畅。

3）运行泵出口蝶门误关，应立即开启；若开不起来，应立即启动备用泵，停止故障泵，并联系电气专业处理。备用泵出口蝶门误开，应立即关闭。

4）凝汽器循环水出、入口门误关，应立即开启。

3. 凝汽器满水

（1）原因。

1）凝结水泵跳闸，备用泵未启动。

2）凝汽器热井水位调节门失灵。

3）凝结水泵入口或大法兰漏空气，水泵汽化不打水。

4）凝结水泵出口管道上有关门门误关，包括化学精处理装置有关门门误关。

5）备用泵出口止回阀和出口电动门不严。

6）凝结水泵入口滤网（包括热井内滤网）堵塞。

（2）处理。

1）运行泵跳闸，备用泵未联动，应立即启动。同时，解除跳闸泵的联锁备用，检查跳闸原因。待故障排除后，方可投备用。

2）凝汽器热井水位调节门失灵，应立即隔离失灵的水位调节门，并联系检修人员进行处理，用旁路手动门控制水位。旁路门误开，应立即关闭。

3）凝结水泵漏入空气，应开大密封水门或空气门，检查泄漏点，并采取对策消除。同时启动备用泵以维持正常水位。

4）凝结水泵出口管道上有关的阀门误关，应立即开启。化学精处理装置有关的阀门误关，应联系化学运行人员，立即恢复。

5）备用泵出口止回阀和电动门不严，手紧电动门，退出联动备用，通知维修处理。正常后，再恢复联动备用。

6）凝结水泵入口滤网堵塞，应启动备用泵，停止故障泵，解除故障泵的联锁备用，切电并隔离清扫。如无备用泵时，应汇报值长，适当降低负荷，以维持正常的凝汽器水位。若热井内滤网堵塞，则汇报值长，先适当降低负荷，使凝汽器水位恢复正常，然后根据滤网堵塞的严重程度安排停机。

能力训练

1. 描述凝汽设备的组成，并分析其作用。
2. 凝汽器的常见分类方法有哪些？
3. 描述双压凝汽器的工作原理。
4. 绘制双压凝汽器的温度分布图及循环水流动示意图，分析采用双压凝汽器的原因。
5. 什么是凝汽器的性能曲线？有何作用？
6. 什么是凝汽器的喉部？600MW 以上汽轮机组双压凝汽器的喉部有何布置特点？
7. 凝汽器的抽真空系统有几种布置方式？绘制凝汽器的抽气系统。
8. 绘制真空泵的抽真空系统，并描述其工作过程。
9. 凝汽器是如何进行真空监测和保护的？
10. 凝汽器为什么设置胶球清洗系统？其主要设备包括哪些？
11. 凝汽器胶球清洗系统运行时需要注意哪些事项？
12. 凝汽器的试验有几类？以 600MW 汽轮机组凝汽器的试验为例，分别描述试验项目及试验步骤。
13. 凝汽器的启动有何要求？在何种状况下应停止凝汽器的启动？
14. 凝汽器运行时热力性能的监测项目有哪些？
15. 凝汽器的真空下降有几类？
16. 凝汽器真空急剧下降的原因有哪些？如何处理？
17. 熟练分析表 1－21 中凝汽器真空下降的各类现象、原因和消除方法。
18. 分析凝汽器中凝结水过冷产生的原因及防止措施。
19. 凝结水的过冷与含氧量有何关系？
20. 凝汽器常见故障有哪些？试分析各故障现象、产生原因及解决方法。

凝汽器的拓展知识

一、凝汽器的运输和现场组装

大型凝汽器由于受到制造厂车间场地和起吊能力的限制，在车间组装成一体已十分困难，特别是铁路、公路运输的限制，整体发运几乎不可能，只有海滨或海运方便的电站，通过水上运输才可能解决。因此大型凝汽器一般采取现场分块组装、板片式现场组装方式，或两种方式的组合。

当采用分块组装方法时，应根据分块的最大组件尺寸、电站位置，进行运行线路实地考查，落实起吊、清路等可能使运费增加的因素，通常此类运输只能采用公路-水路-公路的运输方式。同时应对凝汽器壳体加临时支撑、肋板，并设置专用的起吊工具，防止运输、起吊过程中凝汽器壳体发生变形。凝汽器分块尺寸大小的确定应以运输组件强度、现场组装是否方便、运输超限尺寸、运输费用、组装工艺、加装临时支撑的多少等多方面进行比较，凝汽器排管，在保证凝汽器使用性能的前提下应尽可能减少高度。凝汽器分块组装法可使凝汽器的加工缺陷在制造厂内得到暴露和解决，并最大限度减少现场组装工作量。

板片式现场组装方法是600MW机组经常采取的方法，即把一些必须加工的零部件（如端管板、中间管板、水室等）在制造厂进行加工，其余部件制造成可以运输的板件和零件或原材料运输到现场，在现场进行组装。其最大优点是运输安全、经济，不用考虑因运输问题而采取的加强措施，制造方面无需高大的厂房建筑。凝汽器现场进行组装时，需按制造厂提供的图样和安装指导书进行。

为了保证机组有良好的密封性，组装时必须保证所有焊缝的焊接质量，内外相通的焊缝须做煤油渗透检查，并在真空系统中采用真空阀。安装各种不同用途的管道时，应装设必要的缓冲板，开孔时若与凝汽器内部加强肋板或支撑杆相碰，应尽量保留原有的加强肋板或支撑杆，而不应将其整根拿掉。凝汽器的开孔应按制造厂《凝汽器开孔及附件图》进行。

在装配冷却管时，应确认冷却管为合格产品，冷却管的装配应符合制造厂《管板划线图》的要求。如发现冷却管严重划伤、变形，应更换新管；如果冷却管尺寸不够长，应更换足够尺寸的冷却管，禁止用加热或其他强力方法伸长冷却管。冷却管胀接时不得使用任何润滑剂，以保证管质量及其密封性。

凝汽器的循环水连通管应预先在制造厂内作防腐处理，分为几段运到现场，在现场拼焊后，须对拼焊焊缝进行打磨处理，再进行防腐处理。在大修时，修补破损的防腐层。水位计的连接与安装、三级减温减压器及低压加热器的安装应根据制造厂相应的图纸和技术文件要求进行。

二、凝汽器的热力计算

（一）凝汽器热力设计的任务

1. 换热面积计算

换热面积计算的目的是确定凝汽器的冷却面积、冷却管数、冷却管有效长度等。它是基于给定的设计参数（汽轮机排汽量、冷却水温）和某些通过优化热力设计选定的参数（凝汽器压力、冷却水循环倍率即冷却水流量、流程数、冷却管内流速等）以及由凝汽器运行条件决定的诸如冷却管材的品种、规格、清洁系数等进行的。

2. 变工况热力特性核算

凝汽器在实际运行过程中，一些参数（如冷却水温、水量）由于各种原因会偏离设计值，因此通过变工况热力特性核算，预先估算各参数偏离设计值时的凝汽器压力，供实际运行参考。

（二）凝汽器热力计算内容

1. 表面式凝汽器传热计算

根据传热学理论，凝汽器的热平衡方程式为

$$Q=D_K(h_s-h_c)=K\Delta t_m A=WC_W(t_2-t_1)$$

式中 Q——凝汽器热负荷，W；

D_K——凝汽器蒸汽负荷，即汽轮机排汽量，kg/s；

h_s——汽轮机排汽比焓，J/kg；

h_c——凝结水比焓，J/kg；

K——总体传热系数，W/（m^2·℃）；

Δt_m——对数平均温差，℃；

A——冷却面积，m^2；

W——冷却水量，kg/s；

C_W——冷却水比热容，J/（kg·℃）；

t_2——冷却水出口温度，℃；

t_1——冷却水进口温度，℃。

上式中 $D_K(h_S-h_C)$ 表示蒸汽凝结成水时释放出的热量；$K\Delta t_m A$ 表示通过冷却管的传热量；$WC_W(t_2-t_1)$ 表示水带走的热量。

凝汽器的热力计算是应用上式进行凝汽器的传热计算，主要任务是确定传热系数。目前国内外普遍采用的凝汽器总体传热系数计算公式是美国传热学会标准（HEI）《表面式蒸汽凝汽器》中规定的计算总体传热系数的公式，这里不再详述。

对数平均温差计算：

$$\Delta t_m=\frac{t_2-t_1}{\ln\dfrac{t_s-t_1}{t_s-t_2}}$$

式中 t_s——对应于凝汽器进口蒸汽压力下的蒸汽饱和温度，℃；

t_1——循环水进口温度，℃；

t_2——循环水出口温度，℃。

凝汽器换热面积计算：

$$A=\frac{Q}{K\Delta t_m}$$

式中 Q——总的传热量，kJ/h。

2. 凝汽器的水力阻力

循环水流经凝汽器时，由于沿冷凝管流程产生摩擦，在冷却管的进、出口端有涡流产生，进、出水室要有突然扩散和突然收缩等，这都是引起水力损失的原因，通常称这个水力损失为凝汽器水阻。

凝汽器的总水阻 H_w由以下几部分组成：沿程阻力，以 h_1表示，与冷却水在管内流速、管径、管长以及内表面的清洁程度等因素有关；进、出口端部阻力，以 h_2 表示，与管内流速、进口端部结构形式及冷却管与管板装配方式有关；进、出水室阻力，以 h_3 表示，与进、出水室的流速、水室形状及冷却水的流程数目有关。其关系式为

$$H_w = h_1 + h_2 + h_3 \quad (m)$$

计算凝汽器水阻的常用方法有 HEI 的图线法和分析法，这里不再详述。

三、真空系统有关试验和查漏

真空系统是汽轮机的重要设备之一，为确保其安全经济运行，一般要进行有关试验，以确定其工作状况的好坏：

1. 真空严密性试验

该试验主要用来检验真空系统严密不漏空气的程度，为了使试验有可比性，一般规定在80％机组负荷下进行。由于条件限制，一般不测单位时间内漏入凝汽器的空气量，而是计算关闭凝汽器抽气门后平均每分钟的真空降低值。

试验进行时，先关闭凝汽器抽气门，待全关后开始记录 5min 的数据，而后恢复机组至正常运行状态。由于试验开始时，稍有漏空气，对真空的影响不大，没有代表性，一般取后 3min 的真空下降平均值作为试验结果。真空系统严密性的标准为：0.133kPa/min 为优，0.166kPa/min 为良，0.399Pa/min 为合格。

2. 真空系统注水查漏

真空系统严密性不好时，仅凭运行时的查漏很难发现比较隐蔽和较小的漏气点，一般都通过汽侧注水的方法进行有效的检查，运行中负压的系统原则上都应当参与注水。注水时，应注至凝汽器喉部，上水结束后停运上水设备，关闭上水门，为确保漏点充分暴露，应当尽量延长停留时间，比较成熟的经验表明，应停留 4～5d。

根据汽轮机工作原理，凝汽器的真空度对汽轮机装置的效率、功率有重大影响。但是不能根据蒸汽凝结后比体积急剧减小的现象，就认为仅仅是由凝汽器建立与维持真空度，因而一旦真空度未达到要求便只从凝汽器上找原因。实际上，凝汽设备中主要设备（冷却水泵、凝结水泵及抽气器）的选型、设计是否正确，与凝汽器的匹配是否合理，工作状况是否正常等，都对凝汽器的真空度有很大影响。另外，也不能把凝汽器真空度的建立与维持看成仅与抽气器有关，因为确定抽气器工作效率的重要条件之一就是从凝汽器抽出来的汽-气混合物的参数（诸如混合物的流量、组成比例、温度等），而这些参数主要取决于凝汽器本身的工作状况。总之，凝汽设备各组成部分的工作特性和工作效率是相互影响、相互制约的。

四、凝汽器半侧停运

1. 凝汽器半侧停运及恢复操作的原则

（1）凝汽器半侧停运应先关该侧凝汽器抽空气手动门，再切循环水。

（2）凝汽器半侧停运恢复系统应先恢复循环水，再开该侧凝汽器抽空气手动门。

2. 半侧停运条件

（1）凝汽器水侧有检修工作，需要停运。

（2）凝结水硬度大，需要停运查漏。

3. 凝汽器半侧停运操作

（1）如果凝汽器半侧停止运行，首先应汇报值长，减负荷至60％。

（2）将停运侧胶球系统收球，停运、停电。

(3) 关闭停运侧抽空气手动门，注意真空变化。

(4) 当凝汽器真空稳定时，关闭凝汽器停运侧入口电动蝶阀，注意凝汽器真空应该稳定在13.3kPa以下，否则继续降负荷直至真空稳定。如果压力上升较快，开启循环水入口电动门，查找原因。

(5) 关闭凝汽器停运侧出口电动蝶阀。

(6) 停运一台循环泵列备，注意凝汽器真空稳定。

(7) 停运侧循环水进、出口电动门停电。

(8) 开启停运侧水室排空门，注意凝汽器真空变化。

(9) 开启停运侧循环水放水门。

(10) 凝汽器水侧放完水后，方可打开检修孔进行工作。

4. 凝汽器半侧停运检修工作结束后恢复系统

(1) 关闭停运侧循环水放水门。

(2) 手动稍开凝汽器停运侧出口电动蝶阀、凝汽器水室排空气门，有稳定水流后关闭。

(3) 停运侧循环水进、出口电动门送电。

(4) 开启凝汽器循环水进、出口蝶阀。

(5) 启动第二台循环泵。

(6) 缓慢开启停运侧抽空气手动门。

(7) 凝汽器压力恢复正常稳定后，汇报值长，将负荷升至需要值。

五、凝汽器胶球清洗

以图1-38为例，学习凝汽器的胶球清洗过程。

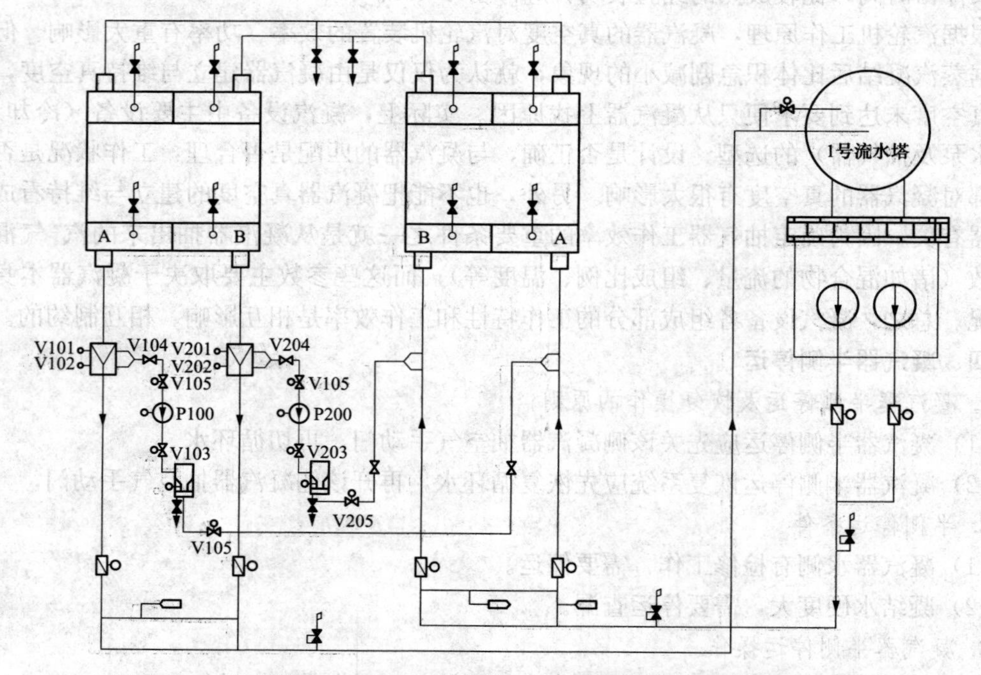

图1-38 某电厂600MW凝汽式汽轮机组双压凝汽器的胶球清洗系统图

1. 胶球清洗投用条件

(1) 确认有关联锁及电动门均校验正常。

(2) 凝汽器循环水 A/B 侧均在正常运行位置。

(3) 循环水泵运行正常，循环水母管压力在 0.2MPa 左右。

(4) 凝汽器胶球清洗装置电源送上。

(5) 按凝汽器胶球清洗操作卡完成投用前有关设备及阀门的检查工作。

2. 胶球清洗就地自动投运

(1) 按凝汽器胶球清洗操作卡完成装球室的加球操作，加球数为 1000 只/侧，胶球尺寸为 ϕ26。

(2) 将凝汽器胶球清洗手动/自动选择开关选在自动上。

(3) 在凝汽器胶球清洗就地控制盘上按程序启动按钮（PB101/201）或者由 DCS 发出启动指令，指示绿灯闪。

(4) 胶球泵入口电动门开。

(5) 收球网板（V101、102/V201、202）关闭。

(6) 装球室出口电动门开（V105/V205）。

(7) 胶球泵出口电动门开（V103/V203）。

(8) 胶球泵启动（P100/P200）。

(9) 装球室切换阀开（V104/V204），清洗 30min。

(10) 装球室切换阀关（V104/V204），收球 30min。

(11) 胶球泵出口电动门关（V103/V203）。

(12) 装球室出口电动门关（V105/V205）。

(13) 胶球泵（P100/P200）停运。

(14) 收球网板（V101、102/V201、202）开。

(15) 程序结束。

3. 胶球手动清洗

(1) 按凝汽器胶球清洗操作卡完成系统检查工作。

(2) 将胶球清洗手动/自动选择开关选在手动上。

(3) 手动启停过程与自动相同。

4. 加球操作

(1) 停运胶球清洗装置，停电。

(2) 关闭装球室入口门和出口门。

(3) 开启装球室放空气门和放水门，放尽存水。

(4) 开启装球室上盖，加入 1000 只 ϕ2 胶球。

(5) 关闭装球室上盖和放水门。

(6) 开启装球室入口门和出口门。

(7) 开启胶球清洗泵 A/B 入口门注水。

(8) 关闭装球室放空气门，放尽空气。

(9) 开启胶球装置 A/B 出口门。

5. 胶球清洗次数

洗凝汽器胶球清洗次数规定每班一次。

6. 胶球清洗注意事项

(1) 作为一项定期工作，胶球装置每天白班冲球30min，收球1h（收球结束后，必须先关胶球泵出口电动门，再停泵，否则部分胶球会从收球室返回胶球泵及其管路系统中，使收球不准）。如目测收球数与冲球前相差不多，就不用再数球；否则进行数球。正常情况下每周日数球，做好记录，为新球补充提供依据。

(2) 胶球长时间运行会有一定的消耗，正常情况安排在每周一加新球，加新球后，将收球网打至收球位置运行2h，再投入胶球系统。胶球系统的投、停均采取手动操作，不要投入自动运行。

(3) 收球发现有较多的水塔填料时，再多收一个小球，然后将收球网打开，10min后再关闭收球网，要及时汇报主值及值长做好记录。

(4) 胶球系统运行要在两台循环运行的情况下投、停。

(5) 胶球装置正常的投、停应在主值记录本上做好详细记录。若胶球系统故障，应及时汇报值长，联系维护人员处理，并做好记录。

(6) 白班10：00以前投入胶球系统，收球后将水放掉，检查球的质量和数目。

(7) 反冲洗方式有两种：①利用循环水进出口差压进行反冲洗；②启动A、B泵后，采用A、B泵出口高压水对B、A泵入口管进行反冲洗。

(8) 每个值的第一个白班投入胶球前，应先将循环水回水管上的收球滤网打至开启位置，冲洗5min，再打至关闭位置，进行系统的投运。第二个白班收球率低于90%，用第二种反冲洗方式进行反冲洗收球。

项目二 泵的运行

随着生产和科学技术的发展，泵的用途越来越广泛，不仅用来抽水，而且用来抽送其他各种液体，甚至抽提和输送带有固体粒块的液体，所以应该按照能量的观念科学地阐明它的意义。广义地说，泵应是一种能够进行能量转换的机器，它由原动机（电动机或汽轮机等）驱动，把原动机的机械能转化为输送液体的能量，从而使液体的流速增加或压力升高，将液体从低处提到高处，从远处送到近处，或是从低压的地方送到高压的地方。

现代火力发电厂热力系统中存在着大量流动的液体，如各类水、油等，相应就需要大量的各类泵，所以泵是火力发电厂最主要，也是最重要的设备，是火力发电厂热力系统的重要辅机之一。

“泵”是流体机械的一种，其科学定义为“泵是把原动机的机械能转换为所抽送液体能量的机械”。因为在日常生产和生活中，对水升压的泵应用最广，所以习惯将泵称为“水泵(Water Pump)”。

本项目从分析泵的类型入手，在详细介绍了泵的工作原理、结构组成和性能参数的基础上，重点介绍泵的工作过程、性能调节等基础知识，并以某火力发电厂为例，详细介绍不同类型泵运行知识，包括泵的启动投运、正常维护、停运、故障原因分析及故障处理等知识。

项目目标

熟悉泵的概念及泵的分类；熟悉不同类型泵的工作原理；能看懂叶片式泵的结构图，并会分析叶片式泵的工作过程；能说出泵的性能参数，分析泵的性能优劣，并会计算泵运行和校核时的性能参数；能熟练分析泵的联合工作和运行调节知识；熟悉火力发电厂常见泵的运行知识。

任务一 泵的类型

任务目标

1. 知识目标

（1）掌握泵在火力发电厂的应用场合；

（2）掌握泵的类型及泵的不同分类方法；

（3）熟练掌握泵的工作过程；

（4）掌握离心泵、轴流泵、混流泵等叶片泵的工作原理。

2. 能力目标

（1）能够对不同结构的泵进行归类；

（2）能识读不同类型泵的结构简图；

（3）了解容积泵及其他类型泵的工作原理。

学习情境引入

火力发电厂中，对液体的升压要用到大量的泵，不同的工作场合有不同的工作要求，相应泵的工作性能和结构不同，有哪些常见的泵型？各应用于何种工作场合？本任务就来解决这些问题。

任务分析

按照不同分类方法，泵有不同的名称。本任务先从泵在火力发电厂中的应用入手，结合专业学习，条理性将泵的应用穿插其中；接下来重点从泵的工作原理对泵进行分类，对不同类型泵的工作过程、做功方法、结构组成等分别介绍。

知识准备

在火力发电厂中，尤其是压力管道系统中，涉及不同压力的液体升压问题，要用到不同类型、不同结构的泵。按照不同的分类标准，泵有不同的名称：有按照流动介质的名称分类的，比如循环水泵、给水泵、凝结水泵、浆液循环泵、润滑油泵等，如图 2-1 所示为火力发电厂生产示意图，可以结合该图认识发电厂常见的泵及其工作场合；有按照工作压力分类的，比如高压泵、中压泵、低压泵、真空泵等；有按照工作原理分类的，比如离心泵、轴流泵等。不同的分类方法应用在不同的场合，下面先来介绍泵的分类。

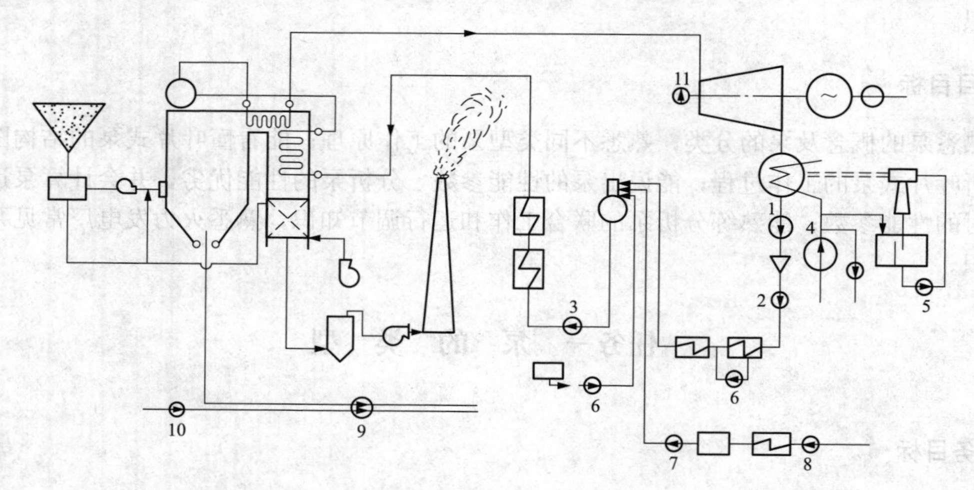

图 2-1 火力发电厂生产示意图

1—凝结水泵；2—凝结水升压泵；3—锅炉给水泵；4—循环水泵；
5—管道泵；6—疏水泵；7—补水泵；8—补水输送泵；
9—灰渣泵；10—冲灰水泵；11—轴承油泵

一、按产生的压力分类

按泵产生的全压高低分类：压力小于 2MPa 为低压泵；压力为 2～6MPa 为中压泵；压力大于 6MPa 为高压泵。

二、按在生产中的用途分类

按泵在生产中的用途分为给水泵、凝结水泵、循环水泵、油泵、灰浆泵等。

三、按工作原理分类

按照液体在泵内获得能量的方式分为叶片式泵（离心泵、轴流泵和混流泵）、容积式泵等。

1. 叶片式泵

叶片式泵是依靠叶轮的旋转运动而进行工作的。根据叶片旋转时叶片与液体相互作用而产生的力的不同，又分为离心泵、混流泵、轴流泵、旋涡泵等。

（1）离心泵。离心泵的工作简图和结构如图 2-2、图 2-3 所示。用电动机带动泵的叶轮转动，叶轮中的叶片对其中的流体做功，迫使它们旋转，旋转的流体在惯性离心力的作用下，从中心向边缘流去，其压力和速度不断提高，最后以很高的流速和压力流出叶轮进入泵壳内。其优点是效率高、性能可靠、流量均匀、容易调节，应用最为广泛，在电厂中给水泵、凝结水泵以及闭式循环水系统中的循环水泵均采用它。

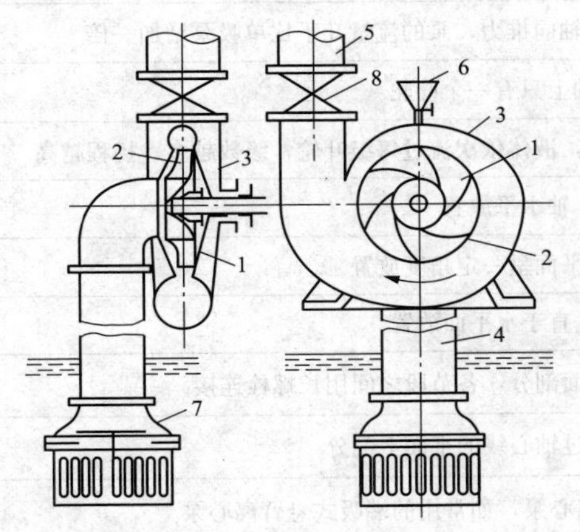

图 2-2　离心泵工作简图

1—叶轮；2—叶片；3—泵壳；4—吸入管；5—压出管；6—引水漏斗；7—底阀；8—阀门

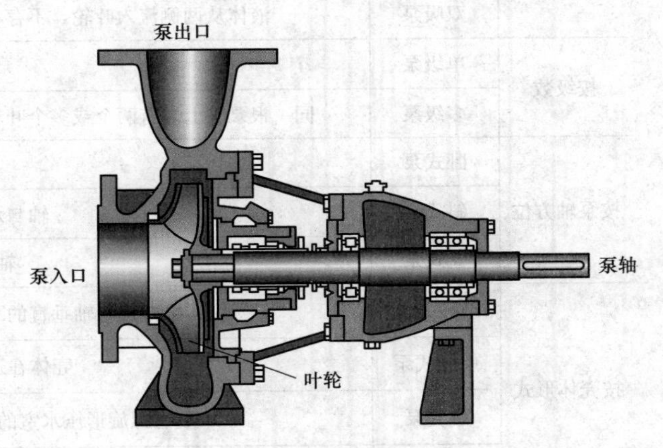

图 2-3　离心泵结构示意图

惯性离心力对水的作用可以从日常生活现象来说明：例如在雨天，当我们打着伞外出时，如果将伞柄急速旋转，伞上的雨点由于离心力的作用便沿着伞面飞溅出去，伞越大或旋转得越快，雨点就飞溅得越远。离心泵的工作原理和这种现象很相似，当离心泵叶轮旋转时，叶轮中的液体由于受离心力的作用便飞离叶轮向四周甩去，甩出去的液体速度变慢，压力增加，于是不但能沿压出管流出，而且由于压力的作用还能将液体送到高处或传到远处，这就产生了扬程。

离心泵工作时又能从贮液槽中将液体吸入泵内，这也可以用日常生活现象来说明。例如，我们用一根管子喝汽水时，只要对着管子一吸，汽水就会沿着管子吸到嘴里。这是由于用肺吸嘴里的空气，使嘴里的空气减少，形成局部真空，于是瓶里的水在大气压的作用下便进入嘴里。离心泵的吸液原理和这种现象相似：当将泵和吸入管中灌满液体启动后，叶轮中心附近的液体受离心力作用被甩向叶轮的周围，这时在叶轮中心附近形成了没有液体的局部真空，贮液槽内的液体在大气压作用下，经吸入管进入叶轮中。因此叶轮不断旋转，泵便能不断吸入液体，继之旋转叶轮产生的惯性离心力对液体做功，升压后的液体沿排出管排出，如此周而复始。因此，通过连续地吸入、做功和压出，实现泵对液体的输送或提升。

离心泵在准备开始工作时，如果泵体和吸入管路中没有液体，它是没有抽吸液体能力的。它的吸入口和排出口是相通的，叶轮中无液体而只有空气时，由于空气的密度比液体密度小得多，无论叶轮怎样高速旋转，叶轮进口都不能达到较高的真空。因此离心泵启动前，必须在泵内和吸入管中灌满液体或抽出空气后才能启动。

离心泵的结构形式各异，输送的介质种类最多，因此是目前应用最广的泵，表 2-1 列出了按照结构形式对离心泵分类的结果。

表 2-1 离心泵的类型（按结构形式分类）

分类方法	类型	特点
按吸入方式	单吸泵	液体从一侧流入叶轮，存在轴向推力
	双吸泵	液体从两侧流入叶轮，不存在轴向推力，泵的流量几乎比单吸泵增加一倍
按级数	单级泵	泵轴上只有一个叶轮
	多级泵	同一根泵轴上装有两个或多个叶轮，液体依次流过每级叶轮，级数越多，扬程越高
按泵轴方位	卧式泵	轴水平放置
	斜式泵	轴与水平面呈一定角度放置
	立式泵	轴垂直于水平面放置
按壳体形式	节段式泵	泵体按与轴垂直的平面剖分，各节段之间用长螺栓连接
	中开式泵	壳体在通过轴心线的平面上剖分
	蜗壳泵	装有螺旋形压水室的离心泵，如常用的端吸式悬臂离心泵
	透平式泵	装有导叶式压水室的离心泵
特殊结构	潜水泵	泵和电动机制成一体潜入水中
	液下泵	泵体浸入液体中
	管道泵	泵作为管路一部分，安装时不需要改变管路
	屏蔽泵	叶轮与电动机转子连为一体，并在同一个密封壳体内，不需要采用密封机构，属于无泄漏泵
	磁力泵	除进出口外，泵体全封闭，泵与电动机的连接采用磁钢相互吸引而驱动
	自吸式泵	除首次使用外，泵启动前无需灌水
	高速泵	由增速箱使泵轴转速增加，一般转速可达 10000r/min 以上，也称部分流泵或切线增压泵

（2）轴流泵。轴流泵的工作示意图如图 2-4 所示，外形图和结构剖视图如图 2-5 所示。当电动机驱动浸在流体中的叶轮旋转时，叶轮内的流体就相对叶片作绕流运动，叶片会对流体产生一个推力，从而对流体做功，使流体的能量增加，并沿轴向流出叶轮，经过导叶等部件压出管路，同时叶轮入口处的流体被吸入，形成连续工作。其特点是结构紧凑、外形尺寸小、质量轻，适合于大流量、低压头的场合，如部分电厂中的炉水循环泵。

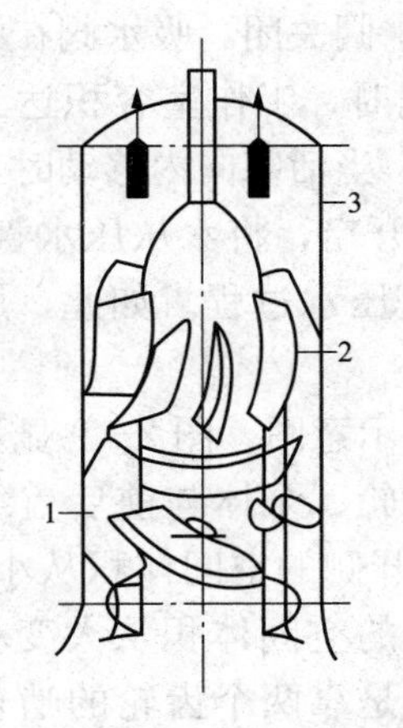

图 2-4　轴流泵工作示意图

1—叶轮；2—导流器；3—泵壳

图 2-5　轴流泵外形图和结构剖视图

(3) 混流泵。混流泵的结构示意图如图 2-6 所示，这种水泵结合了离心泵和轴流泵的特点，流体是沿介于轴向和径向之间的圆锥面方向流出叶轮，工作原理是部分利用了叶片推力和惯性离心力的作用。其特点是流量大、压头较高，发电厂的循环水泵大都是典型的混流式水泵。

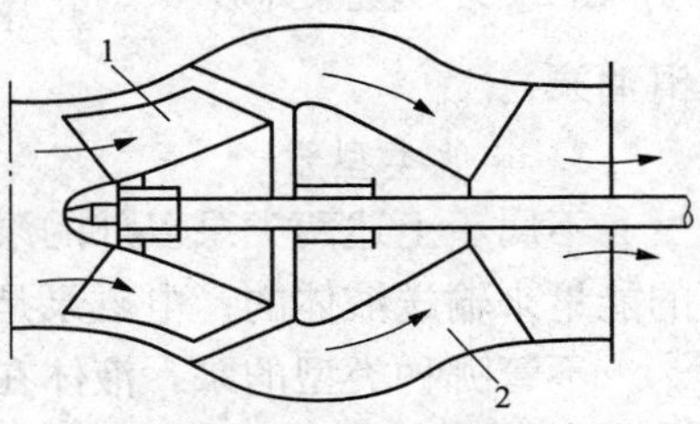

图 2-6　混流泵结构示意图

1—叶轮；2—导叶

2. 容积式泵

容积式泵是利用电动机驱动部件（活塞、齿轮等）使工作室的容积发生周期性的改变，依靠压差使流体流动，从而达到输送流体的目的。根据驱动部件运动的情况又分为往复式泵和回转式泵，前者如活塞泵（见图 2-7）、柱塞泵等；后者如齿轮泵（见图 2-8）、螺杆泵等。

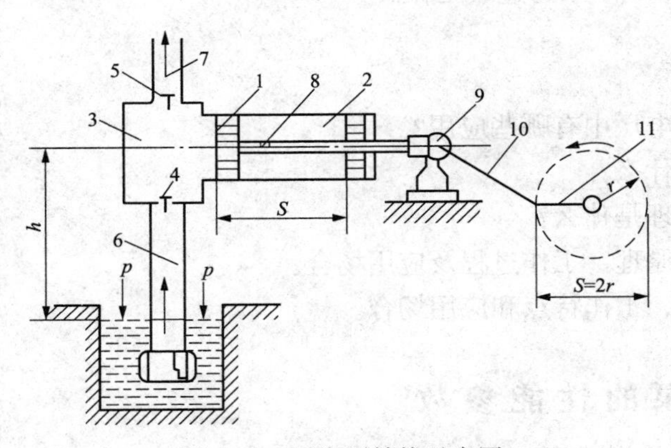

图 2-7　活塞泵结构示意图

1—活塞；2—活塞缸；3—工作室；4—进口蝶阀；5—出口蝶阀；6—进口管；7—压出管；8—活塞杆；9—十字接头；10—连杆；11—皮带轮

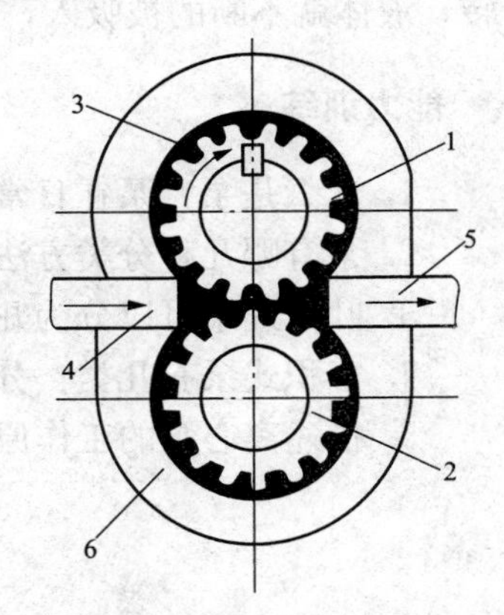

图 2-8　齿轮泵结构示意图

1—主动齿轮；2—从动齿轮；3—工作室；4—入口管；5—出口管；6—泵壳

往复泵是依靠在泵缸内作往复运动的活塞（或柱塞）来改变工作室的容积，从而达到吸入和排出液体，对液体做功升压的目的。当活塞由原动机带动向泵缸外移动时，泵缸内工作室的容积逐渐增大，压力逐渐降低，从而形成局部真空，这时压水阀关闭，吸水阀在泵外水压力作用下被推开，水由进水管进入泵缸。当活塞移动到最末端时，工作室容积达到最大值，所吸入的水量也达到最大值，这个过程就是吸水过程；相反，当活塞向内移动时，泵缸内的水受到挤压，压力增高，吸水阀被压而关闭，压水阀受压而开启，将水从压水管排出。当活塞移动到最顶端位置时，所吸入的水被排尽，这个过程就是压水过程。如此，周而复始，活塞不断进行往复运动，泵便不断地进行输水。

齿轮泵（图 2-8 为齿轮泵的结构示意图，图 2-9 显示其设备外形）是容积泵的一种，由两个齿轮、泵体与前后盖组成两个封闭空间，当齿轮转动时，齿轮脱开侧的空间体积从小变大，形成真空，将液体吸入，齿轮啮合侧的空间体积从大变小，而将液体挤入管路中。吸入腔与排出腔是靠两个齿轮的啮合线来隔开的。齿轮泵排出口的压力完全取决于泵出口处阻力的大小。

图 2-9 齿轮泵外形

容积式泵的特点是结构简单、轻便紧凑、工作可靠，在电厂中常用于流量较小的润滑油系统中（如锅炉送、引风机的润滑油泵）。

3. 其他类型泵

不属于上述两类泵以外的泵均归到其他类型中，如水锤泵，射流泵是依靠工作流体流动的能量来输送液体的；电磁泵是依靠电磁力的作用而输送液体的。

不管哪种类型的泵，液体在泵内均经过连续的吸入，做功和压出过程。以离心泵为例：当泵内充满液体时，叶轮在电动机带动下高速旋转，带动液体一起旋转，叶轮内的液体在惯性离心力的作用下提高能量，即惯性离心力做功过程；提高能量后的液体沿着压出管排出，这就是压出过程；同时，叶轮内液体的流出使叶轮中心处的压力降低而形成真空，在大气压力或叶轮进口管液体的压力作用下，液体又被吸入叶轮，这就是吸入过程；叶轮不断的旋转，液体就不断的被吸入，做功和压出，形成了泵的连续工作。

能力训练

1. 什么是泵？泵在日常生活和火力发电厂中有哪些应用？
2. 泵有哪几种分类方法？分类依据是什么？
3. 叶片式泵可以分为几类？其工作原理是什么？
4. 容积式泵有几类？分别描述其工作原理、工作过程及应用场合。
5. 描述离心泵的工作原理、工作过程、工作特点和应用场合。

任务二 泵的性能参数

任务目标

1. 知识目标

(1) 熟练掌握泵的：流量，扬程，功率，效率，转速和允许吸上真空高度（或汽蚀余量）等性能参数，包括其定义、单位、计算或测量方法等；

(2) 掌握泵的性能参数与工作性能状况的关系。

2. 能力目标

(1) 熟练分析性能参数所表征的泵的工作性能；

(2) 熟练进行性能参数的计算，熟悉性能参数间的大小关系及确定方法。

学习情境引入

泵的性能参数表示泵的工作性能状况，泵有哪些性能参数？这些性能参数分别表征泵的哪些工作性能？如何确定泵的性能参数？工作中如何依据性能参数进行设备性能选型？本任务从性能参数的介绍入手学习上述问题。

任务分析

按照泵的工作过程，我们已经了解泵是对流体做功使其升压的设备，但是生产中泵的工作性能状况是随输送流体的变化而变动的，其工作能力可以用一系列性能参数来表征，本任务介绍了流量、扬程、功率、效率、转速和允许吸上真空高度（或汽蚀余量）等一组性能参数。

知识准备

泵的工作性能状况主要以流量、扬程、功率、效率、转速和允许吸上真空高度（或汽蚀余量）等性能参数来表征，它们相互关联，反映了泵的不同工作性能，只要其中一个发生变化，其他性能参数也将或多或少地按照一定规律变化。

一、流量

流量俗称出水量，是指泵在单位时间内输送液体的数量。常用体积流量 q_V 和质量流量 q_m 表示，两者的关系如下：

$$q_m = \rho q_V \tag{2-1}$$

式中　ρ——液体的密度，kg/m^3。

体积流量的常用单位为 m^3/s 或 m^3/h、L/s；质量流量的常用单位是 kg/s 或 t/h。

每台水泵都可以在一定的流量范围内工作，称为正常工作区，简称工作区。如果超出了这个范围，泵的工作效率将明显下降。泵效率最高时所对应的流量为最优流量；泵的额定流量是指生产厂家希望用户经常运行的流量，一般与设计流量相符。

二、扬程

单位质量液体通过泵后所获得的能量称为扬程，用字母 H 表示。扬程的大小既反映了单位质量液体在泵内获得的有效能量，又反映了泵的做功能力大小。按照能量守恒与转化定律，扬程的计算用单位质量液体在泵的进口和出口处的能量差值来表示。设 E_1 和 E_2 分别表示泵的进口和出口处单位质量液体的能量，则泵的扬程为

$$H = E_2 - E_1 \tag{2-2}$$

式中　E_1——在泵进口处单位质量液体的能量，m；

E_2——在泵出口处单位质量液体的能量，m。

单位质量液体的能量，即水力学中所谓的水头或能头，通常由压力水头 $\frac{p}{\rho g}$、速度水头

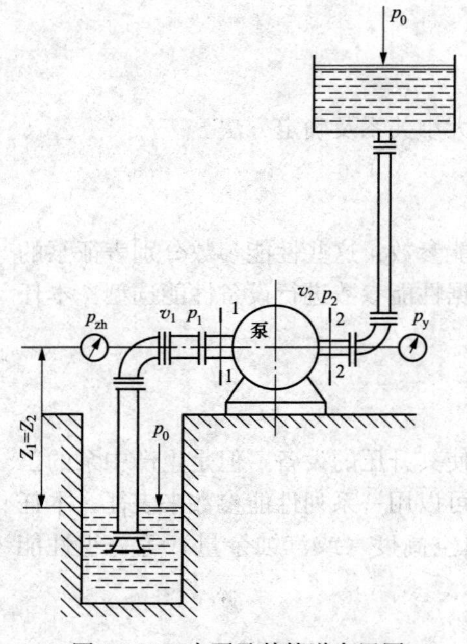

图 2-10　水泵及其管道布置图

$\frac{v^2}{2g}$ 和位置水头 Z 三部分组成，对于图 2-10 所示的水泵装置，可列式如下：

$$E_1 = Z_1 + \frac{p_1}{\rho g} + \frac{v_1^2}{2g} \tag{2-3}$$

$$E_2 = Z_2 + \frac{p_2}{\rho g} + \frac{v_2^2}{2g} \tag{2-4}$$

式中　Z_1、Z_2——泵进口和出口测压点到基准面的垂直距离，m；

p_1、p_2——泵进口和出口测压处液体的压力，Pa；

g——重力加速度，m/s²；

v_1、v_2——泵进口和出口测压处液体的绝对速度，m/s。

因此，泵的扬程可以写成：

$$H = E_2 - E_1$$

$$= Z_2 - Z_1 + \frac{p_2 - p_1}{\rho g} + \frac{v_2^2 - v_1^2}{2g} \tag{2-5}$$

泵的扬程单位一般用液柱的高度（m）表示。

需要强调的是：

（1）泵的扬程是表征泵本身性能的，只和泵的进口、出口法兰处的液体能量有关，而和泵的装置无直接关系；但是可以通过装置中液体的能量表示泵的扬程。

（2）泵的扬程并不等于扬水高度，扬程是一个能量概念，既包括了吸水高度的因素，也包括了出口压水高度和管道中的水力损失。

三、功率

功率是指泵在单位时间内对流体所做功的大小，单位是 kW。因为泵是耗能设备，需要将原动机的能量转换为流体的能量，转换过程中必然存在能量损失，所以泵的功率有轴功率和有效功率两种。

1. 轴功率 N

轴功率是指泵的输入功率，即泵轴从原动机获得的功率，是泵运行时所必需的外部施加的功率。

2. 有效功率 N_e

有效功率是指泵的输出功率，即单位时间内泵对输出液体所做的功，是单位时间内液体流过泵时获得的有效能量。

$$N_e = \frac{\rho g q_V H}{1000} = \frac{\gamma q_V H}{1000} \tag{2-6}$$

式中　q_V——泵的流量，m³/s；

H——泵的扬程，m；

ρ——泵输送液体的密度，kg/m³；

γ——泵输送液体的重度，N/m³；

g——重力加速度，m/s²。

轴功率与有效功率的差值即为泵内的损失。由于泵在运转时可能出现超负荷的情况，因此配用电动机的功率应为轴功率的1.1～1.2倍。

四、效率

效率是指泵的有效功率与轴功率的比值。它的大小标志着泵传递功率的有效程度，一般用百分数表示。其表达式为

$$\eta=\frac{N_e}{N}\times 100\% \tag{2-7}$$

五、转速

转速是指泵轴每分钟的旋转次数，用字母 n 表示，常用单位为r/min。它是影响泵性能的一个重要因素，当转速变化时，泵的流量、扬程、功率等都会发生变化。

转速可采用手持机械转速表或闪光测速仪进行测量。

六、比转数

比转数是既能反映泵的几何特性，又与其工作性能相联系的一个相似特征数，由泵最佳工况时的流量、扬程及转速三者组成的算式表示。

泵的比转数记为 n_s，其表达式为

$$n_s=3.65\frac{n\sqrt{\frac{q_V}{j}}}{\left(\frac{H}{i}\right)^{\frac{3}{4}}} \tag{2-8}$$

式中 q_V——泵的流量，m^3/s；

H——泵的扬程，m；

n——泵轴转速，r/min；

i——叶轮级数；

j——首级叶轮吸入口数。

式（2-8）表明比转数与 q_V、H、n 有关，而泵的 q_V、H、n 又和泵的性能、结构有关，因此进一步分析可知，比转数不但可以反映叶轮、叶片形状等结构特性，还可以大致反映泵的性能特点。另外比转数还可以作为叶片式泵分类的标准，是进行相似设计和改型的理论依据。

七、允许吸上真空高度和必需汽蚀余量

泵的允许吸上真空高度 H_s 和必需汽蚀余量 Δh 都是表征泵的吸水性能或汽蚀性能的主要参数，国际上称 Δh 为净正吸入水头（net positive suction head)，简用NPSH表示。关于汽蚀问题将在任务五详细讲解。

【例2-1】 水泵在如图2-11所示的管路系统中工作时，若吸水池液面的压强为 p_{e1}，压水池液面的压强为 p_{e2}，且两水池液面的高度差为 H_Z，吸水管和压水管的流动损失之和为 h_w，试推导在这种情况下泵扬程的表达式。

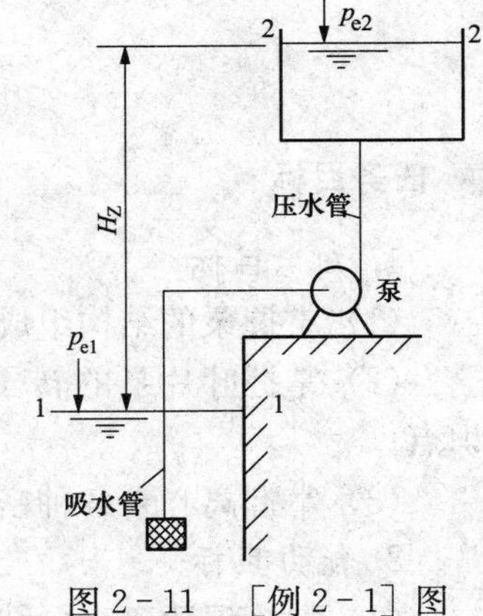

图2-11 ［例2-1］图

解 设泵的扬程为 H，在如图2-11所示的1-1、2-2截面上，应用黏性流体总流的伯努利方程得：

$$Z_{e1}+\frac{p_{e1}}{\rho g}+\frac{V_{e1}^2}{2g}+H=Z_{e2}+\frac{p_{e2}}{\rho g}+\frac{V_{e2}^2}{2g}+h_w$$

由已知条件可知（$Z_{e2}-Z_{e1}$）$=H_Z$，$V_{e1}\approx 0$，$V_{e2}\approx 0$，将其

代入上式，即可得该情况下泵扬程的表达式：

$$H = H_Z + \frac{p_{e2} - p_{e1}}{\rho g} + h_w$$

上式泵扬程的表达式表明：泵的扬程可由它的实际工作参数求出。此时，扬程 H 不一定是额定参数，其值会随着工作条件的改变而变化。

能力训练

1. 什么是流量？流量有几种表示方法？单位分别是什么？

2. 什么是扬程？如何确定扬程？

3. 泵的功率有几类？写出它们之间的关系。

4. 什么是效率？效率的高低反映什么？写出泵的效率计算公式。

5. 什么是泵的转速？如何确定？

6. 什么是泵的比转数？写出泵的比转数定义式。

7. 设一水泵流量 $q_V = 25$L/s，排水管压力表读数为 323730Pa，吸水管真空表读数为 39240Pa，表位差为 0.8m，吸水管和排水管直径分别为 1000mm 和 750mm，电动机功率表读数为 12.5kW，电动机效率 $\eta_g = 0.95$，求轴功率、有效功率及泵的总效率（泵与电动机用联轴器直接连接）。

8. 有一离心式水泵，转速为 480r/min，总扬程为 136m 时，流量 $q_V = 5.7\text{m}^3/\text{s}$，轴功率为 $P = 9860$kW，效率与流动效率、容积效率和机械效率的关系为 $\eta = \eta_h \eta_V \eta_m$，其容积效率与机械效率均为 92%，求流动效率。设输入的水温度及密度为：$t = 20$℃，$\rho = 1000\text{kg/m}^3$。

9. 用一台水泵从吸水池液面向 50m 高的水池输送 $q_V = 0.3\text{m}^3/\text{s}$ 的常温清水（$t = 20$℃，$\rho = 1000\text{kg/m}^3$），设水管的内径为 $d = 300$mm，管道长度 $L = 300$m，管道阻力系数 $\lambda = 0.028$，求泵所需的有效功率。

10. 设一台水泵流量 $q_V = 25$L/s，出口压力表读数为 323730Pa，入口真空表读数为 39240Pa，两表位差为 0.8m（压力表高、真空表低），吸水管和排水管直径为 1000mm 和 750mm，电动机功率表读数为 12.5kW，电动机效率 $\eta_g = 0.95$，求轴功率、有效功率及泵的总功率（泵与电动机用联轴器直接连接）。

任务三 泵的结构

任务目标

1. 知识目标

（1）掌握泵的结构组成；

（2）掌握叶片泵的转子部件、静止部件及部分可转动部件的名称、作用、结构等知识点；

（3）掌握离心泵各种密封装置的密封原理、优缺点及应用。

2. 能力目标

（1）熟练识读离心泵结构纵剖图、实物图和结构示意图，熟知离心泵的构造及主要部件的作用；

（2）能识读主要部件图，说明离心泵的结构、形式、特点、应用和基本原理；

（3）能够熟练指出泵设备图中的位置，并熟悉装配图。

学习情境引入

泵在工作过程中，要完成连续的液体抽吸、做功和压出，这就需要一系列配件组合成整体、严密的装置，本任务从泵机组的组成入手，详细介绍了叶片式泵的结构组成，如转子部分、静止部分及部分可转动部分的各部件组成。

任务分析

按照不同的分类方法，同一台泵有不同的名称。本任务先从泵在火力发电厂中的应用入手，介绍抽吸装置和泵机组的组成；结合专业学习，条理性地将泵的应用穿插其中；重点介绍叶片泵的结构，离心泵、轴流泵和混流泵的结构组成及作用，让大家建立起对不同类型泵的认知。

知识准备

火力发电厂中需要输送的液体类型很多，既有油，又有水；既有常温、常压的循环水，又有超出常温、常压的锅炉给水，所需要的泵型要满足输送液体的工作要求，下面介绍不同泵型的结构组成。

泵在工作过程中，要完成连续的液体抽吸、做功和压出，这就需要一系列配件组合成整体、严密的装置，通常将其分为以下几项：

"机"即原动机，如电动机、内燃机、给水泵汽轮机等。

"泵"即工作的主泵。

"传"即传动装置，实现原动机驱动泵工作的连接部分，如皮带传动、齿轮传动、联轴器传动等。

"管"即管道系统，包括进、出口管路及其附件，如带滤网的入口底阀、闸阀等控制阀，流量计，压力表等。

"辅"即为了确保主机组安全可靠地运行而配置的辅助系统，如油、气、水等系统。

我们将上述机、泵、传、管、辅几方面配套设备的组合总体称为抽吸装置，它是能独立进行抽吸液体工作的一个系统，而把原动机、泵及传动装置的组合叫做泵机组，如图 2－12 所示。下面主要介绍叶片式泵等几种常见泵的结构。

图 2－12 泵机组照片

一、离心泵的结构

离心泵用途广泛，结构形式繁多，各种类型泵的结构虽然不同，但主要零部件基本相同。

单级卧式离心泵的结构如图 2－13 所示，从部件的动静关系看由转动、静止及部分可转动这三大类部件组成。所有可转动的零部件组合在一起统称为转子，主要包括叶轮、主轴、轴套和联轴器；静止的部件主要有泵壳、泵座及泵壳的径向力平衡装置；部分可转动的主要部件是密封装置、轴向力平衡装置以及轴承。下面详细介绍主要部件。

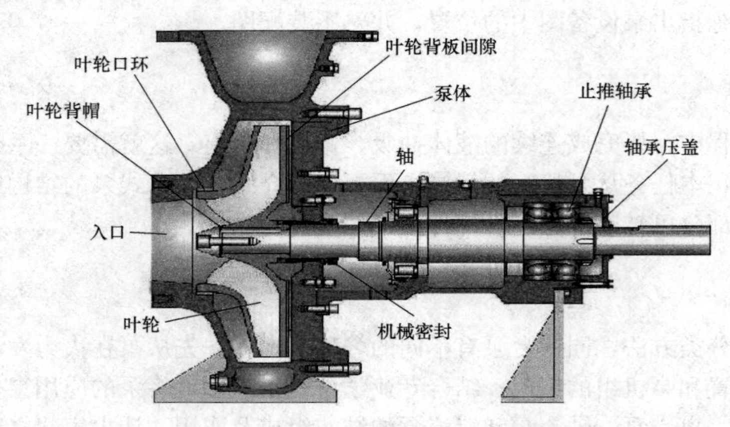

图 2-13　单级卧式离心泵的结构

（一）转子部分

转子部分包括叶轮、轴、平衡盘、轴套及联轴器等部件，是泵产生离心力和能量的旋转主体，图 2-14 为单级离心泵转子，图 2-15 为多级离心泵转子。

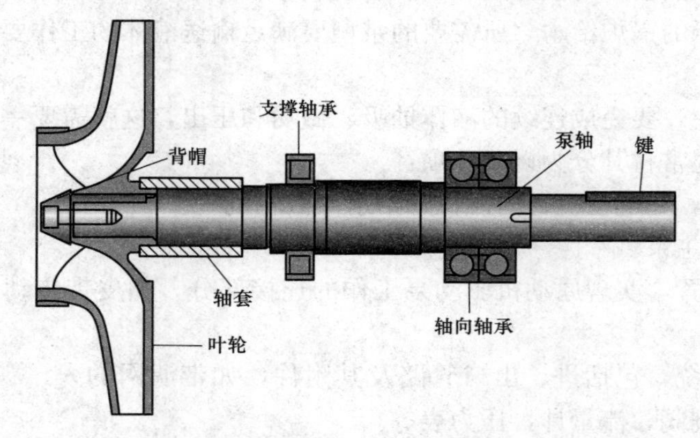

图 2-14　单级离心泵转子

图 2-15　多级离心泵转子

1—锁紧螺母；2—泵轴；3—轴承挡套；4—密封填料轴套；

5—平衡盘；6—叶轮

1. 叶轮

叶轮的作用是将原动机输入的机械能传递给流体，并提高流体动能和压力能，所以叶轮是做功部件，其特点是流体轴向进入，径向流出。其形式有开式、半开式和封闭式三种，如图 2-16 所示。

开式叶轮的叶片两侧均无盖板，如图 2-16（a）所示。半开式只在叶片背侧装有盖板，如图 2-16（b）所示。而封闭式叶轮由前盖板、后盖板、叶片及轮毂组成，如图 2-16（c）所示。离心泵通常采用后弯式叶片，片数为 6～12 片。

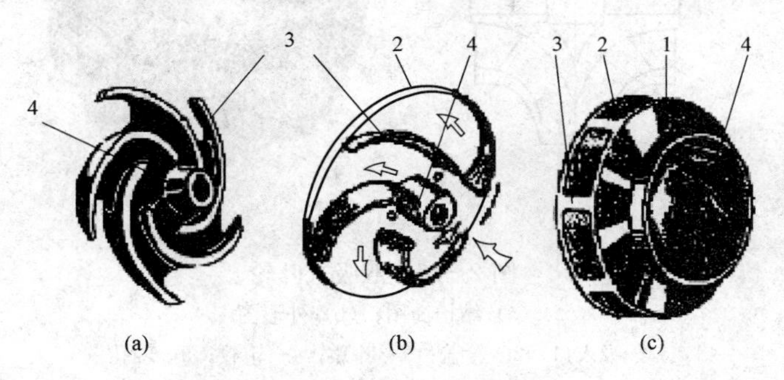

图 2-16 叶轮形式

（a）开式；（b）半开式；（c）封闭式

1—前盖板；2—后盖板；3—叶片；4—轮毂

封闭式叶轮又分为单吸和双吸两种，其泄漏少、效率高，常在输送介质较清洁的各种高、低压清水泵和油泵中使用。单吸式叶轮是单侧吸水，叶轮的前盖板与后盖板呈不对称状，如图 2-17 所示，泵内产生的轴向力方向指向进水侧，单级单吸离心泵才采用这种叶轮形式。

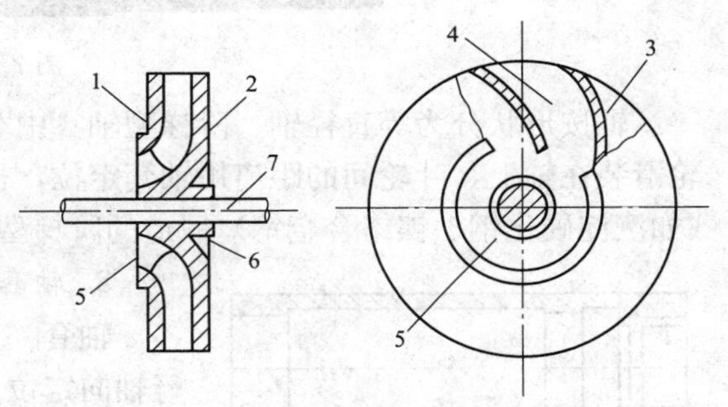

图 2-17 单吸式叶轮结构简图

1—前盖板；2—后盖板；3—叶片；4—流道；5—吸入口；6—轮毂；7—泵轴

双吸式叶轮是两侧进水，叶轮盖板呈对称状，如图 2-18 所示，由前盖板、叶片及轮毂组成，没有后盖板，但有两块前盖板，形成对称的两个圆环形吸入口。相当于两个背靠背的单吸式叶轮装在同一根转轴上并联工作。由于双侧进水，轴向推力基本上可以相互抵消，双吸离心泵采用双吸式叶轮。适用于大流量泵，其抗汽蚀性能较好。

半开式叶轮用于输送含有大量机械杂质的泥浆泵等场合中，能防止流道堵塞。开式叶轮仅用于输送黏性很大的液体或输送杂质多、颗粒大的两相流水泵中。由于开式叶轮效率低，一般情况下不采用。

叶轮的材料主要是根据所输送液体的化学性质、杂质及在离心力作用下的强度来确定。清水离心泵叶轮用铸铁或铸钢制造，输送具有较强腐蚀性的液体时，可用青铜、不锈钢、陶瓷、耐酸硅铁及塑料等制造。大型给水泵和凝结水泵的叶轮采用优质合金钢。叶轮的制造方法有翻砂铸造、精密铸造、焊接、模压等，其尺寸、形状和制造精度对泵的性能影响很大。

2. 轴

离心泵的泵轴起传递扭矩的作用，如图 2-19 所示。泵轴位于泵腔中心，并沿着中心的轴线伸出腔外搁置在轴承上，以支承叶轮保持在工作位置正常运转。它的一端通过联轴器与

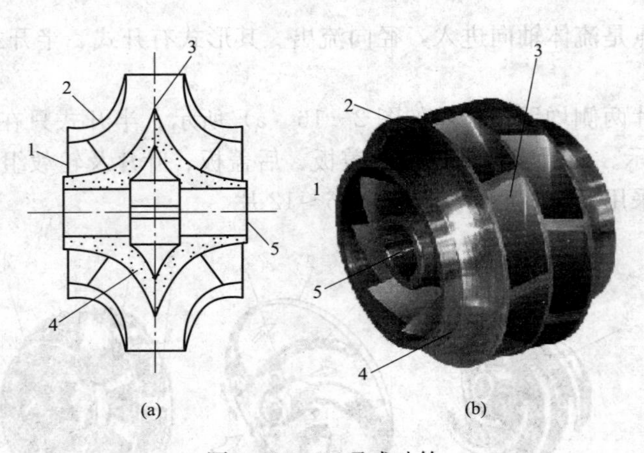

图 2-18　双吸式叶轮

(a) 结构简图；(b) 外形图

1—吸入口；2—轮盖；3—叶片；4—轮毂；5—轴孔

原动机轴相连，另一端支承着叶轮作旋转运动，轴上装有轴承、轴向密封等零部件。

图 2-19　轴

轴按形状分为等直径轴、阶梯型轴。中小型泵大多采用优质碳素钢制造的等直径轴，叶轮滑装在轴上，叶轮间的距离用轴套定位，径向定位通常用键。大型高压泵采用特种合金钢（如沉淀硬化钢、镍铬合金钢）锻造的阶梯型轴，其轴径通常是变化的，叶轮需热套在轴上。

3. 轴套

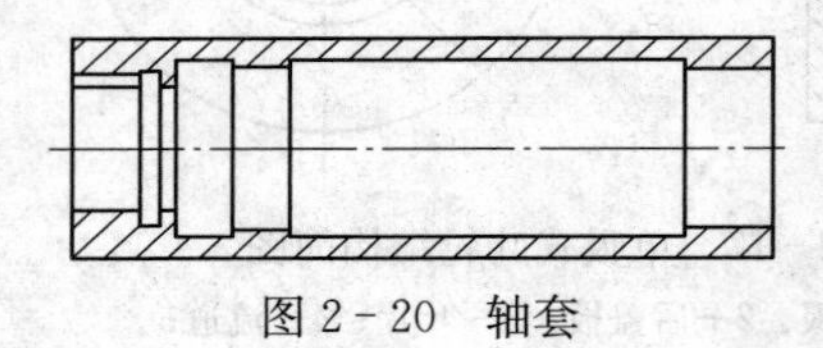

图 2-20　轴套

轴套（见图 2-20）的作用是用来保护轴，并对叶轮进行轴向定位。由于轴套将轴与流动的液体和填料隔开，故既可防止液体对轴的直接冲刷腐蚀，又可使轴套与填料直接产生摩擦，磨损后能方便更换，从而起到保护轴在运行中不致磨损。所以轴套是离心泵的易磨损件，其材料一般为铸铁，也有采用硅铸铁、青铜、不锈钢等材料的。轴套表面一般也可以进行渗碳、渗氮、镀铬、喷涂等处理，表面粗糙度一般要达到 3.2～0.8μm。可以降低摩擦系数，提高轴套的使用寿命。

4. 联轴器

联轴器也叫靠背轮，主要由两个半联轴器、连接件和缓冲减振件组成。它分别与主动轴和从动轴连接，使泵和原动机成为一个整体，当原动机旋转时，泵也同时旋转，并传递原动机的能量。在高速重载的动力传动中，有些联轴器还具有缓冲轴向、径向的振动以及自动调整泵与原动机中心的作用，常用的联轴器分为刚性联轴器和弹性联轴器两大类。弹性联轴器如图 2-21 (a) 所示，零回转间隙、可同步运转，能缓冲吸振，可补偿较大的轴向位移、微量的径向位移和角位移，应用在启动频繁的高速轴上。刚性联轴器如图 2-21 (b) 所示，是由刚性传力件构成，各连接件之间不能相对运动，不具备补偿两轴线相对偏移的能力，只适用于被连接两轴在安装时能严格对中，工作时不产生两轴相对偏移的场合，不具备减振和缓冲功能，一般只适宜用于载荷平稳且无冲击振动的工况条件。

（二）静体部分

泵的静体部分包括泵壳、泵座及径向平衡装置等部分。

1. 泵壳

泵壳作用主要是形成工作空间导流，有的泵壳还能将叶轮给予流体的部分动能转化为压力能。泵壳包括吸入室、压水室及多级泵中带导叶的中段。低压单级离心泵的泵壳都采用蜗壳形，如图 2－22 所示，故又称蜗壳。泵壳顶部通常设有灌水漏斗和排气栓，以便启动前灌水和排气，底部有放水方头螺栓，以便停用或检修时泄水。

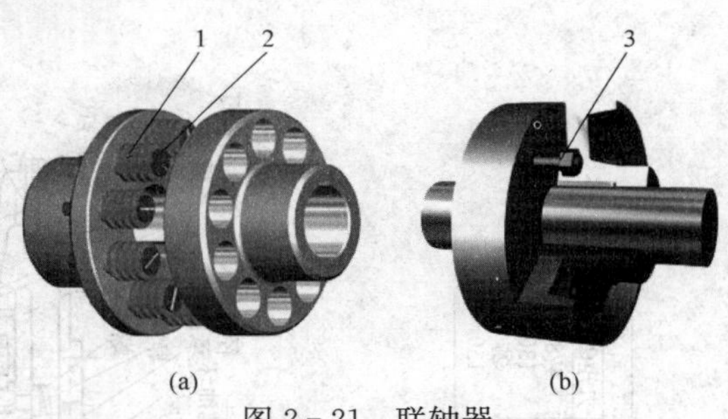

图 2－21 联轴器

（a）弹性联轴器；（b）刚性联轴器

1—橡胶衬圈；2—柱销；3—连接螺栓

高压多级离心泵（见图 2－23）多采用分段式泵壳，并装有导叶，导叶片数目较叶轮叶片要少 1～2 片，多级分段式离心泵的泵壳分为吸入段（前段）、中段和压出段（后段），吸入段的作用是保证液体以最小的摩擦损失流入叶轮入口。中段上有导叶，导叶装入带有隔板的中段中，形成蜗壳。中段的作用是降低前一级里以较大速度出来的液体速度，保证液体很好地进入下一级叶轮。压出段上还有尾盖，压出段的作用是收集从叶轮流出来的液体，并将液体的动能变成压力能。

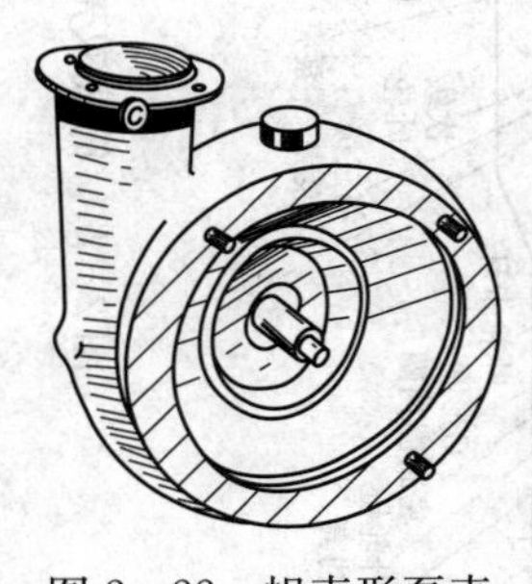

图 2－22 蜗壳形泵壳

图 2－23 分段式泵中段装配示意图

1—带隔板的中段；2—密封环（口环）；3—导叶；4—叶轮

对于压力非常高的泵，常采用双层泵壳体（见图 2－24），把泵体制作成筒体式，双壳体的内壳采用节段式或水平中开式结构，整个泵芯可从圆筒高压端取出或放入。在内、外壳体之间充有水泵出口引来的高压水，所以它能自动地密封内壳体节段结合面，而不产生泄漏，这部分高压水在两层壳体间不断旋转，使轴线周围的热流和应力均匀、对称，即使泵受到剧烈的热冲击，也能保证泵部件的同心度。

泵壳所用材质以铸铁最多，随着压力增高，也常用铸钢，超高压双层壳体采用合金材料。

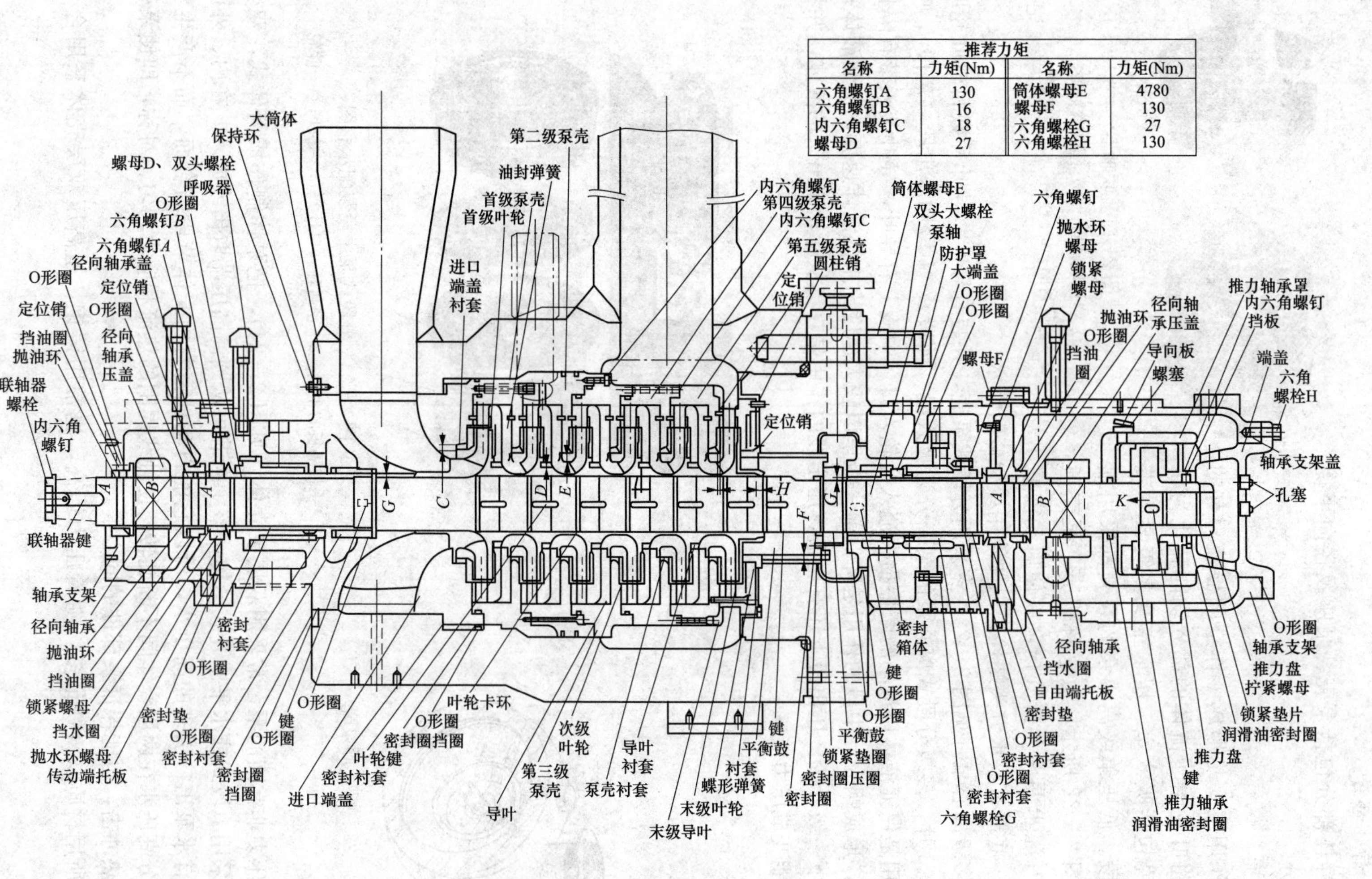

推荐力矩			
名称	力矩(Nm)	名称	力矩(Nm)
六角螺钉A	130	筒体螺母E	4780
六角螺钉B	16	螺母F	130
内六角螺钉C	18	六角螺栓G	27
螺母D	27	六角螺栓H	130

图 2-24 筒式双壳体多级锅炉给水泵 CHTC5/6

2. 泵座

泵座用来承受水泵及进出口管件的全部重量，并保证水泵转动时的中心正确。泵座一般由铸铁制成，且大多与原动机的底座合为一体。

（三）部分可转动部分

部分可转动的主要部件有密封装置、轴承等。

1. 密封装置

离心泵的转动部件和静止部件之间总存在着一定的间隙，如叶轮与泵壳的间隙、轴与泵壳的间隙等。离心泵工作时，能减少或防止从这些间隙中泄漏液体的部件称为密封装置。密封装置要求密封可靠，能够满足液体的性能、温度和压力要求，长期运转时，消耗功率小，能够适应泵运转状态的变化。

离心泵的密封装置包括内密封装置和外密封装置两类。内密封装置的作用是减小从叶轮甩出的高压液体返回叶轮吸入口的流量，从而减小内部泄漏损失；外密封装置用于轴两端与泵壳之间的密封，防止正压端液体向外泄漏，或防止负压端漏入空气。

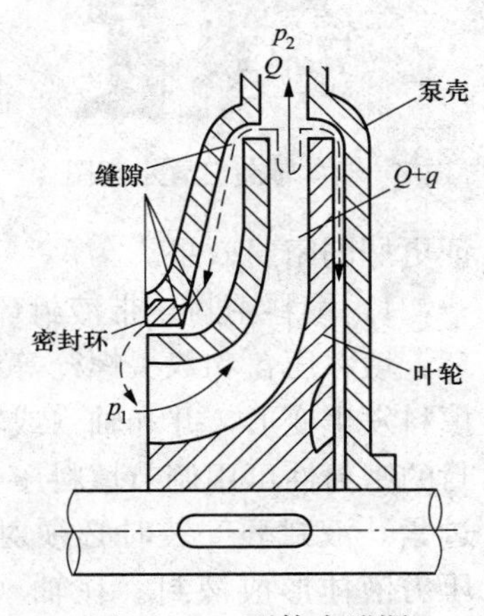

图 2－25　泵体内泄漏

（1）内密封装置。从叶轮流出的高压液体通过旋转的叶轮与固定的泵壳之间的间隙又回到叶轮的吸入口，称为内泄漏，如图 2－25 所示。为了减少内泄漏，保护泵壳，在与叶轮入口处及相对应的壳体上装设内密封装置。

内密封装置采用密封环，又称为卡圈、口杯或防漏环。它的动环装在叶轮入口外圆上，通常与叶轮连成一体；其静环装在相对应的泵壳上。两环之间构成很小的间隙，阻止从叶轮甩出的高压液流返回叶轮的入口，从而减少内部泄漏损失，小叶轮也可只装设静环。密封间隙要保持在规定值范围内，若密封环的径向间隙过小，则容易动、静环间产生摩擦，发生振动，甚至咬死；若间隙过大，泄漏又会显著增加，效率降低。试验表明，当密封环间隙由 0.30mm 增至 0.50mm 时，效率下降 4%～4.5%。密封环磨损后，使径向间隙增大，泵的流量减少，效率降低，当密封间隙超过规定值时，应及时更换。因此，静环常用硬度较低的材料，如青铜、碳钢或高级铸铁等制成，而且更换方便，可以保护叶轮和泵壳不被磨损。如图 2－26 所示，离心泵常用的密封环有四种形式，平环式和角环式由于结构简单、加工和拆装方便，在一般离心泵中应用广泛；锯齿式或迷宫式的密封效果好，一般用在高压离心泵中。

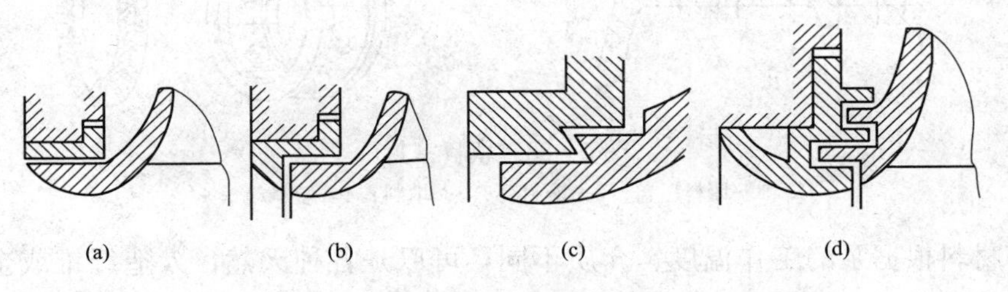

图 2－26　内密封装置

（a）平环式；（b）角环式；（c）锯齿式；（d）迷宫式

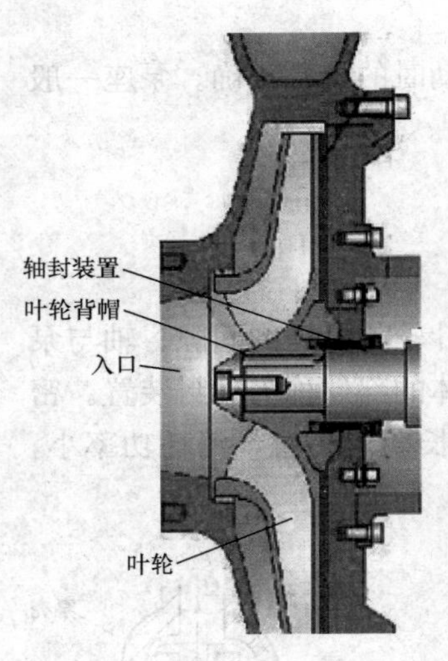

图 2-27 轴封装置示意图

(2) 外密封装置。离心泵工作时泵轴旋转而泵壳不动，其间的环隙如果不加以密封或密封不好，则外界的空气会渗入叶轮中心的低压区；空气漏入会增加噪声和振动，甚至失吸，造成泵入口无水。从叶轮流出的高压液体，经过叶轮背面，沿着泵轴和泵壳的间隙流向泵外，称为外泄漏，使泵的流量、效率下降，还可能污染环境。

在旋转的泵轴和静止的泵壳之间的密封装置称为外密封装置。外密封装置用于泵壳与两端轴间的密封，又称为轴封装置，如图 2-27 所示。它可以防止和减少外泄漏，提高泵的效率，同时还可以防止低压端外界空气吸入泵内，保证泵的正常运行。特别是在输送易燃、易爆和有毒液体时，轴封装置的密封可靠性是保证离心泵安全运行的重要条件。

轴封装置结构形式多样，中、低压泵广泛采用填料密封，而高温高压泵则采用机械密封、迷宫密封和浮动环密封方式，以保证更好的密封效果。

1) 填料密封。带液封环的填料密封结构和部件，由填料箱（又称填料函）、填料、液封环、填料压盖和双头螺栓等组成，如图 2-28 所示。填料密封是通过填料压盖压紧填料，使填料发生变形，并和轴（或轴套）的外圆表面接触，防止液体外流和空气吸入泵内。填料密封的密封性可用调节填料压盖的松紧程度加以控制，其松紧度要在合适范围内，防止过松或过紧。液封环安装时必须对准填料函上的入液口，通过液封管与泵的出液管相通，引入压力液体形成液封。在轴（轴套）与填料间形成的水膜，起到密封、增加润滑、减少摩擦及对轴（轴套）进行冷却的作用。对有毒、易燃、腐蚀液体，由于要求泄漏量较小或不允许泄漏，可以通过另一台泵将清水或其他无害液体打到液封环中进行密封，以保证有害液体不漏至泵外。填料密封的其他形式可以是不带液封环，或者是具有主填料和辅助填料的结构。

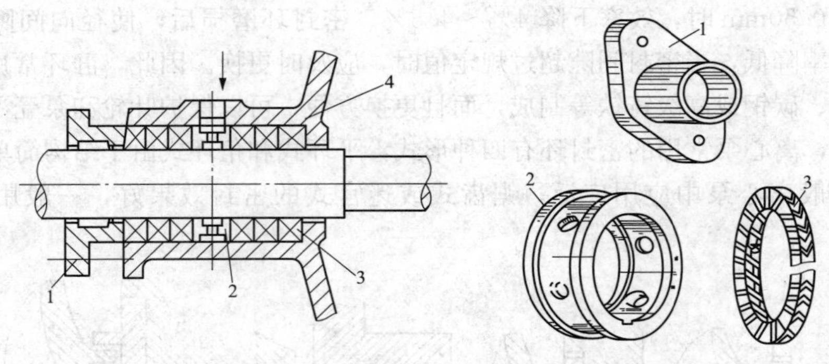

图 2-28 填料密封
1—填料压盖；2—液封环；3—填料；4—填料箱

填料的材料根据泵的工作温度、介质不同，可以是各种天然、人造纤维或金属丝浸石墨、矿物油的编织物。填料密封的密封性能差，不适用于高温、高压、高转速、强腐蚀等恶劣的工作条件，不适合高速泵采用。

2）机械密封。机械密封装置（见图 2-29）具有密封性能好、尺寸紧凑、使用寿命长、功率消耗小等优点，近年来生产中得到了广泛的使用。

依靠静环与动环的端面相互贴合，并作相对转动而构成的密封装置，称为机械密封，又称端面密封。其结构如图 2-30 所示。紧定螺钉将弹簧座固定在轴上，弹簧座、弹簧、推环、动环和动环密封圈均随轴转动，静环、静环密封圈装在压盖上，并由防转销固定，静止不动。动环、静环、动环密封圈和弹簧是机械密封的主要元件。而动环随轴转动，并与静环紧密贴合，是保证机械密封达到良好效果的关键。

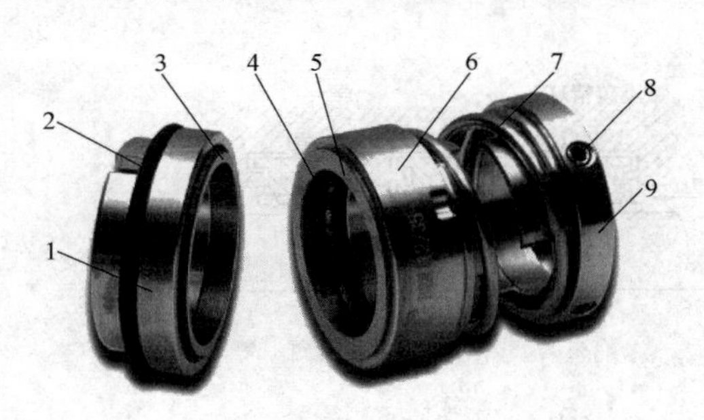

图 2-29 机械密封

1—静环；2—静环密封圈；3—静环密封面；4—动环密封圈；5—动环密封面；6—动环；7—弹簧；8—紧钉螺钉孔；9—弹簧座

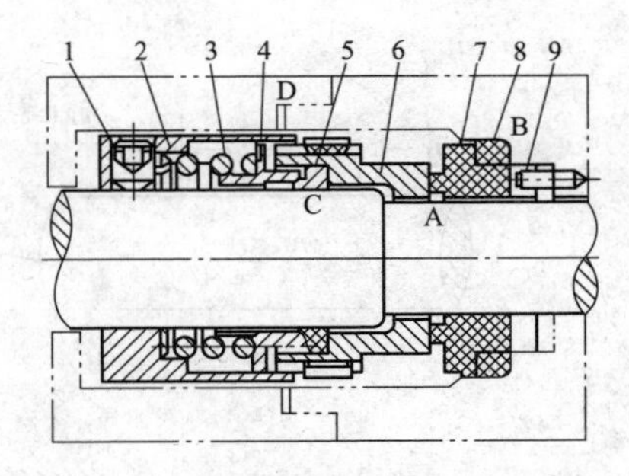

图 2-30 非平衡型单端面机械密封

1—紧定螺钉；2—弹簧座；3—弹簧；4—推环；5—动环密封圈；6—动环；7—静环；8—静环密封圈；9—防转销

机械密封中一般有四个可能泄漏点 A、B、C、D。密封点 A 在动环与静环的接触面上，它主要靠泵内液体压力及弹簧力将动环压贴在静环上，防止 A 点泄漏；但两环的接触面 A 上总会有少量液体泄漏，它可以形成液膜，一方面可以阻止泄漏，另一方面又可起润滑作用；为保证两环的端面贴合良好，两端面必须平直、光洁。密封点 B 在静环与静环座之间，属于静密封点；用有弹性的 O 形（或 V 形）密封圈压于静环和静环座之间，靠弹簧力使弹性密封圈变形而密封。密封点 C 在动环与轴之间，此处也属静密封，考虑到动环可以沿轴向窜动，可采用具有弹性和自紧性的 V 形密封圈来密封。密封点 D 在静环座与壳体之间，也是静密封，可用密封圈或垫片作为密封元件。

3）迷宫密封。迷宫密封原理是依靠密封片与轴之间的微小间隙，使液体通过密封片时逐次节流降压达到密封。常用形式有炭精迷宫密封和金属迷宫密封两种。

螺旋密封按作用原理，属于迷宫密封的一种形式，其密封作用是在轴上加工出与液体泄漏方向相反的螺旋沟槽，或在固定衬套表面再车出与该沟槽反向的沟槽，达到减小泄漏的目的。有的锅炉给水泵就采用这种密封方式。迷宫密封的各种形式如图 2-31 所示。

4）浮动环密封。浮动环密封主要由数个单环套在轴上依次排列而成，每个单环均由一个浮动环、一个浮动套（支承环）及支承弹簧组成。这种密封是机械密封和迷宫密封原理相结合的密封方式，其结构如图 2-32 所示。浮动环端面和支承环（也称浮动套）端面的接触实现径向密封；而浮动环内圈表面与轴或轴套外圈表面的狭窄间隙起到节流作用来实现轴向密封。当泵轴转动时，若浮动环与泵轴不同心，则环、轴之间楔形间隙内的液体会产生支承力，促使浮动环沿着支承环的密封端面上、下自由浮动，消除楔形间隙，自动对正中心。这种调心作用，既可以允许浮动环和轴套之间有很小的径向间隙以减少液体的泄漏，又能避免正常运行中环与轴套之间的碰撞，从而保证运行的可靠性。但是，在泵启动和停车时，浮动环会因内圈支承力的不足而与轴套发生短时间的摩擦，因此浮动环和轴套都采用耐磨、防锈材料。一般浮动环用铅锡青铜制成，轴套用不锈钢制造，如 3Cr13，并在表面镀铬，提高表面硬度。另外，还采取启动前先引入密封液体，停运时最后关闭密封液体进口门的措施，以减少环与轴套之间的摩擦。浮动环密封与机械密封相比，结构简单、运行可靠，在给水泵、凝结水泵上使用效果较好。其主要缺点是轴向长度较大，运行时支承环组成的腔内必须有液体，所以这种密封不宜在粗而短的大容量给水泵中应用，也不宜在干转或汽化的条件下运行。

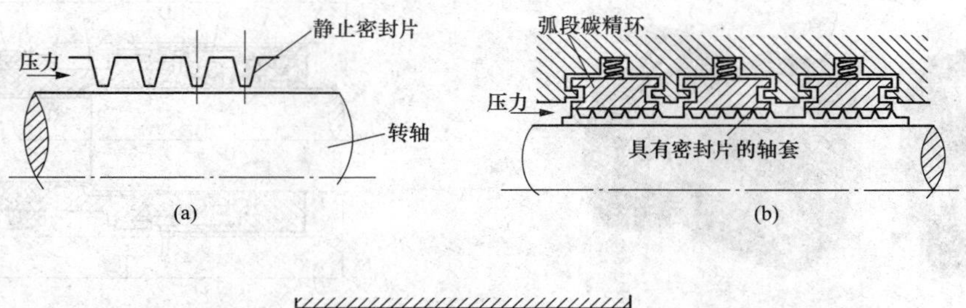

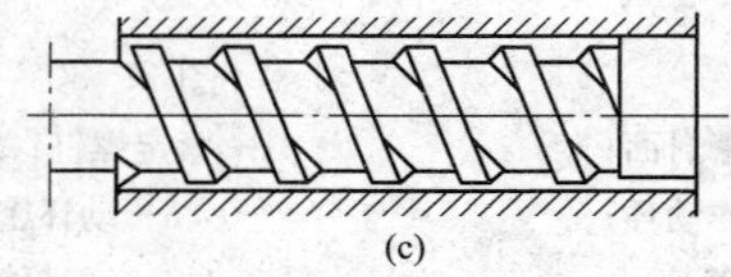

图 2-31　迷宫密封形式

（a）金属密封；（b）碳精密封；（c）螺旋密封

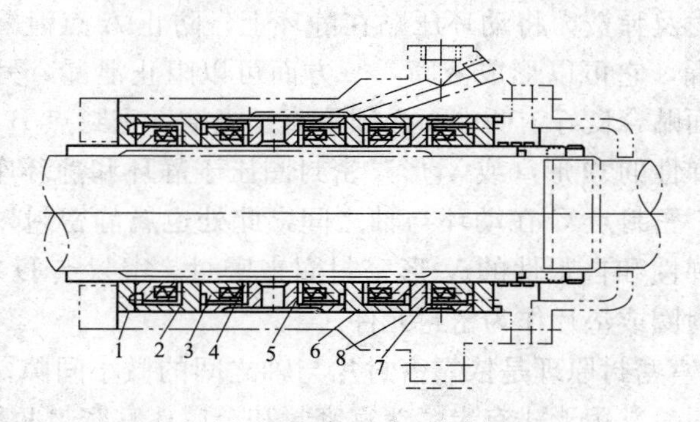

图 2-32　浮动环密封

1—密封环；2、5、6、7—浮动套（支承环）；3—浮动环；4—弹簧；8—密封圈

2. 轴承

轴承是用来支撑转子旋转，并承受转子径向和轴向载荷，以保证转子的平稳运转，降低设备在传动过程中的机械载荷摩擦系数的部件。常见的水泵轴承按摩擦性质不同分为滚动轴承和滑动轴承。

（1）滚动轴承。滚动轴承如图 2-33 所示，依荷载大小滚动轴承可分为滚珠轴承和滚柱轴承，其结构基本相同，一般荷载大的采用后者。结构一般由外圈、内圈、滚动体和保持架组成；内圈装在轴颈上，外圈装在机架的轴承座内；通常是内圈随轴颈转动而外圈固定不动，也有的是以外圈旋转而内圈固定的。当内、外圈相对转动时，滚动体就在内外圈的滚道中滚动。中小型水泵多用滚动轴承，滚动轴承可用润滑脂或润滑油来润滑。

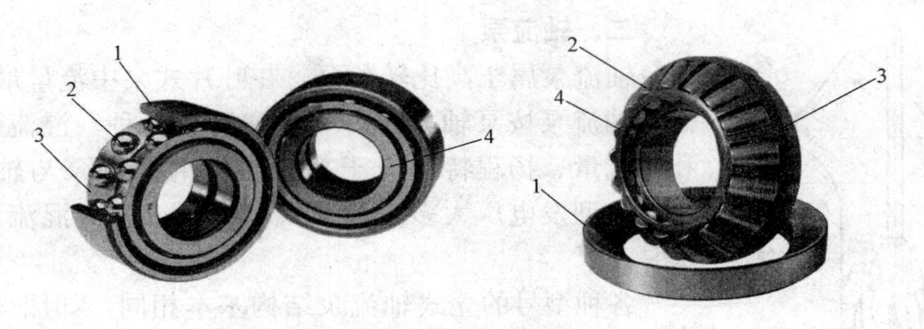

图 2-33　滚动轴承

1—外圈；2—滚动体；3—保持架；4—内圈

(2) 滑动轴承。滑动轴承如图 2-34 所示，主要是由轴瓦或轴套和轴承座组成。滑动轴承轴转动时，润滑油在轴表面与轴瓦间形成油膜，轴与轴瓦不直接接触，所以运行噪声低。推荐用在承受巨大的冲击和振动载荷、转速高、转子重的大型水泵上。

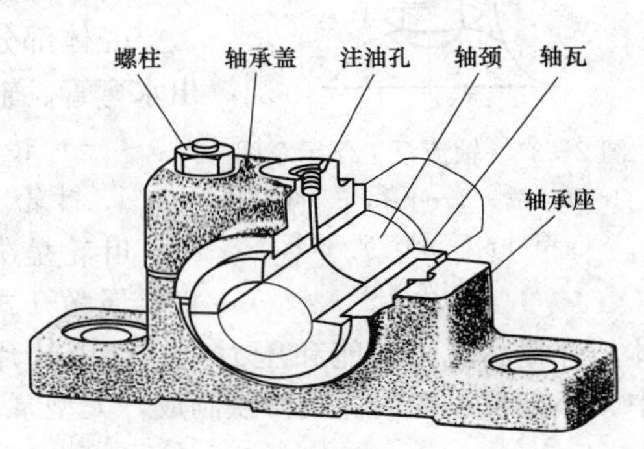

图 2-34　滑动轴承

(四) 离心泵的技术要求

对于离心泵的各部位有严格的技术要求，具体要求见表 2-2。

表 2-2　离心泵的技术要求

部　位	技 术 要 求
轴及转子	(1) 泵叶轮、导叶和诱导轮表面应光洁、无缺陷，泵轴与叶轮、轴套、轴承等的配合表面应无缺陷和损伤，配合正确。 (2) 组装泵叶轮时，泵轴和各配合件的配合面应清理干净，并涂擦粉剂涂料。 (3) 组装好的转子，其叶轮密封环和轴套外圆的径向跳动值应不大于规定允许值。 (4) 泵轴径向跳动值应不大于 0.05mm。 (5) 叶轮与轴套的端面应与轴线垂直，并且结合面接触严密
泵体	(1) 套装叶轮时注意旋转方向是否正确，应同壳体上的标志一致，固定叶轮的锁母应有锁紧位置。 (2) 密封环同泵壳间应有 0.00～0.03mm 的径向间隙，密封环与叶轮配合处每侧径向间隙应符合规定值，一般为叶轮密封环处直径的 1～1.5/1000，但不得小于轴瓦顶部间隙，且应四周均匀。 (3) 密封环处的轴向间隙应大于泵的轴向窜动量，并不得小于 1.5mm（小泵不得小于 0.5mm）。 (4) 大型水泵的水平扬度一般应以精度为 0.1mm/m 的水平仪在联轴器侧的轴颈处测量调整至零。 (5) 用于水平结合面的涂料和垫料的厚度，应保证各部件规定的紧力值；用于垂直结合面的，应保证各部件规定的轴向间隙值。 (6) 装配好的水泵在未加密封填料时，转子转动应灵活，不得有偏重、卡涩、摩擦等现象。 (7) 填料函内侧、挡环及轴套的每侧径向间隙一般应为 0.25～0.50mm
机械密封	(1) 动环和静环表面须光洁，不得有任何划伤。 (2) 机械密封装置处轴的径向跳动应小于 0.03mm。 (3) 弹簧应无裂纹、锈蚀等缺陷，弹簧两端面与中心线的垂直度偏差应小于 5/1000，同一机械密封中各弹簧之间的自由高度差不大于 0.5mm。 (4) 动环和静环密封端面的瓢偏应不大于 0.02mm，两端面的不平行度应不大于 0.04mm

二、轴流泵

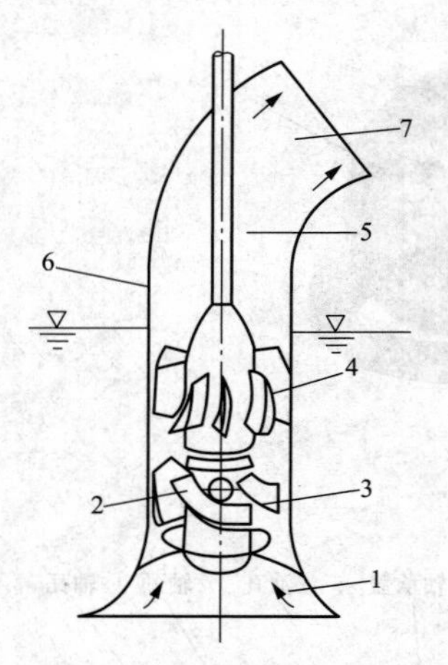

图 2-35　轴流泵工作示意图
1—吸入管；2—叶片；3—叶轮；4—导叶；5—轴；6—机壳；7—出水弯管

轴流泵属于高比转数泵，在叶片式泵中流量最大、扬程最低。轴流泵按泵轴方向有立式和卧式两种。混流泵的比转数和其流量、扬程特性介于高比转数的离心泵与轴流泵之间。目前大型发电厂大多采用立式轴流泵或立式混流泵作为循环水泵。

各种型号的立式轴流泵结构基本相同，如图 2-35 所示，其基本组成为：

转子部分：叶轮通过联轴器与泵轴相连。

壳体部分：叶轮外壳、导叶体、进水喇叭管、中间接管、出水弯管、轴承和密封装置等。

（一）转子部分

1. 叶轮

叶轮是决定水泵性能的主要部件，轴流泵叶轮无前后盖板，属敞开式。叶轮的作用是将原动机输入的机械能传递给流体，并提高流体动能和压力能。它由叶片、轮毂、流线型动叶头组成，如图 2-36 所示。中、小型泵一般用优质铸铁制成，大型泵多用铸钢制成。

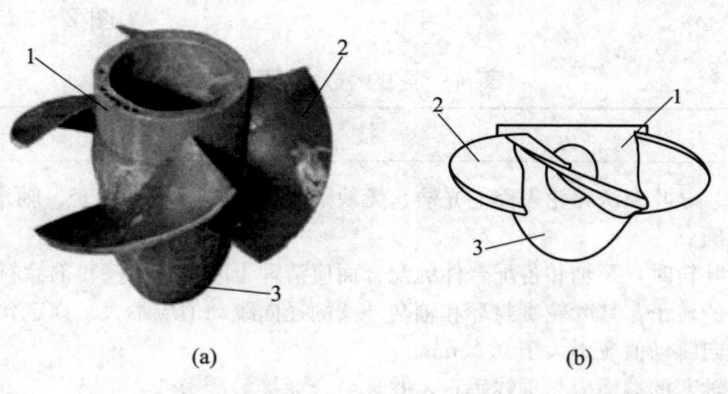

图 2-36　轴流泵叶轮
(a) 叶轮外形；(b) 可调式叶轮
1—轮毂；2—叶片；3—流线型动叶头

(1) 轴流泵叶片。叶片为扭曲机翼型，装在轮毂上，有固定式和调节式两种连接方式。

固定式连接方式：叶片与轮毂铸成一体，叶片的安装角度不能调节。

调节式连接方式：分为半调节式连接方式和全调节式连接方式两种。目前广泛应用的是全调节方式，此方式可在运行中随时对水泵叶片进行调节，根据需要随时改变机组运行工况，实现高效运行和优化调度。机组启动时，可调整叶片角度，减小启动转矩，便于机组牵入同步。

半调节式连接方式为叶片是用螺栓装配在轮毂体上的，叶片的根部刻有基准线，轮毂体上刻有相应的安装角度位置线，如图 2-37 所示。停泵后根据不同的工况要求，可将调节螺母松开，转动叶片，改变叶片的安装角度，从而改变水泵的性能曲线。半调节式转轮叶片角度的调整只能在拆泵的情况下才能进行，调节不方便，但结构简单，便于检修。应注意的是，每片叶片调好的角度要相等，否则运行时就会产生振动。

全调节式连接方式多用于大、中型轴流泵上。大型泵的调节机构常用机械控制系统和液压控制系统，中型泵多用手动控制系统。大、中型全调节式轴流泵，在运行中不停机即可根据需要调节叶片安装角。

图 2－38 所示的是全调节机构组成及叶片两个安装角的位置。叶片的拉臂分别与拉板套上的孔用带有铰孔的螺栓连接，拉板套用螺帽固定在调节杆上，调节杆从空心的泵轴内穿出，在泵轴上端由蜗轮、蜗杆传动，调节杆上下移动时，带动拉板套一起上下移动，使拉臂旋转，从而改变叶片安装角，达到调节目的。

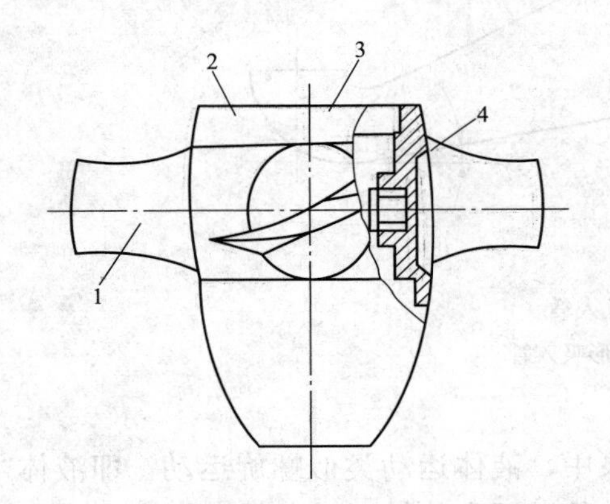

图 2－37 半调式叶片

1—叶片；2—轮毂体；3—角度位置；4—调节螺母

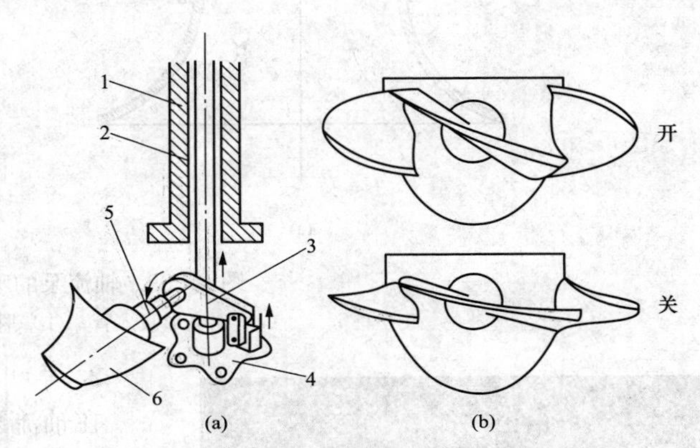

图 2－38 立式轴流泵调节机构及动叶片位置

（a）动叶调节示意图；（b）叶片的两种位置

1—泵轴；2—调节杆；3—拉臂；4—拉板套；5—叶柄；6—叶片

（2）轮毂。轮毂钻有孔，孔内装入叶片，并用圆锥销将叶柄与拉臂固定在一起，拉臂通过衬圈靠在轮毂上。轮毂有圆锥形、圆柱形和球形三种，动叶可调的轴流泵一般采用球形轮毂。

（3）流线型动叶头动叶头呈流线形体，以减少流动的阻力损失，并与入口喇叭管相配合构成液体流入的良好入口条件。

2. 轴与轴承

轴与轴承是传递扭矩的部件。立式泵轴的特点是细而长，刚性差，采用镀铬优质钢制造。全调节式的泵轴是空心轴，内装调节杆，通过蜗轮、蜗杆传动，使调节杆带动拉板套上下移动，使拉臂旋转，改变叶片安装角。其结构如图 2－38 所示。

泵的轴承包括承受径向力的导轴承和承受轴向力的推力轴承。由于立式泵的结构特点，叶轮位于轴的悬臂端，容易产生晃动，因此导轴承位于泵体内靠近叶轮处，以减小悬臂长度。在轴穿过泵壳处也装有导轴承，如泵轴较长，在轴中部也可装设导轴承。导轴承采用硬橡胶轴承，靠自身（或外部供水系统）输送水润滑和冷却。在电动机轴顶端的上机架上，装有推力轴承，承受水流作用在叶片上的向下轴向推力和转子自重力，并将其传到基础上。

（二）静子部分

静子部分包括吸入管、导叶、中间接管和出水弯管。

1. 吸入管

为改善水泵的进水条件，减少水力损失，提高抗气蚀性能，小型立式轴流泵的吸入管常做成喇叭形，如图 2-39（a）所示，以便汇集水流，并使其得到良好的水力条件，喇叭口一般用铸铁制成。大、中型泵的吸入管与泵站基础则用钢筋混凝土浇筑成整体，做成肘形，如图 2-39（b）所示。

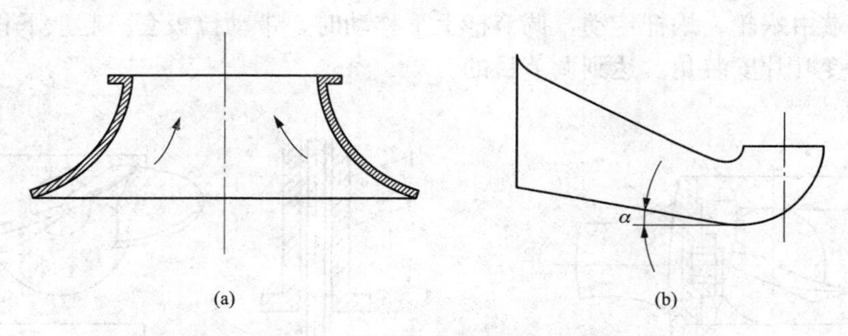

图 2-39 轴流泵的吸入管
（a）喇叭形吸入管；（b）肘形吸入管

图 2-40 轴流泵导叶体

2. 导叶

在轴流泵中，液体运动类似螺旋运动，即液体除了轴向运动外，还有旋转运动。导叶固定在泵壳上（见图 2-40），常采用后置式（即位于叶轮后），一般为 3～7 片。水流经过导叶时旋转运动受限制而作直线运动，旋转运动的动能转变为压力能。因此，导叶的作用是消除流体的旋转运动，使这部分动能转换为压能，确保流体沿轴向流出，避免冲击损失和漩涡损失，提高流动效率。

三、混流泵

混流泵的结构形式介于离心泵和轴流泵之间，分为蜗壳式和导叶式两种。从混流泵结构随比转速变化的演变趋势来看，蜗壳式混流泵属较低比转速泵，其结构特点接近于离心泵；而导叶式混流泵属较高比转速泵，其结构特点更接近于轴流泵。两者均可视具体需要制成立式或卧式结构。立式混流泵为带导叶的单级或双级泵，结构与轴流泵相似，其主要特征为宽短形的扭曲状叶片，出口液体为斜向流出，所以又称为斜流泵。其优点是：径向尺寸小，流量大，叶轮淹没于水中，无需真空引入设备，占地面积小。立式混流泵的结构如图 2-41（a）所示。

立式混流泵的转动部分由单吸式叶轮和泵轴组成。叶轮包括叶片、轮毂和锥形体部分。可以调节叶片角度的立式混流泵为开式叶轮。调节方式分为半调节式和全调节式，调节原理与轴流泵基本相同。

大型立式混流泵的轴如果过长，为方便安装和检修，将其分解为上部轴、中部轴和下部轴三部分，采用法兰螺栓连接，由于是空心轴，在连接处必须采取密封措施。

立式混流泵的泵体分为双壳式和单壳式。双壳式泵的转动部分和导体可以抽出，方便检修。泵壳部分一般包括吸入喇叭管和具有导叶的压水室。

立式混流泵的密封装置和径向轴承与轴流泵基本相同，采用水润滑橡胶轴承。也有采用单列向心球轴承和双列向心球面滚柱轴承的结构。

另外，电厂的循环水泵也有采用蜗壳式混流泵，如图 2-41（b）所示。

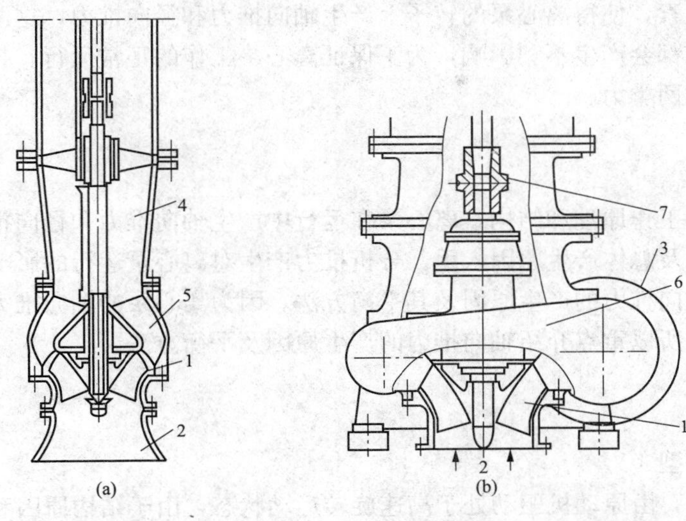

图 2-41　混流泵示意图

（a）立式混流泵；（b）蜗壳式混流泵

1—叶轮；2—吸入口；3—出水口；4—出口扩压管；

5—出口导叶；6—蜗壳；7—联轴器

能力训练

1. 离心泵与风机有哪些主要部件？各有何作用？
2. 轴流泵与风机有哪些主要部件？各有何作用？
3. 轴端密封的方式有几种？各有何特点？分别用在哪种场合？

任务四　离心泵的推力及平衡

任务目标

1. 知识目标

（1）掌握离心泵产生轴向推力和径向推力的原因分析方法；

（2）了解推力存在对离心泵工作性能及安全的影响；

（3）熟练掌握离心泵轴向推力的平衡方法。

2. 能力目标

（1）能说出推力的类型；熟练阐明推力对泵造成的危害；

（2）会分析离心泵在运行中产生径向推力的原因；能熟练分析产生轴向推力的原因；

（3）能熟练阐述各种平衡推力的方法和原理；

（4）能阐述各种平衡推力方法的优点和缺点。

学习情境引入

离心泵在运行中，由原动机驱动处于高速旋转运动状态，由于结构原因和设备装配过程中存在的误差等因素，使得离心泵的转子上产生轴向推力和径向推力，这两类力的存在对离心泵的运行及性能都会产生不利影响，为了保证离心泵工作的正常运行，技术上采取一定措施来设法平衡上述两类力。

任务分析

按照离心泵的工作原理和结构，离心泵在运行中产生轴向推力和径向推力。本任务先从离心泵的推力类型及总体产生原因入手，分析推力产生对离心泵运行的影响；然后分别详细介绍径向推力和轴向推力的产生原因及其平衡方法。因为离心泵的轴向推力对其运行的安全性及性能影响大，所以重点介绍轴向推力的产生原因及平衡方法。

知识准备

一、推力的类型

离心泵运行时，由原动机驱动处于高速旋转运动状态，由于结构原因和设备装配过程中存在的误差等因素，使得离心泵的转子上产生垂直和平行于泵轴的作用力，统称为推力。其中作用在转子上与泵轴线垂直的作用力，称为径向推力；作用在转子上与泵轴线平行的作用力，称为轴向推力。

在该类作用力的作用下，转子会发生垂直于轴向和平行于轴向的窜动，轻则引起动、静件的摩擦，重则引起设备卡死、共振等事故。由于推力的产生是必然的，为了减少推力对设备的危害，我们只能设法减少或者平衡，而不能完全消除。只有明确了产生原因，才能采取有效的措施防患于未然，下面分别介绍产生径向推力和轴向推力的原因及消除的方法。

二、径向推力平衡装置

1. 径向推力的产生及危害

螺旋形压水室的离心泵，叶轮出口到下一级叶轮入口或到泵的出口管之间为扩散管状截面积逐渐增大的螺旋形流道。在设计工况下工作时，液体在叶轮周围作均匀的等速运动，而且叶轮周围的压力基本是呈轴对称均匀分布的，所以液体作用在叶轮上的径向推力的合力为零，不产生径向推力。当离心泵在变工况下工作时，叶轮周围的液体速度和压力分布均变为非均匀分布，它使液体从叶轮流出后其流速平稳地降低，同时使大部分动能转变为静压能。当蜗壳具有能量转换作用时，蜗壳内液体的压力是沿途增大的，这就会对叶轮产生一个径向的不平衡力，如图 2-42（a）所示，该力使泵轴产生较大的挠度，造成运行中的振动，甚至使密封环、级间套、轴套严重磨损，并可能使轴疲劳破坏，必须设法予以消除。

2. 径向推力的平衡装置

消除径向推力的方法一般有两种：一种是采用双层压水室结构，如图 2-43（a）所示。将压水室分成两个对称的部分，虽然每个压水室压力分布是不均匀的，但由于压水室蜗壳空间上下对称，使作用在叶轮上的径向力由于对称而抵消。另一种为采用双压水室结构或采用两个压水室相差 180°的布置方式平衡径向推力，如图 2-43（b）所示。

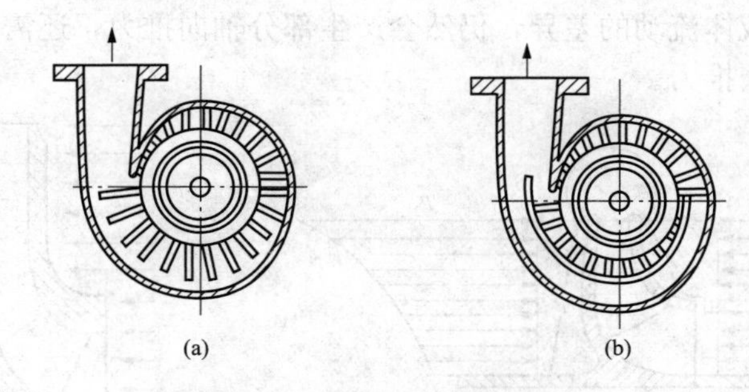

图 2-42　泵的径向推力及平衡

(a) 径向推力；(b) 双层压水室

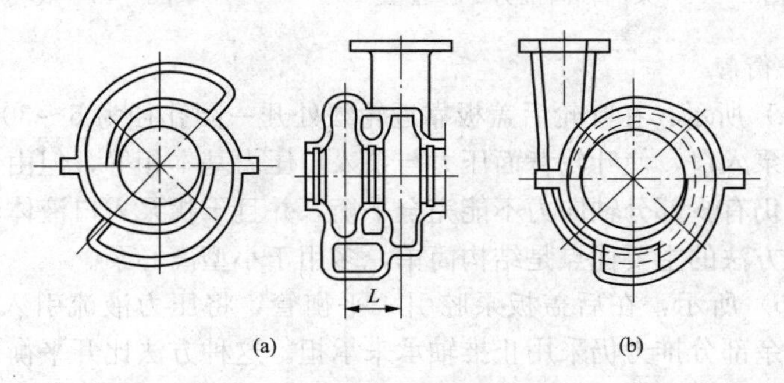

图 2-43　压水室的布置

(a) 双层压水室；(b) 两个压水室相差 180°

导轮式多级泵的导叶沿圆周均匀分布，理论上径向力平衡，实际上转轴存在一定偏心，会有一些径向力产生，但偏心产生的径向力一般不大，若偏心距达到叶轮直径的 1%，径向力会增加到与蜗壳式离心泵相近的程度。

三、轴向推力平衡装置

（一）轴向推力的产生及危害

离心泵的叶轮如本项目任务三所述，除双吸式叶轮外，由于叶轮结构的不对称，使得叶轮前后盖板上产生不同的作用力，这是产生轴向推力的主要原因。以单吸叶轮为例：单吸叶轮由于具有单侧的低压吸入口，致使叶轮前后盖板所受压力不相等，产生一个指向吸入口方向的轴向推力 F_1，如图 2-44 所示。对于多级叶轮，总轴向推力的大小是每个叶轮的轴向推力之和。另外，液体进出叶轮时流向的改变导致动量改变，对叶轮产生一个冲击力 F_2，该冲击力的方向与 F_1 方向相反，在泵启动时可使转子向高压侧窜动，但在正常运行时，与 F_1 相比较却很小，可以忽略不计。对于立式泵，其转子的自重力 F_3 也是沿轴向指向叶轮吸入端。对于卧式离心泵，转子自重力与轴方向垂直，$F_3=0$。但一般所指的轴向推力即指 F_1，这是轴向推力的主要部分，特别是对于多级泵，这个推力相当大，有时可高达几十万牛顿，会使转子产生轴向位移，造成叶轮和泵壳等动、静部件碰撞、摩擦和磨损，还会增加轴承负荷，导致发热、振动，甚至损坏。因此，必须采取平衡措施，以保证离心泵的安全和正常运行，否则可能造成泵体动、静部分的摩擦而使设备损坏。

（二）单级泵轴向推力的平衡

1. 采用双吸叶轮

如图 2-45 所示，由于双吸叶轮结构的轴向对称性，理论上不会产生轴向推力 F_1，但由于制造偏差和两侧液体流动的差异，仍然会产生部分轴向推力，还需要采用能承受一定推力的轴承来平衡该剩余推力。

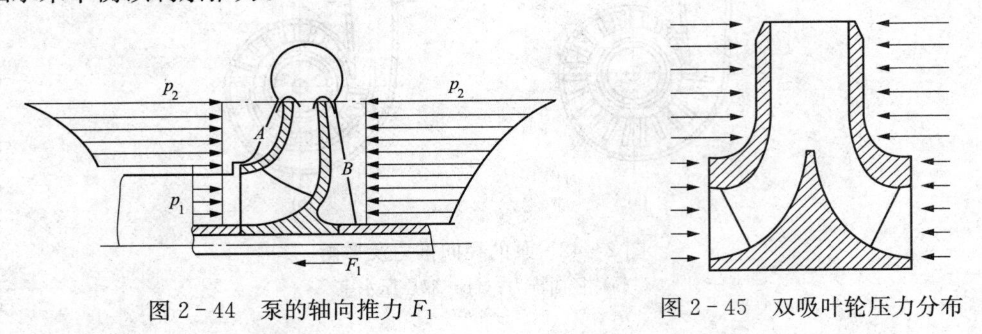

图 2-44　泵的轴向推力 F_1　　图 2-45　双吸叶轮压力分布

2. 平衡孔和平衡管

如图 2-46（a）所示，在叶轮后盖板靠近轮毂处开一圈孔径为 5～30mm 的小孔，经孔口将压力液流引向泵入口，使叶轮背面压力与泵入口压力基本相等，但由于液体通过平衡孔有一定阻力，所以仍有少部分轴向力不能完全平衡，并且干扰泵入口液体流动，会使泵的效率有所降低。这种方法的主要优点是结构简单，多用于小型离心泵。

如图 2-46（b）所示，在后盖板泵腔引一平衡管，将压力液流引入泵入口或吸水管，平衡部分推力，剩余部分推力仍采用止推轴承来承担。这种方法比开平衡孔优越，它不干扰泵入口液体流动，效率相对较高。

上述两种方式都使泵的泄漏损失增加，降低了泵效率。

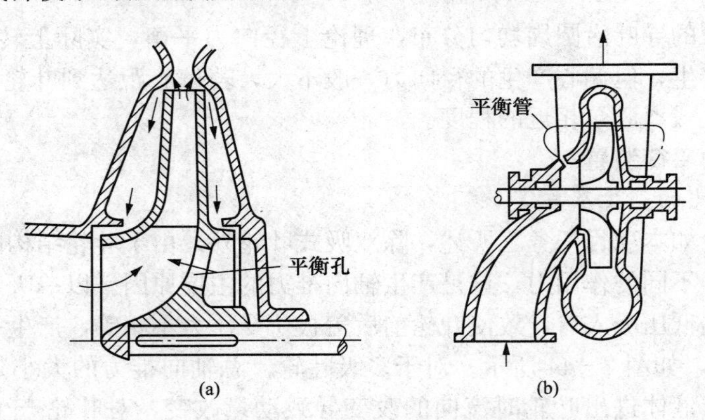

图 2-46　平衡孔和平衡管

（a）平衡孔；（b）平衡管

3. 背叶片

如图 2-47 所示，采用在叶轮后铸径向肋筋的方法，相当于一个半开式叶轮，当叶轮旋转时，它可以推动液体旋转，使叶轮背面靠叶轮中心部分的液体压力下降，后盖板外侧面上液体压力的分布曲线（见图 2-48）也将会由原来没有背叶片的 *abc* 线变成 *abe* 线，使作用在后盖板外侧的总压力降低，叶轮两侧压差减小，从而减小轴向力，可以起平衡轴向推力的作用，但此方法要增加额外的功率消耗。下降的程度与叶片的尺寸及叶片与泵壳的间隙大小有关。此法的优点是除了可以减小轴向力以外，还可以减少轴封的负荷；对输送含固体颗粒的液体，则可以防止悬浮的固体颗粒进入轴封。

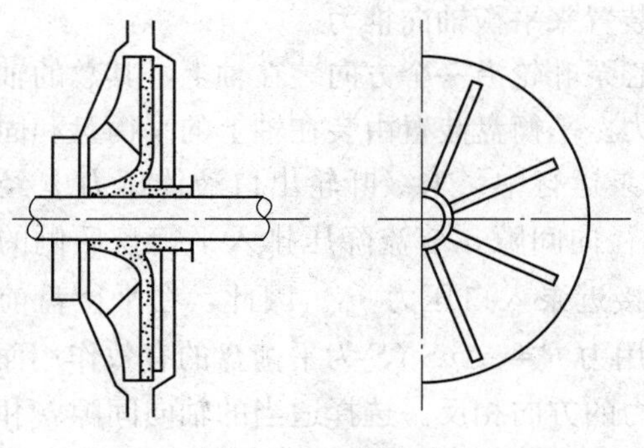
图 2-47　背叶片

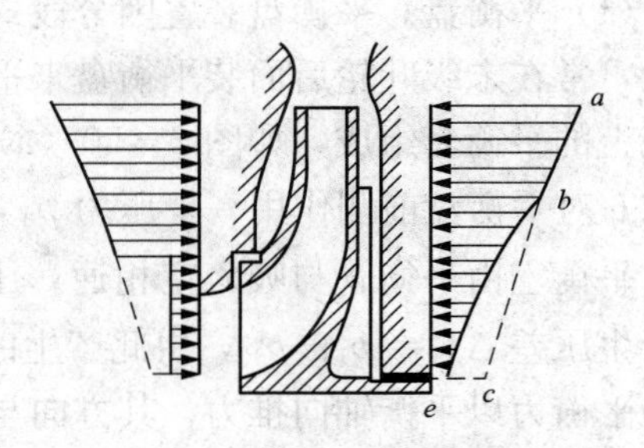

图 2-48　背叶片盖板的压力分布

（三）多级泵轴向推力的平衡

1. 多级泵的叶轮对称排列

对于偶数级叶轮，按两组叶轮进水方向相反的原则对称地布置在同一轴上，如图 2-49 所示。当叶轮的几何尺寸相同，两组叶轮产生的轴向力大小相等、方向相反时，可以互相抵消。同时装设推力轴承或平衡鼓来承受剩余的轴向推力。这种方案流道复杂，造价较高。当级数较多时，由于各级泄漏情况和各级叶轮轮毂直径不相同，轴向力也不能完全平衡，往往还需采用辅助平衡装置。

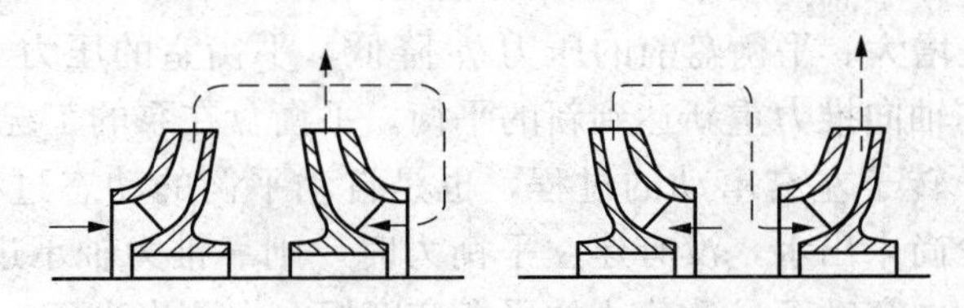
图 2-49　叶轮对称排列

2. 平衡盘、平衡鼓及联合装置

多级泵叠加的轴向推力很大，一般采用在末级叶轮后同轴装设平衡盘、平衡鼓或其联合装置的方法来平衡轴向推力，如图 2-50 所示。

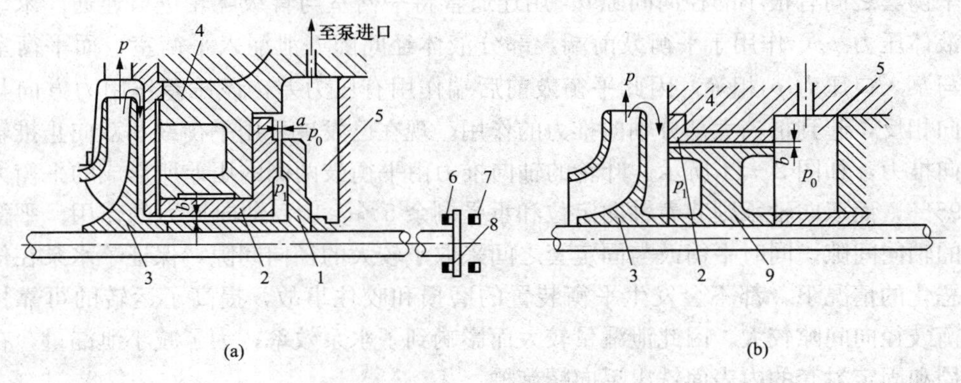

图 2-50　平衡盘、平衡鼓装置

（a）平衡盘；（b）平衡鼓

1—平衡盘；2—平衡套（静环）；3—末级叶轮；4—泵体；5—平衡室；

6—工作瓦；7—非工作瓦；8—推力盘；9—平衡鼓

中、小型多级泵常采用平衡盘与推力轴承装置来平衡轴向推力。

(1) 平衡盘。平衡盘装置因分段式多级离心泵叶轮沿一个方向装在轴上，其总的轴向力很大，常在末级叶轮后面装平衡盘来平衡轴向力。平衡盘装置由装在轴上的平衡盘和固定在泵壳上的平衡套组成，如图 2-50 (a) 所示。泵运行中，末级叶轮出口液体压力 p 经径向间隙 b 对平衡盘前侧作用一个压力 p_1，同时经径向间隙 a 节流降压排入平衡盘后侧的平衡室，平衡室由平衡管与吸入室相通，压力大小接近泵入口压力 p_0。因此，在平衡盘前后两侧产生压差 $\Delta p = p_1 - p_0$，由此产生的压差作用力 $P = \Delta pS$（S 为平衡盘的有效作用面积），作为平衡力以平衡轴向推力，其方向与轴向推力的方向相反。选择适当的轴向间隙 a 和径向间隙 b 以及平衡盘的有效作用面积 S，则作用于平衡盘上的力足以平衡泵的轴向推力。离心泵工况改变时，由于各级叶轮出水压力的变化，将使轴向推力首先改变。若轴向推力增大，则与平衡力的平衡将被破坏，转子就会向泵的入口侧窜动。与此同时，轴向间隙 a 减小，间隙 a 的流动阻力增加，使通过平衡盘装置的泄漏量减少。这样，不仅导致液体流过径向间隙 b 的速度降低、间隙 b 的流动损失减小、平衡盘前的压力 p_1 升高，还会使平衡室内的压力 p_0 略有下降，最后使作用在平衡盘上的压力差 Δp 增大，平衡力 P 增加。随着转子继续向泵入口侧（左）窜动，间隙 a 将逐步减小，平衡力也就不断增加。直到转子窜到某个位置，平衡力 P 与轴向推力重新相等，达到新的平衡状态为止。同理，轴向推力变小，小于平衡力 P 时，转子将向泵的出口侧（右）窜动。此时，轴向间隙 a 增大，流动损失减小，泄漏量增加，间隙 b 的流动损失增大、平衡盘前的压力 p_1 降低，平衡室的压力 p_0 略有升高，使平衡力减小，直至平衡力和轴向推力重新达到新的平衡。平衡盘在泵的工况变化时，还具有自动平衡轴向推力的功能。转子左右窜动的过程，也是自动平衡的动态过程。当泵在启动过程中，平衡盘因末级叶轮尚未出水，没有建立平衡力时，则靠推力轴承进行平衡。其缺点是：在工况变动大时，因轴向窜动而导致静止的平衡套磨损，水泵出水压力较低，平衡盘前后的压差较小，不足以平衡轴向推力造成平衡盘的磨损，甚至发生动、静盘咬住的事故。因此，高速泵不宜单独采用平衡盘。

(2) 平衡鼓。平衡鼓是与叶轮同轴的圆柱体，如图 2-50 (b) 所示，其外圆表面与泵壳上的平衡套之间有很小的径向间隙 b。用连通管将平衡室与首级叶轮进口连通。末级叶轮出口的液体压力 p_2，作用于平衡鼓前端，部分液体经间隙 b 泄漏入平衡室，而平衡室的压力几乎与泵入口压力 p_0 相等，因此平衡鼓前后端作用有压力差，该压差作用力方向与轴向推力方向相反，起到抵消大部分轴向推力的作用。现在已发展采用平衡鼓和双向止推轴承来平衡轴向推力，如图 2-51 所示。叶轮的轴向推力由平衡鼓两测的压差所形成的平衡力抵消 90%～95%，而双向轴承则起着轴向定位和承受剩余 5%～10%轴向推力的作用。平衡鼓无需极小的轴向间隙，同时平衡鼓与固定套之间采取了较大的径向间隙，保证了水泵在任何运转条件恶化的情况下，都不会发生平衡装置的磨损和咬住事故，提高了运转的可靠性。但是，平衡鼓径向间隙较大，因此泄漏量较大而影响到了水泵效率，为了减小泄漏量，在平衡鼓的外周和固定衬套的内表面铣出反向螺旋槽。

(3) 平衡盘和平衡鼓的联合平衡装置。对于大型高速给水泵，一般采用平衡盘和平衡鼓的联合装置（见图 2-52），由平衡鼓承担 50%～80%的轴向推力，减少平衡盘的负荷，可以使平衡盘的轴向间隙放大一些，避免了转子窜动而导致动、静盘的摩擦或咬住。

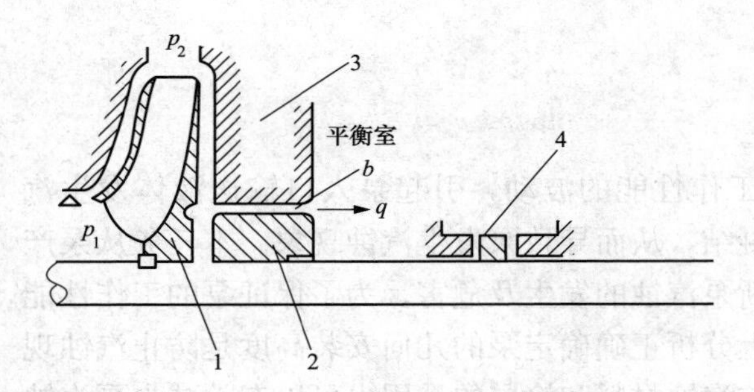

图 2-51 平衡鼓和双向止推轴承

1—末级叶轮；2—平衡鼓；3—泵体；

4—双向止推轴承

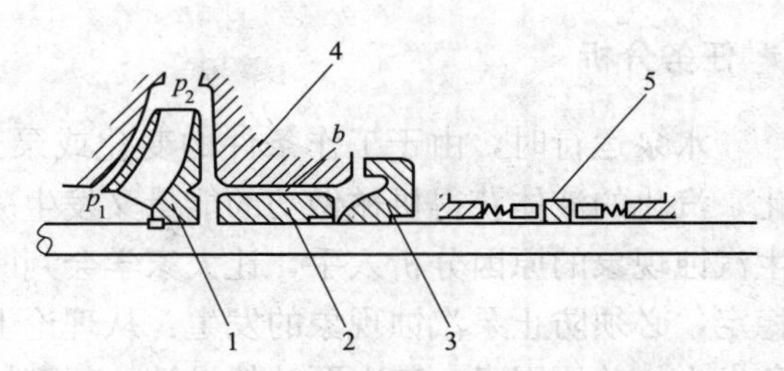

图 2-52 多级泵的平衡盘、平衡鼓和双止推轴承平衡装置

1—末级叶轮；2—平衡鼓；3—平衡盘；

4—泵体；5—双向止推轴承

能力训练

1. 推力有几类？分别写出其定义。
2. 径向推力是如何产生的？有何危害？如何消除？
3. 轴向推力的产生原因有哪些？
4. 轴向推力的存在会产生哪些危害？
5. 如何平衡轴向推力？

任务五 泵的汽蚀现象

任务目标

1. 知识目标

(1) 掌握泵汽蚀现象产生的原因、危害；

(2) 掌握泵几何安装高度的确定方法；

(3) 掌握泵的汽蚀余量及关系；

(4) 掌握为防止泵汽蚀现象发生时所采取的措施及方法。

2. 能力目标

(1) 熟练分析泵发生汽蚀现象的原因及其危害，会根据泵的运行状况判断泵是否发生汽蚀现象；

(2) 熟练确定泵的几何安装高度；

(3) 熟练采取减少泵汽蚀现象发生的方法和措施。

学习情境引入

汽蚀是水力机械特有的一种现象，当水泵运行时，由于工作条件的变化或泵工作性能的波动，会引起泵入口输送液体发生汽化，这就为泵汽蚀现象的发生埋下了伏笔。泵发生汽蚀现象时，既会引起振动和噪声，还会使泵体产生剥蚀，引起泵的性能下降，所以为了保证泵的工作性能稳定，必须防止泵的汽蚀现象发生，从正确确定泵的几何安装高度到泵叶轮设计、新材料和涂层的采用。

任务分析

水泵运行时，由于工作条件的变化或泵工作性能的波动，引起泵入口输送液体发生汽化，汽化的液体获得机械做功的能量又发生凝结，从而导致泵发生汽蚀现象。本任务从泵产生汽蚀现象的原因分析入手，让大家学会判断泵汽蚀的发生及危害。为了保证泵的工作性能稳定，必须防止泵汽蚀现象的发生：从理论上分析正确确定泵的几何安装高度是防止汽蚀现象发生的首要因素；其次泵叶轮设计、新型抗汽蚀材料和涂层的采用也可以有效减少泵汽蚀现象的发生及其危害；最后对火力发电厂常见泵的抗汽蚀措施进行集中汇总。

知识准备

一、泵的汽蚀现象

汽蚀（cavitation）也称空化，是水力机械特有的一种现象。水泵运行时，当过流部分局部区域的绝对压力等于或低于所输送液体温度下的汽化压力，液体便发生汽化，生成大量的气泡，气泡内将充满蒸汽和液体中析出的气体，这些气泡汇聚并很快膨胀、扩大，同时随着液流向前运动，至压力较高处，气泡周围的高压液体致使气泡急剧地缩小，以致迅速凝结而破裂。气泡周围的液体质点因惯性以高速冲向原来气泡占有的空间，质点相互撞击而形成高频的局部水击，压力可高达上千兆帕。这种水击会对金属表面形成持续、反复的冲击，导致金属表面疲劳而破坏，这种破坏称为机械剥蚀。除此以外，在气泡破裂释放的凝结潜热的助长下，原气泡内的活泼气体又会对金属产生化学腐蚀作用，加剧了材料的破坏。金属表面在机械剥蚀和化学腐蚀的长期联合作用下，会出现蜂窝状破坏，对叶轮形成如图 2－53 所示的损伤。因此我们把泵内汽泡的形成、发展和破裂以致材料受到破坏的全部过程，称为汽蚀现象。根据泵内发生汽蚀的部位不同，水泵的汽蚀可以分为叶面汽蚀（在叶片表面发生）、间隙汽蚀（离心泵发生在密封环与叶轮外缘的间隙处；轴流泵发生在叶片外缘与泵壳的间隙处）和粗糙汽蚀（泵内过流部件由于铸造或加工缺陷形成的粗糙表面处）三种基本类型。

水泵的汽蚀是由水的汽化引起的，所谓汽化就是水由液态转化为汽态的过程。水的汽化与温度和压力有一定的关系，在一定压力下，温度升高到一定数值时，水才开始汽化；如果在一定温度下，压力降低到一定数值时，水同样也会汽化，把这个压力称为水在该温度下的汽化压力（饱和压力），这个温度称为该压力下的汽化温度（饱和温度），按照水与水蒸气的特性，饱和温度和饱和压力是一一对应的。如果在流动过程，由于流动阻力过大导致某一局部地区的压力等于或低于与水温相对应的汽化压力时，水就在该处发生汽化，所以汽化的发生是汽蚀现象发生的初始条件。汽化发生后，就会形成许多蒸汽与气体混合的小汽泡，当汽泡随同水流从低压区流向高压区时，汽泡在高压的作用下破裂，高压水以极高的速度流向这些原汽泡占有的空间，形成一个冲击力。金属表面在水击压力作用下，形成疲劳而遭到严重破坏。

如何在泵没有解体的运行状态下判别泵是否发生了汽蚀现象呢？在此可以依据泵发生汽蚀时的外部特征及表计进行初步判断。比如：因为泵发生汽蚀现象时会产生高频噪声（600～25000Hz），引起泵体振动，流量计显示流量下降，甚至无法继续工作，可以用四种方法判

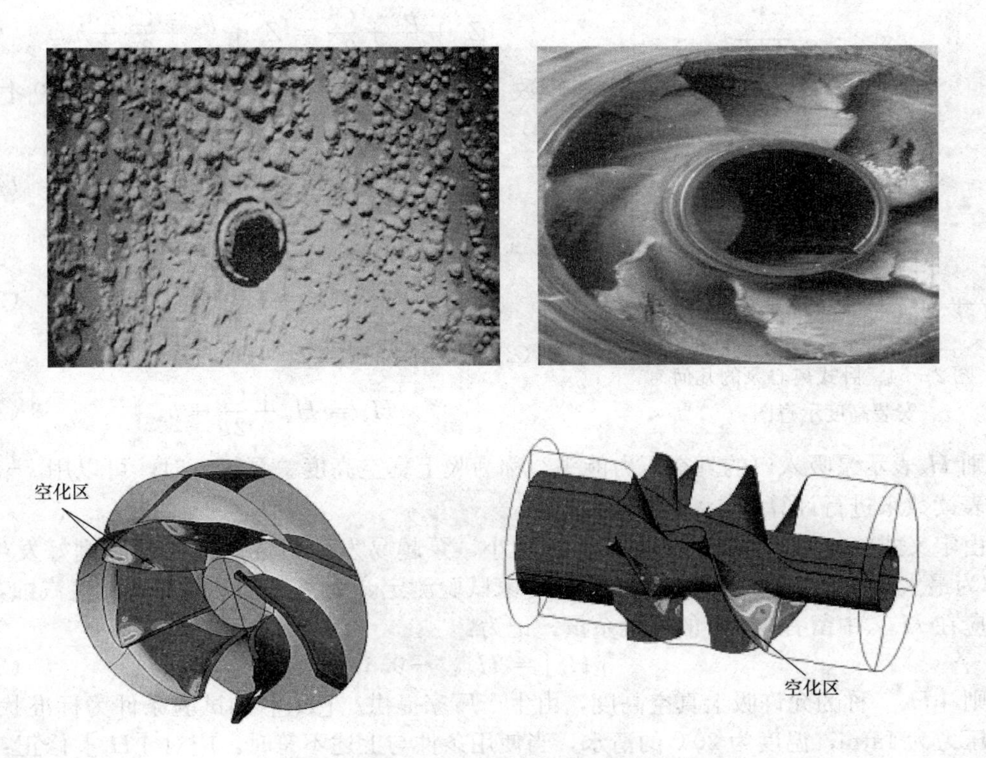

图 2-53　泵的汽蚀现象造成的破坏及破坏部位

断，即仪表指示法、噪声法、振动法、超声波测定法，恰如中医的“望、闻、切”。

二、泵发生汽蚀现象后的危害

(1) 引起材料破坏，缩短泵的使用寿命。汽蚀现象发生时，由于机械剥蚀和化学腐蚀使叶轮和蜗壳多处变得粗糙多孔，产生显微裂纹，严重时出现蜂窝状或海绵状侵蚀，甚至产生空洞，如图 2-53 所示。

(2) 产生振动和噪声。汽蚀现象发生时，汽泡破裂和高速冲击会引起严重的噪声和振动，观测表明，生产中发生汽蚀的泵具有较广的频谱，因此噪声也是用来探测汽蚀是否已发生和消失的一种方法。如果水击的频率和机组的固有频率接近，将会引起机组振动；机组的振动又会促使更多气泡的产生和破灭。这种相互激励，最后可能导致机组的强烈振动，称为汽蚀共振。如果机组发生汽蚀共振，则必须紧急停止水泵运行。

(3) 影响泵的性能。汽蚀现象发生时，液体的汽化以及液体中气体的析出，形成了大量气泡，使液流的过流断面面积减小，局部区域流速加大，并产生涡流，以致流动损失增大；汽蚀现象发展严重时，大量汽泡的存在会堵塞流道的截面，可能出现断流，因此汽蚀会导致泵的扬程和效率降低。

三、正确确定泵的几何安装高度

从前面任务二性能参数的分析可知，泵的安装高度是影响泵入口压力的主要因素，因此正确确定泵的几何安装高度是防止汽蚀现象发生的首要措施。

如图 2-54 所示，列 $e-e$、$s-s$ 面的伯努里方程（基准面 $e-e$ 面）：

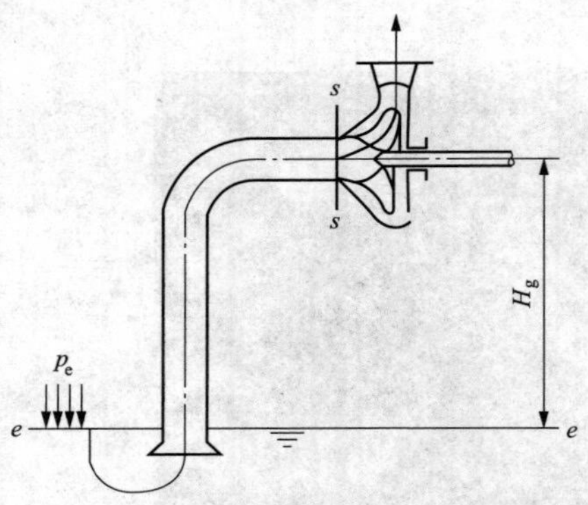

图 2-54　卧式离心泵的几何安装高度示意图

$$Z_e + \frac{p_e}{\rho g} + \frac{C_e^2}{2g} = Z_s + \frac{p_s}{\rho g} + \frac{C_s^2}{2g} + h_{wz-s} \quad (2-9)$$

将参数 $Z_e = 0$，$Z_s = H_g$，$p_e = p_a$，$C_e = 0$ 代入式（2-9），得：

$$\frac{p_a - p_s}{\rho g} = H_g + \frac{C_s^2}{2g} + h_{wz-s} \quad (2-10)$$

令

$$H_s = \frac{p_a - p_s}{\rho g} \quad (2-11)$$

将式（2-11）代入式（2-10），得：

$$H_s = H_g + \frac{C_s^2}{2g} + h_{wz-s} \quad (2-12)$$

则 H_s表示泵吸入口的真空压力能头，称为吸上真空高度。泵运行时，可以用 $s-s$ 处的真空表读数来进行计算。

由定义式（2-11）知：H_s越大，p_s越小，泵越易发生汽蚀。汽蚀现象刚好发生时的 H_s称为最大吸上真空高度 H_{smax}，由生产厂家试验测定，为了保证泵内部不发生汽蚀，一般水泵应在 H_{smax}中留有 0.3m 的安全余量，记为：

$$[H_s] = H_{smax} - 0.3 \quad (2-13)$$

则［H_s］称为允许吸上真空高度，由生产厂家提供。［H_s］的试验条件为标准状况下，大气压力为 1atm，温度为 20℃的清水，当使用条件与上述不符时，应对［H_s］修正：

$$[H'_s] = ([H_s] - 10.33 + H_a + 0.24 - H_{vp}) \frac{\rho_{20}}{\rho} \quad (2-14)$$

式中　H_a——泵使用地点的大气压力高度，m；

H_{vp}——泵在输送液体温度下的汽化压力高度，m。

不同海拔时的大气压力和不同水温时的饱和蒸气压力见表 2-3、表 2-4。

表 2-3　　不同海拔时的大气压力

海拔（m）	0	100	200	300	400	500	600	700	800	900	5000
大气压（m）	10.3	10.2	10.1	10	9.8	9.7	9.6	9.5	9.4	9.3	5.5
大气压力（kPa）	101.32	100.6	99.1	98.1	96.1	95.1	94.17	93.19	92.2	91.2	53.95

表 2-4　　不同水温时的饱和蒸气压力

水温（℃）	10	15	20	25	30	35	40	45	50	100
饱和蒸汽压头 H_V（m）	0.125	0.175	0.238	0.324	0.433	0.580	0.752	0.986	1.272	10.78
饱和蒸汽压力（kPa）	1.23	1.71	2.34	3.17	4.246	5.62	7.374	9.58	12.33	101.32

由式（2-12）得：

$$H_g = H_s - \frac{C_s^2}{2g} - h_{wz-s} \quad (2-15)$$

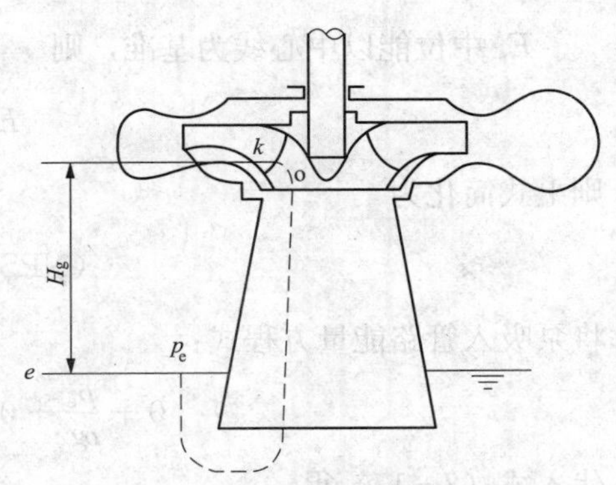

图 2-55 立式离心泵的几何安装高度示意图

根据允许吸上真空高度 $[H_s]$ 就可以计算出泵的允许几何安装高度 $[H_g]$（只要 $H_g<[H_g]$ 即可）：

$$[H_g]=[H_s]-\frac{C_s^2}{2g}-h_{wz\text{-}s} \qquad (2-16)$$

中、小型泵的几何安装高度是指第一级工作叶轮进口边的中心线至吸水池液面的垂直距离，图2-55分别为卧式离心泵和立式离心泵的几何安装高度示意图。

大型泵几何安装高度是叶轮入口边最高点至吸水池液面的垂直距离，对于卧式泵和立式泵的几何安装高度分别标示在图 2-56（a）、（b）中。

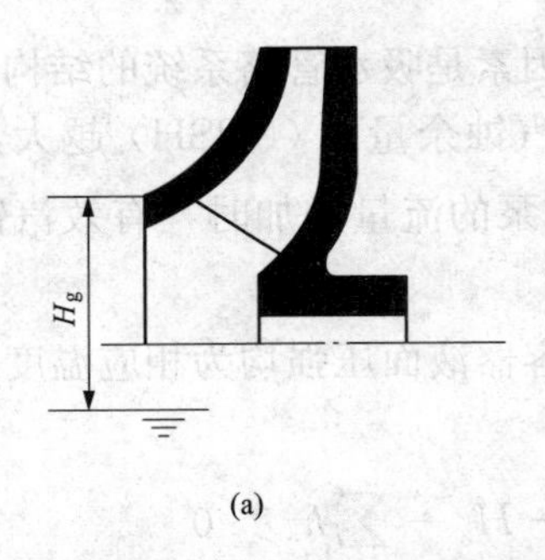

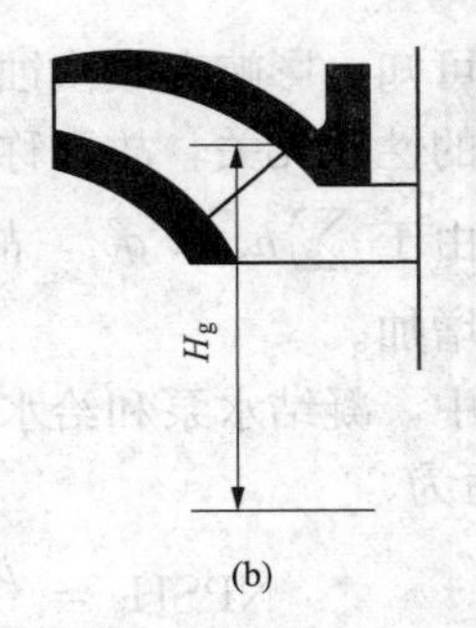

图 2-56 大型泵的几何安装高度示意图

（a）卧式泵；（b）立式泵

四、汽蚀余量

泵的几何安装高度与吸上真空高度的确定问题只是影响泵工作性能的一个重要因素。那么，泵内汽蚀的产生还与哪些因素有关？又如何防止呢？

泵内流体汽蚀现象理论显示，液体汽化压强（p_V）为汽蚀现象发生时的临界压强（p_k），若以 p_e 表示泵进口的压力，当泵内刚发生汽蚀时，必有：

$$\frac{p_e}{\rho g}=H_g+h_w+\frac{p_V}{\rho g}$$

为了使泵不发生汽蚀现象，使泵吸入口液流的总能头高于汽化压强，则将这部分富余能头称为汽蚀余量，以符号 NPSH（net positive suction head）表示，意为净正吸上能头。汽蚀余量可分为有效汽蚀余量和必需汽蚀余量。

必需汽蚀余量是指水泵在给定的转速和流量下，保证水泵内不发生汽蚀现象所必需具有的汽蚀余量，用 $(NPSH)_r$ 表示，它通常由水泵制造厂规定，有的文献称其为水泵的汽蚀余量；而由吸入装置确定的汽蚀余量，即单位质量液体在水泵吸入口所具有的超过输送液体饱和温度对应的饱和压力下的富裕能头，称为有效汽蚀余量，用 $(NPSH)_a$ 表示。

（一）有效汽蚀余量

按照有效汽蚀余量的定义，有效汽蚀余量是水泵进口至泵内压力最低点的压力降，可以写出有效汽蚀余量的定义式：

$$(NPSH)_a=E_s-\frac{p_V}{\rho g}=\frac{p_s}{\rho g}+\frac{v_s^2}{2g}-\frac{p_V}{\rho g}$$

E_s 中位能以中心线为基准，则

$$E_s = 0 + \frac{p_s}{\rho g} + \frac{v_s^2}{2g}$$

则上式简化为

$$(\mathrm{NPSH})_a = \frac{p_s}{\rho g} + \frac{v_s^2}{2g} - \frac{p_V}{\rho g} \tag{2-17}$$

将泵吸入管路能量方程式：

$$0 + \frac{p_e}{\rho g} + 0 = H_g + \frac{p_s}{\rho g} + \frac{v_s^2}{2g} + \sum h_s$$

代入式（2－17）得：

$$(\mathrm{NPSH})_a = \frac{p_e - p_V}{\rho g} - H_g - \sum h_s \tag{2-18}$$

由上面的分析可知，影响有效汽蚀余量的因素是吸水管路系统的结构参数及流量，而与泵的结构及泵本身的性能无关，故又称为装置汽蚀余量；$(\mathrm{NPSH})_a$越大，表明该泵防汽蚀的性能越好。而且由于 $\sum h_s \propto q_V^2$，故当通过泵的流量增加时，有效汽蚀余量会下降，泵发生汽蚀的可能性增加。

在火力发电厂中，凝结水泵和给水泵吸入容器液面压强均为相应温度下的汽化压强，则式（2－18）可改写为

$$\mathrm{NPSH}_a = \frac{p_e - p_V}{\rho g} - H_g - \sum h_s > 0$$

只有

$$-H_g = H_d > 0$$

才有可能使

$$\mathrm{NPSH}_a > 0$$

即凝结水泵和给水泵均应采用倒灌高度安装，如图 2－57 所示。需要注意的是：H_g值的正、负以吸入池液面为基准，当泵轴高于吸水液面时为正，反之为负。

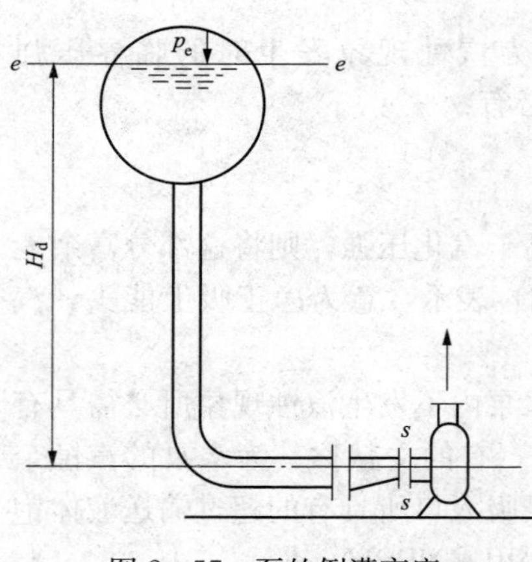

图 2－57　泵的倒灌高度

由上面的分析可知：泵的有效汽蚀余量越大，泵内出现汽蚀的可能性越小。但是仅凭有效汽蚀余量还不能保证泵内一定不会发生汽蚀，这就需要了解必需汽蚀余量。

（二）必需汽蚀余量

由于液体从泵的吸入口流动到叶轮进口会产生能量损失，所以泵吸入口处的压力并非泵内液体的最低压力，即水流从水泵吸入口流进叶轮，在能量开始增加之前，压力还要继续降低，分析如下：

（1）从水泵进口到叶轮进口，流道的过水面积一般是收缩的，所以在流量一定时，流速沿程升高，因而压力相应降低。

（2）在水流进入叶轮，绕流叶片头部时，由于急剧转弯，流速增大，在叶片背面的 K 点（见图 2－58）处最为显著，造成 K 点压力的急剧降低。以后，由于叶轮对水流做功，使其能量增加，压力逐渐升高。

(3) 上述流速变化以及水流从水泵进口至 K 点的流程中，均伴有水力损失，会消耗能量，使水流的压力降低。

可见，泵内水流压力最低的地方，在叶片进口附近的 K 点处。用能量方程式研究水流从水泵进口到 K 点处的能量平衡关系，可以清楚地认识有效汽蚀余量和必需汽蚀余量的物理意义，图 2-59 给出了水流进入水泵后的能量变化过程，现分析如下。

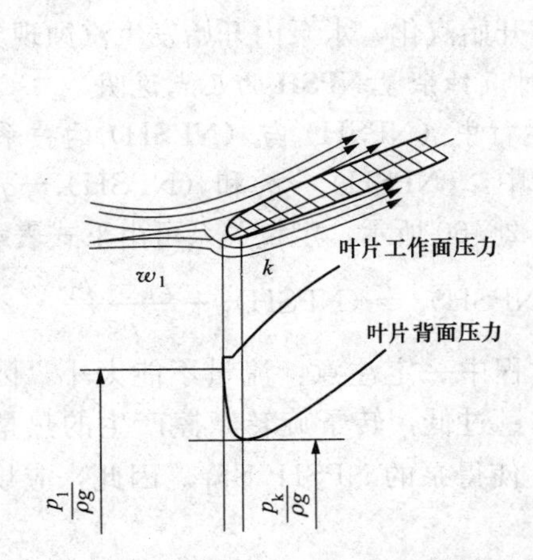

图 2-58 水绕流叶片头部的压力变化

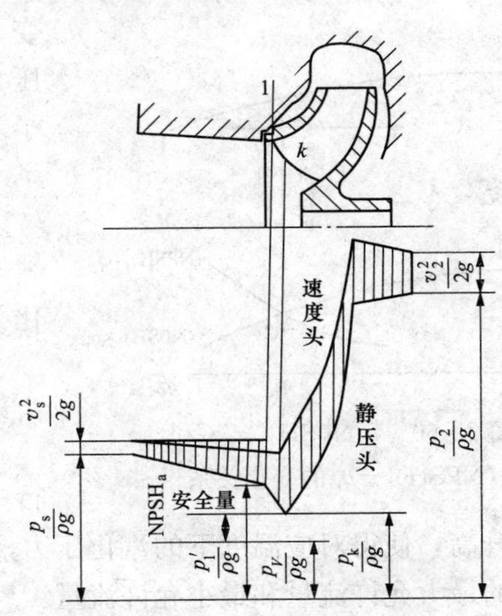

图 2-59 水泵内水流的能量变化

水流从水泵的吸入口流到 k 点，因流速变化和水力损失所引起的压力降低值定义为水泵的必需汽蚀余量，其值越小，则剩余的汽蚀安全量越大，水泵越不易发生汽蚀。定义式为：

$$(NPSH)_r = E_s - \frac{p_k}{\rho g} = \frac{p_s - p_k}{\rho g} + \frac{v_s^2}{2g} \tag{2-19}$$

从式 (2-19) 可知，必需汽蚀余量又可定义为水泵进口总能量和叶轮入口 k 点的压头差，这是水泵汽蚀余量和装置汽蚀余量的关系式，称为汽蚀基本方程，也是鉴别水泵是否汽蚀的判别式。

$p_k = p_V$，则 $(NPSH)_a = (NPSH)_r$，泵开始汽蚀；

$p_k < p_V$，则 $(NPSH)_a < (NPSH)_r$，水泵严重汽蚀；

$p_k > p_V$，则 $(NPSH)_a > (NPSH)_r$，水泵无汽蚀。

利用液体相对运动的能量方程可以推得：

$$(NPSH)_r = \lambda_1 \frac{c_0^2}{2g} + \lambda_2 \frac{w_0^2}{2g} \propto q_V^2 \tag{2-20}$$

从上述的推证及分析，可以看出必需汽蚀余量的物理意义及其影响因素如下：

(1) 反映了水流进入水泵后，在未被叶轮增加能量之前，因为流速变化和水力损失而导致的压力能头降低的程度。影响的主要因素是泵吸入室，叶轮进口的几何形状和流速大小，即只与泵的结构有关，而与吸入管路、大气压力、液体的性质等因素无关，故又称之为泵的汽蚀余量。在泵的正常工作范围内，由于液体流动损失的原因，若泵的几何尺寸越小，则该泵泵内的压降越小，汽蚀安全量越大，越不易发生汽蚀，所以水泵的吸水性能越好，或者说，水泵抗汽蚀的性能越强。当流量增大时，$(NPSH)_r$ 随之增大，水泵的 $(NPSH)_r$ 由泵制造厂通过试验测出。

（2）要防止水泵内发生汽蚀现象，水流在水泵进口处要有足够的有效汽蚀余量，以便水泵内减去由于流速变化和水力损失引起的压力降低后，所剩余的压头仍高于汽化压力，即水泵内不发生汽蚀现象的必要条件是 $(NPSH)_a > (NPSH)_r$。

（3）由前面公式推证可见，当水泵流量一定时是不变的，但是却随吸水装置的条件而变。如果吸水液面下降，则 p_k 相应降低，当 k 点的压力降低到当地水温的汽化压力时，汽蚀安全量等于零，水就开始汽化，水泵内开始发生汽蚀现象。

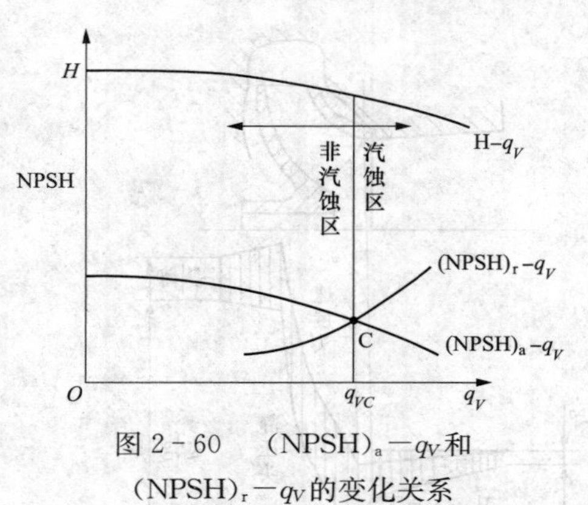

图 2-60 $(NPSH)_a - q_V$ 和 $(NPSH)_r - q_V$ 的变化关系

（三）对汽蚀余量 **NPSH** 的几点说明

1. 泵运行中 $(NPSH)_a$ 与 $(NPSH)_r$ 的关系

泵运行中，$(NPSH)_a - q_V$ 和 $(NPSH)_r - q_V$ 的变化关系如图 2-60 所示。定量关系可由下式表示：

$$(NPSH)_a = (NPSH)_r + \frac{p_k - p_V}{\rho g} \quad (2-21)$$

运行过程中一定注意：流量不能太小，因为运行中如果流量过低，转子旋转摩擦产生的热量将造成水温升高，使得对应温度下的汽化压力 p_V 升高，使得泵的 NPSH 下降。因此，应规定泵运行时的最大允许流量和最小允许流量。

2. 临界汽蚀余量 $(NPSH)_c$ 和允许汽蚀余量 [NPSH] 的关系

由图可知，q_V 升高，使得泵的 $(NPSH)_a$ 下降，当泵的最低压力点 k 处压力等于汽化压力时，液体开始汽化。此时，$(NPSH)_a$ 就是使泵内发生汽蚀的临界值，即

$$(NPSH)_a = (NPSH)_c \quad (2-22)$$

该值可通过泵汽蚀试验确定。

为了避免泵内汽蚀的发生，常常在 $(NPSH)_c$ 的基础上加上一个安全余量作为允许汽蚀余量而载入泵的产品样本中，即

$$[NPSH] = (NPSH)_c + 0.3 \quad (2-23)$$

也有采用：

$$[NPSH] = (1.1 \sim 1.3)(NPSH)_c \quad (2-24)$$

3. [NPSH] 与 $[H_g]$ 的关系

用 $[H_g]$ 代替 H_g，用 [NPSH] 代替 $(NPSH)_a$，代入 $(NPSH)_a = \frac{p_e - p_V}{\rho g} - H_g - \sum h_s$，可得到计算泵允许几何安装高度的另一表达式：

$$[H_g] = \frac{p_e - p_V}{\rho g} - [NPSH] - \sum h_s \quad (2-25)$$

式（2-25）与

$$[H_g] = [H_s] - \frac{v_s^2}{2g} - \sum h_s$$

比较，两者具有相同的实用意义，所不同的是：使用式（2-25）不需要进行修正，只要把使用地点条件下的参数值直接代入即可。

五、防止泵发生汽蚀的措施

1. 提高泵本身的抗汽蚀性能

(1) 采用双吸式叶轮，降低入口流速。如国产 125MW 和 300MW 汽轮发电机组的给水泵首级叶轮均采用双吸式。

(2) 设计制造合理的水泵叶轮进口形状和尺寸。

(3) 采用抗汽蚀性材料。一般来说，材料的强度高、韧性好、硬度高、化学稳定性好，则其抗汽蚀性能也好，同时高硬度和高弹性的材料抗剥蚀能力也较强，国外推荐低碳铬镍合金钢，如 13Cr4N 作为在汽蚀状态下工作的水力机械材料，具有较好的抗剥蚀性能。在生产现场，对于因受使用和安装条件等的限制而易于发生汽蚀的泵，应采用抗汽蚀性能好的材料制成叶轮，或将这类材料喷涂在泵壳、叶轮的流道表面上，以便延长叶轮的使用寿命，如高压给水泵广泛采用各种等级的铬不锈钢，目前国外认为满意的材料是含铬 17%、镍 4%的马氏体沉淀硬化不锈钢。

(4) 叶轮表面涂层。目前，在叶轮表面采用金属或非金属涂层也是一种性价比较高的防汽蚀方法。常用的非金属涂料有环氧树脂、尼龙粉、聚氨酯等；金属或合金涂料有不锈钢焊条堆焊、合金粉末喷焊等。

2. 提高吸入系统装置的抗汽蚀性能

(1) 减小吸入管路的流动损失。因为该项损失越大，水泵进口处的压力降低也越多，水就更易于汽化。因此要尽量缩短吸水管的长度，减少管路上的附件，管内壁要光滑和适当加大吸水管直径等。

(2) 正确确定泵的几何安装高度。具体方法见上述内容。

(3) 采用诱导轮。诱导轮是与主叶轮同轴安装的一个类似轴流式的叶轮，如图 2-61 所示。叶片是螺旋形的，叶片安装角小，流道宽而长，从而改善了泵的汽蚀性能。当液体流过诱导轮时，其加压和强制预旋将降低入口流速；其轴向流道宽而长，汽泡进入流道后，只能沿其外缘运动，因压力升高导致汽泡溃灭，限制汽泡的增长，不致使阻塞整个流道。所以目前国产火力发电厂大型凝结水泵一般都装有诱导轮。

(4) 采用双重翼叶轮。双重翼叶轮是设置了前置叶轮的叶轮，结构示意图见图 2-62。该类叶轮的轴向尺寸小，结构简单，克服了诱导轮与主叶轮配合不好的问题。

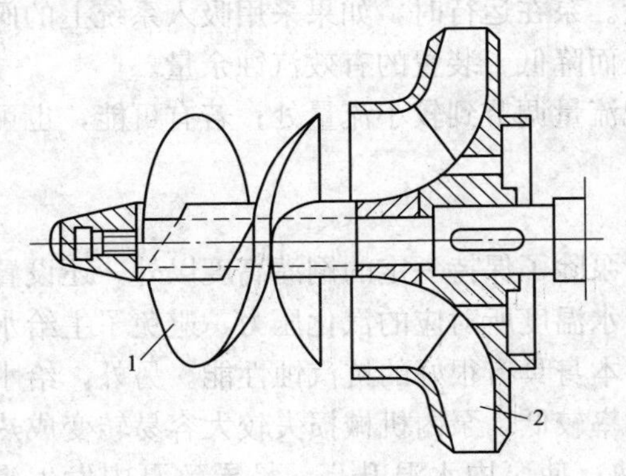

图 2-61　带有诱导轮的离心泵

1—诱导轮；2—离心叶轮

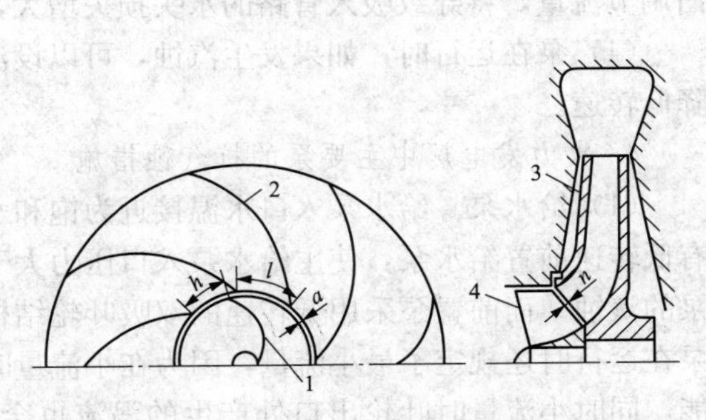

图 2-62　双重翼叶轮

1—前置叶片；2—主叶片；3—主叶轮；4—前置叶轮

（5）采用超汽蚀泵。在主叶轮之前装一个类似于轴流式的超汽蚀叶轮（见图 2－63），叶轮采用了薄而尖的超汽蚀翼型叶片，可以在整个翼型叶片背面诱发一种固定型的汽泡，从而保护了叶片，避免汽蚀，并在叶片后部溃灭损坏叶片。

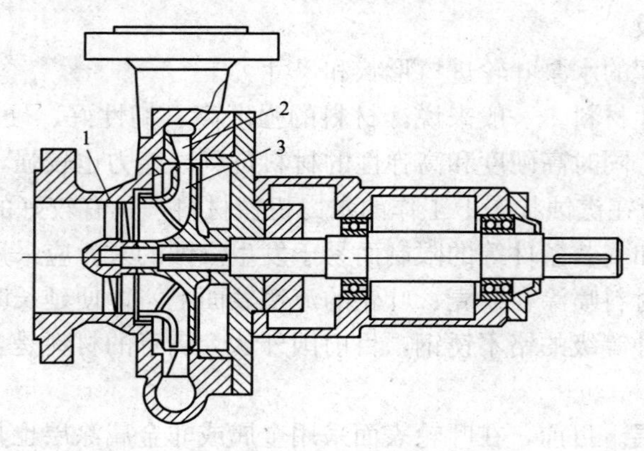

图 2－63　超汽蚀泵

1—超汽蚀叶轮；2—导叶；3—离心叶轮

（6）设置前置泵。在火力发电厂中，随着单机容量的提高，锅炉给水泵的温度和转速也大幅升高，从而导致泵入口的有效汽蚀余量升高，使得除氧器的安装高度增加，造成除氧器安装困难且不经济。为了降低除氧器的安装高度，国内外对大容量的锅炉给水泵，广泛采用在其前设置低速前置泵的方法。前置泵转速低，且具有较好的抗汽蚀性能，给水经前置泵升压后再进入给水泵，相当于提高了吸入池液面的压强水头 $p_e/\rho g$，提高了泵的有效汽蚀余量，改善了给水泵的抗汽蚀性能。

3. 运行中防止汽蚀现象发生的原则

（1）规定首级叶轮的汽蚀寿命。运行中一般不能因为给水泵或凝结水泵汽蚀而导致停机，为了避免因汽蚀而发生泵的重大损坏事故，火力发电厂应规定首级叶轮的汽蚀寿命，到时予以更换。

（2）泵应在规定转速下运行。泵在超过规定的转速下运行，根据泵的汽蚀相似定律可知，当转速增加时，泵的必需汽蚀余量成平方增加，则泵的抗汽蚀性能将显著降低。

（3）不允许用泵的吸入系统上的阀门调节流量。泵在运行时，如果采用吸入系统上的阀门调节流量，将导致吸入管路的水头损失增大，从而降低了装置的有效汽蚀余量。

（4）泵在运行时，如果发生汽蚀，可以设法把流量调节到较小流量处；若有可能，也可降低转速。

4. 火力发电厂中主要泵的抗汽蚀措施

（1）给水泵。给水泵入口水温接近为饱和水，泵除了保持一定的倒灌高度以外，还设置有低转速前置给水泵，使主给水泵入口压力大于给水温度所对应的汽化压力，避免了主给水泵的汽蚀。而前置泵采用低转速的双吸叶轮结构，本身具有很好的抗汽蚀性能。另外，给水泵在运行时还规定了最小流量，因为在小流量时效率较低，泵内机械损失较大容易转变成热能，同时小流量时叶轮出口处产生的涡流也会发热，使泵内水温升高，易导致泵内发生汽蚀，所以正常运行时流量会大于允许最小流量。

（2）凝结水泵。采用前置诱导轮，且首级叶轮的直径比次级吸入口直径大，同时使首级叶轮充分淹没于水中，不容易产生汽蚀。另外还在圆筒体进水管的上方开有一个小孔，使其与凝汽器抽汽侧相通，这样可使该处保持与凝汽器压力相同，避免吸入的凝结水因压力降低而汽化。

（3）循环水泵。由于泵吸入口深埋在水中，不容易汽蚀，该泵的抗汽蚀性能较好。

（4）炉水循环泵。由于入口压力较高，该泵不容易产生汽蚀。

5. 泵汽蚀的原因及处理方法

泵汽蚀的原因及处理方法见表 2－5。

表 2－5　泵汽蚀的原因及处理方法

汽 蚀 原 因	处 理 方 法
取水口水位下降	改变泵的安装高度，降低取水高度
吸水管路堵塞，或进口阀未开启	清除杂物，保持吸水流道畅通，开启进口阀
原设计不合理，进水阻力大	改造吸水管路，降低吸水高度
泵的倒灌高度不够	增加正压进水泵的倒灌高度
水温过高，超过吸入口压力对应的饱和温度	降低进口水温
出口阀开度太小	开大出口阀或投入再循环
变速泵转速过高	保持泵转速在负荷要求范围内

【例 2－2】 在海拔 500m 某地安装一台水泵，其输水量 $q_V=135\text{L/s}$，输送水温 $t=30℃$，该泵样本上提供的允许吸上真空高度 $[H_s]=5.5\text{m}$，吸水管内径 $d=250\text{mm}$，设吸入管路总损失 $\sum h_s=0.878\text{m}$。求 $[H_g]$ 应为多少？

解 由表 2－3 查得海拔 500m 时大气压强 $p_a=9.51\times10^4\text{Pa}$，由表 2－4 查得水温为 $t=30℃$时的饱和蒸汽压强 $p_V=4246.0\text{Pa}$。查表得 30℃ 水的密度 $\rho=995.6\text{kg/m}^3$。由式（2－13）得修正后的吸上真空高度为：

$$
\begin{aligned}
[H_s]' &= [H_s]+\frac{p_a-p_V}{\rho g}-(10.33-0.24)\\
&= 5.5+\frac{9.51\times10^4-4246.0}{995.6\times9.806}-(10.33-0.24)\\
&= 4.67(\text{m})
\end{aligned}
$$

又因为：

$$
v_s=\frac{q_V}{A}=\frac{4q_V}{\pi d^2}=\frac{4\times135\times10^{-3}}{3.14\times0.25^2}=2.752(\text{m/s})
$$

$$
\frac{v_s^2}{2g}=\frac{2.752^2}{2\times9.806}=0.385(\text{m})
$$

所以，泵的几何安装高度应为：

$$
\begin{aligned}
H_g \leqslant [H_g] &= [H_s]'-\frac{v_s^2}{2g}-\sum h_s\\
&= 4.67-0.385-0.878=3.41(\text{m})
\end{aligned}
$$

【例 2－3】 有一单吸单级离心泵，流量 $q_V=68\text{m}^3/\text{h}$，$(\text{NPSH})_c=2\text{m}$，从封闭容器中抽送温度为 40℃清水，容器中液面压强为 8.829kPa，吸入管路阻力为 0.5m，试求该泵的允许几何安装高度是多少？水在 40℃时的密度为 992kg/m^3。

解 [NPSH] = (NPSH)$_c$+0.3=2+0.3=2.3 (m)

查附录Ⅳ得40℃的水相对应的饱和蒸汽压强为 p_V=7374Pa，于是由式（2-25）可得：

$$[H_g]=\frac{p_e-p_V}{\rho g}-[\text{NPSH}]-\sum h_s$$
$$=\frac{8829-7374}{992\times 9.806}-2.3-0.5=-2.65(\text{m})$$

计算结果 $[H_g]$ 为负值，故该泵的叶轮进口中心应在容器液面以下2.65m。

能力训练

1. 何谓汽蚀现象？汽蚀现象产生的原因是什么？它对泵的工作有何危害？
2. 为什么泵要求有一定的几何安装高度？在什么情况下出现倒灌高度？
3. 电厂的给水泵及凝结水泵为什么都安装在给水容器的下面？
4. 何谓有效汽蚀余量 Δh_a 和必需汽蚀余量 Δh_r？二者有何关系？
5. 为什么目前多采用汽蚀余量来表示泵的汽蚀性能，而较少用吸上真空高度来表示？
6. 提高转速后，对泵的汽蚀性能有何影响？
7. 汽蚀余量与几何安装高度有何关系？
8. 提高泵的抗汽蚀性能可采用哪些措施？基于什么原理？
9. 火力发电厂中防止泵发生汽蚀的原则是什么？
10. 描述火力发电厂中常见泵防止汽蚀发生采取的措施。

11. 除氧器内液面压力为 117.6×10^3 Pa，水温为该压力下的饱和温度104℃，用一台六级离心式给水泵，该泵的允许汽蚀余量 $[\Delta h]$ =5m，吸水管路流动损失水头约为1.5m，求该水泵应装在除氧器内液面以下多少米？

12. 有一台单级离心泵，在转速 n=1450r/min时，流量为2.6m^3/min，该泵的汽蚀比转数 c=700。现将这台泵安装在地面上进行抽水，求吸水面在地面以下多少米时发生汽蚀？设：水面压力为98066.5Pa，水温为80℃（80℃时水的密度 ρ=971.4kg/m^3），吸水管内流动损失水头为1m。

13. 有一吸入口径为600mm的双吸单级泵，输送20℃的清水时，q_V=0.3m^3/s，n=970r/min，H=47m，汽蚀比转数 c=900。试求：

（1）在吸水池液面压力为大气压力时，泵的允许吸上真空高度 $[H_s]$ 为多少？

（2）该泵如用于在海拔1500m的地方抽送 t=40℃的清水，泵的允许吸上真空高度 $[H_s]$ 又为多少？

14. 在泵吸水的情况下，当泵的几何安装高度 H_g 与吸入管路的阻力损失之和大于 6×10^4 Pa时，发现泵刚开始汽化。吸入液面的压力为 101.3×10^3 Pa，水温为20℃，试求水泵装置的有效汽蚀余量为多少？

15. 有一台吸入口径为600mm的双吸单级泵，输送常温水，其工作参数为：q_V=880L/s，允许吸上真空高度为3.2m，吸水管路阻力损失为0.4m，试问该泵装在离吸水池液面2.8m高处时，是否能正常工作？

16. 有一台疏水泵，疏水器液面压力等于水的饱和蒸汽压力，已知该泵 $[\Delta h]$=0.7m，吸水管水力损失为0.2m，试问该泵可安装在疏水器液面以下多少米？$[H_g]=-[\Delta h]-h_w$

任务六 泵的型号

任务目标

1. 知识目标

(1) 掌握泵的型号类型；

(2) 掌握离心泵、轴流泵、混流泵型号中的异同点。

2. 能力目标

(1) 熟练识读常见叶片泵的型号说明；

(2) 能根据叶片泵的型号判断出泵的类型、工作性能及工作场合等信息。

(3) 熟练指出常见叶片泵的性能及结构特点。

学习情境引入

对不同类型的泵，根据其口径、性能、结构等不同情况分别编制了不同的型号。型号实际上就是一台具体泵的代号，它包含了很多关于该台泵的信息，使用者通过泵的型号，可以方便获取泵的类型和某些性能。

任务分析

随着泵生产的规模化和标准化，泵的型号越来越规范。本任务先从叶片泵常见的三段式表达方式入手，分别介绍了泵的型号表示方法；接着以表格汇总的方法将常见的叶片泵型号及说明标注在表中，方便大家查找和学习；最后举例对火力发电厂常见的泵型号做出说明。

知识准备

型号是一台泵的代号，既表示了泵的类型和某些性能，也是泵的一种简单称呼方法。使用者必须了解泵的型号，方能正确进行泵的选型配套。

离心泵、轴流泵和混流泵的型号一般由三段组成，其表示方法如下：

××—××—××

第一段代号表示泵的吸入口径或泵的流量代号，但在轴流泵上则是压出口径。国际单位为mm，也有以in表示的，即吸入口径直接被25除后的整数值。因为吸入口径一般可反映水泵流量的大小，所以有些泵的第一段代号也可直接用流量来表示。

第二段代号表示泵的基本结构、特征、用途及材料等。代号大多数是以泵的结构名称中汉语拼音字母的首字母来表示，少数以牌号表示。

第三段代号表示泵的比转数或泵的扬程。对单级泵直接以数字表示单级扬程；多级泵在单级扬程后面的数字表示级数，并以乘号连接，总扬程是单级扬程与级数的乘积。有些老产品第三段代号表示泵的比转数被10除的整数值。

第三段代号的末尾有时附有代号，以表示泵的变型产品。比如将叶轮直径缩小，一般用大写字母A、B、C等表示。

为了识别并选用泵，通常以“铭牌”的形式，将泵的型号、规格、性能等标于泵体上。

另外，在生产泵的厂家提供的样本或产品说明书上均可以见到泵的型号。

因为叶片式泵种类繁多，规格各异，现根据泵的最新国家标准，将目前可以选用的部分水泵的型号及其说明列于表 2-6 中。

表 2-6　　叶片泵的型号及其说明

水泵种类		型号举例	说明
离心泵	IS、IB、IH、IR 型单级单吸离心泵	IS65-50-160A	IS——采用国际标准的单级单吸离心泵； 65——吸入口直径（mm）； 50——排出口直径（mm）； 160——叶轮名义直径（mm）； A——叶轮经第一次切割
	自吸式离心泵	ZN23.5-40	Z——自吸离心泵； N——内混式（外混式不标记）； 23.5——泵的流量（m^3/h）； 40——泵的扬程（m）
	单级双吸离心泵	150S78A	150——泵进口直径（mm）； S——单级双吸离心泵（从驱动端看顺时针转）； 78——泵的扬程（m）； A——泵的叶轮已经切削了一挡； 注：这里的型号是根据双吸泵的最新国家标准来命名的，下同
		250Sh54B	250——泵进口直径（mm）； Sh——单级双吸离心泵（从驱动端看逆时针转）； 54——泵的扬程（m）； B——泵的叶轮已经切削了二挡
	多级离心泵	D46-30×10	D——多级清水离心泵； 46——泵的流量（m^3/h）； 30——单级扬程（m）； 10——叶轮的级数
		DG46-50×12	DG——多级锅炉给水离心泵； 46——泵的流量（m^3/h）； 50——单级扬程（m）； 12——叶轮的级数
		DW40-8×2-F	DW——小型多级卧式离心泵； 40——泵的进口直径（mm）； 8——单级扬程（m）； 2——叶轮的级数； F——全不锈钢（普通型不标记）
	管道式离心泵	40GF32	40——泵入口、出口直径（mm）； G——管道式离心泵； F——耐腐蚀泵（清水不标记，R 为热水泵）； 32——泵的扬程（m）
	深井泵	100JC10-3.8×13	100——泵适用的最小井径（mm）； JC——长轴深井泵

续表

水 泵 种 类		型号举例	说 明
混流泵	大型立式混流泵（可抽出式、蜗壳式、半调节）	1800HLCWB-16	1800——泵的出口直径（mm）； HL——混流，立式； C——可抽出式（不可抽出式不标记）； W——蜗壳式（导叶式不标记）； B——半调节（Q为全调节）； 16——泵的扬程（m）
	立式混流泵（立式、半调节）	LHB8.5-40	LH——立式混流； B——半调节； 8.5——流量（m^3/s）； 400——比转数
	大型立式混流泵（不可抽出式、导叶式、全调节）	1800HLQ-16	1800——泵的出口直径（mm）； HL——混流，立式； Q——全调节（B为半调节）； 16——泵的扬程（m）
轴流泵	大型轴流泵	900ZLB2.4-4	900——泵的出口直径（mm）； ZL——轴流立式（立式轴流泵）； B——半调节（Q为全调节）； 2.4——泵的流量（m^3/h）； 4——泵的扬程（m）
	贯流泵	3100ZGQ31.5-4.5	3100——泵的出口直径（mm）； ZG——轴流贯流式（贯流式轴流泵）； Q——全调节； 31.5——泵的流量（m^3/h）； 4.5——泵的扬程（m）

举例：

(1) 80D12×3型号意义为：80表示吸入口直径为80mm，D12表示单级扬程为12m，总扬程为12×3=36（m），3级分段式多级离心泵。

(2) DG46-30×5型号意义为：卧式、单吸多级分段式锅炉给水泵，设计工作点流量为46m^3/h，设计工作点单级扬程为30m，级数为5级。

(3) IS125-100-200A型号意义为：IS为单级单吸离心泵，125表示吸入口直径为125mm，100表示泵的排出口直径为100mm，200表示泵叶轮名义直径为200mm，A表示泵的叶轮经过第一次切割。

能力训练

1. 泵的型号有何作用？

2. 写出三段式泵型号各段的意义。

3. 写出下列泵的型号意义：2BL-6A、IS80-65-160、DG46-30×5、DG500-180。

任务七 泵的工作点

任务目标

1. 知识目标

(1) 掌握泵的工作点、工况点、最佳工况点、关死点等相关概念；

(2) 熟练掌握泵的性能曲线类型及包含的意义；

(3) 掌握管路特性曲线的绘制方法，熟练分析影响管路特性曲线的因素，为泵的调节提供理论分析依据；

(4) 掌握泵工作点的确定方法。

2. 能力目标

(1) 能熟练识读常见泵的性能曲线，并能根据性能曲线的走向判断泵的性能特点和应用场合；

(2) 能绘制连接泵的管路特性曲线；

(3) 能熟练描述影响工作点的因素。

学习情境引入

泵在运行过程中输送液体的流量、扬程、消耗的轴功率等不仅仅取决于泵设备本身，还和连接泵的管路系统密切相关，如何确定泵的工作点是本任务的重点。

任务分析

本任务从泵的性能曲线入手，接着介绍连接泵的管路特性曲线，最后依据能量的收支平衡关系得出泵的工作点的确定方法。

知识准备

泵在运行过程中输送的液体流量、扬程、消耗的轴功率等如何确定？前面我们已经对泵的性能参数进行了讨论，知道了每一个参数的意义及自身的变化规律，其数值的大小在设计工况下有一组固定的数值，但在实际运行中，随着外界条件的变化，要求其参数作相应变化，特别是流量。按照前述知识的学习，运行时上述性能参数不仅仅取决于泵设备本身，还和连接泵的管路系统密切相关。

一、泵的性能曲线

泵工作时的扬程、功率和效率等主要性能参数并不是固定的，而是随泵流量的变化而变化，用试验的方法测出有关工作参数，再绘出其关系曲线，用曲线反映它们之间的内在联系和变化规律，这种关系曲线称为泵的性能曲线。针对不同的用途，性能曲线在内容和形式上有所不同，为此可将水泵的性能曲线分为基本性能曲线、相对性能曲线、通用性能曲线、综合性能曲线和全性能曲线五种。

基本性能曲线就是在一定转速（铭牌上标为额定转速）下的流量-扬程（q_V-H）曲线、流量-功率（q_V-P）曲线、流量-效率（q_V-η）曲线，以及流量-允许吸上真空高度或必需汽蚀余量（q_V-［H_s］或 q_V-NPSH）曲线的总称，如图 2-64 所示。上述曲线中，尤以 q_V-H 性能曲线为最重要。对应于每一给定的流量，就有一定的扬程、功率和效率，它表征着泵的工作状况，简称工况。工况在基本性能曲线上表示为某点，该点称为工况点。泵的基本性能曲线由无数个工况点组成。对应于最高效率下的工况称为最佳工况，最高效率处的工况点称为最佳工况点。最佳设计和选用水泵时，意在力求设计和选用的工况能与最佳工况重合，或落在最佳工况附近，与之相差不远。

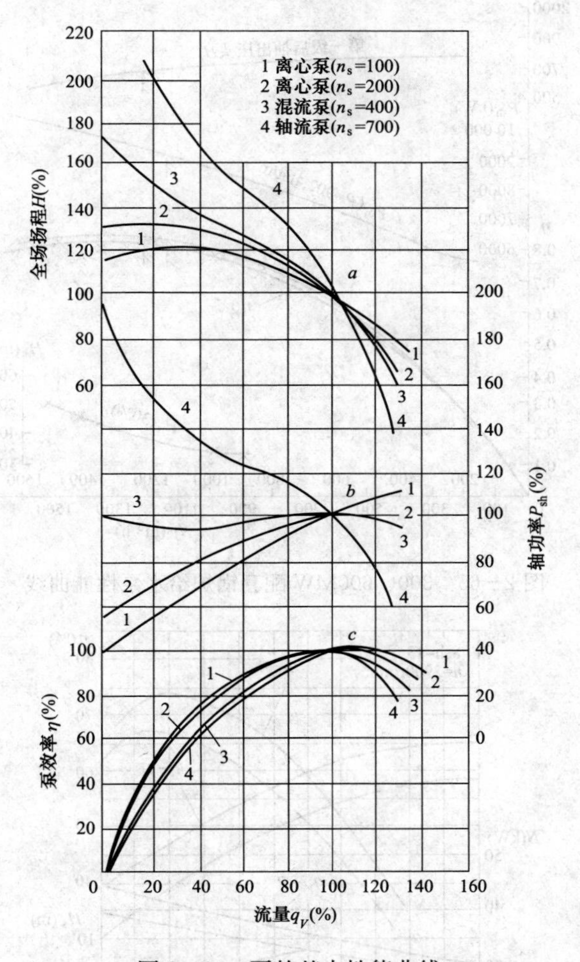

图 2-64　泵的基本性能曲线

每台水泵均可通过水泵试验绘出这组曲线。在水泵的产品样本或产品说明书上，可查出该组曲线。为了用户方便地选择泵的有效工作范围，有些水泵厂家在 q_V-H 曲线上用波纹线标注出该水泵应用时的流量和扬程范围，该范围一般是水泵运行的高效工作区。图 2-65 为与 300、600MW 机组配套用的锅炉给水泵的性能曲线。

下面以 8sh-13 型离心式给水泵为例，其性能曲线如图 2-66 所示，分析设备的特点。

(1) 在性能曲线上，每一流量 q_V都对应着扬程 H、功率 N、效率 η 等性能参数值，构成一个工况点。所以性能曲线是由无数工况点组成，最高效率点对应的工况点称为最佳工况点，一般与设计工况点相重合。泵的实际运行工况点称为工作点，工作点在运行中是可以变

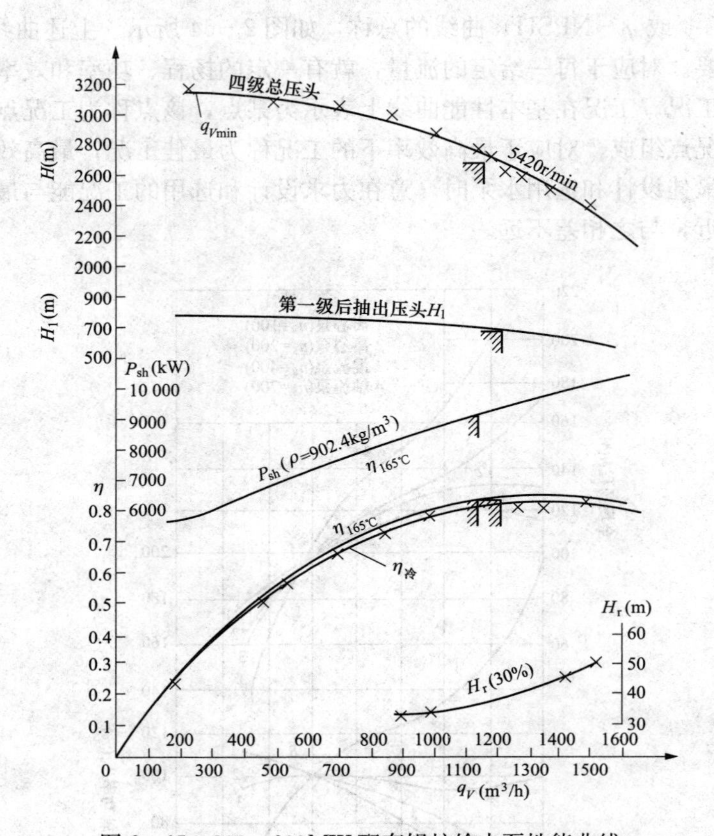

图 2－65　300、600MW 配套锅炉给水泵性能曲线

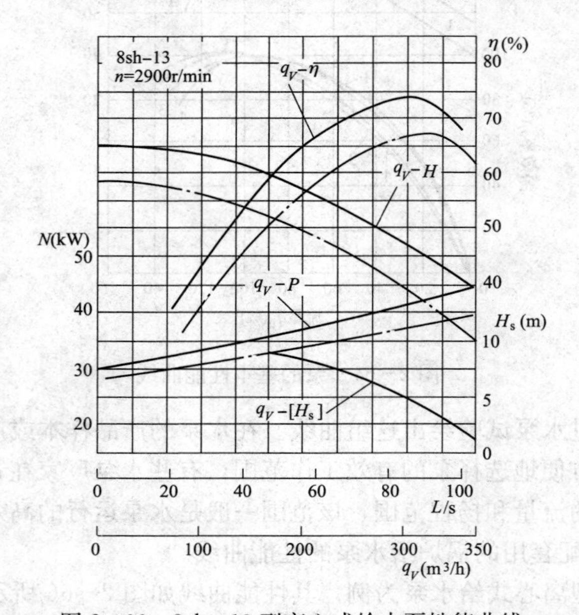

图 2－66　8sh－13 型离心式给水泵性能曲线

化的，但是某一时刻只有一个。

（2）最佳工况点所对应的一组参数即是泵铭牌上所标出的数值，是泵运行最经济的一个

工作点，在该点左右的一定范围内（一般不低于最高效率的 5%～8%）都属于效率较高的区段。在选择泵时，应使泵所要求的扬程和流量都在高效段的范围内。

(3) q_V-P 曲线对于离心式泵来说，是一条向上倾斜的曲线。随着 q_V 的减小，轴功率 P 相应减小，在 $q_V=0$ 时，轴功率最小，称为空载功率。此功率主要消耗于泵的机械损失上，部分用于容积损失，所以空载功率并不等于零，而是转化为热能，造成泵内损失，结果导致壳内液体温度升高。泵壳、轴承发热，易产生汽蚀，严重时还可造成泵壳变形，因此离心泵在运行时应避免在 $q_V=0$ 的情况下长时间运行。另外，空载功率一般仅为设计轴功率的30%左右，这对于电动机轻载启动的要求是有利的。所以离心泵的启动都是采用“闭闸启动”的方式，离心泵应关闭出口阀门启动，待电机运转正常，压力表读数达到预定数值后，再逐步开启阀门等，使离心泵投入正常运行。但是轴流式泵的 q_V-P 曲线却是一条向下倾斜的曲线，即随着 q_V 的增加，轴功率 P 相应减少，在 $q_V=0$ 时，轴功率最大，大约为额定工作点轴功率的 140%，所以轴流式泵应采用“开闸启动”。

二、管路特性曲线

流体在管路系统中流动时，需要足够的能量克服管路系统损失、高差等，并提供合理的运动动能，将表示管路所需外加能头与流量之间关系的曲线，称为管路特性曲线。如图 2-67所示。

按照流体运动能量方程式，可以推证，连接泵的吸入管路和压出管路组成的管路系统，所需能头与输送流量间的关系式如下：

$$H_c = H_z + \frac{p''-p'}{\rho g} + \sum h_w = H_{st} + \varphi q_V^2 \quad (2-26)$$

式中 H_c——管路外加能头，m；

H_z——管路克服的位能头，m；

$\frac{p''-p'}{\rho g}$——管路克服的压能头，m；

$\sum h_w$——管路克服的损失，m；

H_{st}——管路系统的静能头，m；

φ——管路阻力系数；

q_V——管路流量，m^3/s。

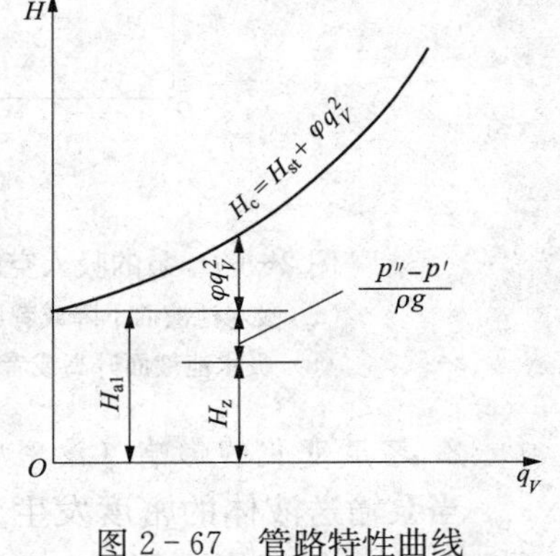

图 2-67 管路特性曲线

三、工作点

输送液体是靠泵和管路相互配合完成的，两者处在同一体系中，两者的流量和扬程必须一致。如果将两者的曲线（泵的性能曲线和管路特性曲线）画在同一张坐标纸上，两条曲线必然有一个交点 C，泵在这一点工作时，既满足了管路系统的需要，又符合泵参数变化的需求，即在 C 点处，通过泵和管路的流量均为 q_{VC}，此时泵提供的能量 H_C 恰好是管路系统所需要的扬程 H_C，能量“收支平衡”。工作点 C 如图 2-68 所示。

四、泵与风机运行工况点变化的影响因素

1. 泵的吸入空间（压出空间）的压强（液位高度）变化的影响

受工作条件的影响，当吸水池液面下降或者压水池液面升高，压水池液面压强增大或者吸水池表面压强下降时，均会使管路的静压头系统 H_{st} 增大，这是因为：

$$H_{st} = H_z + \frac{p''-p'}{\rho g}$$

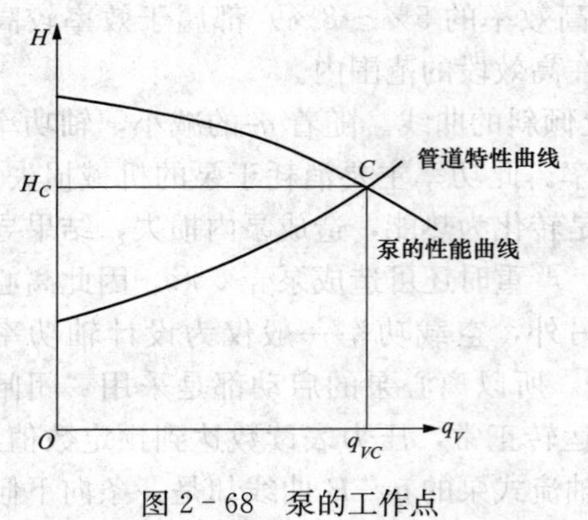

图 2-68　泵的工作点

此时，管路特性曲线的斜率不变，静压头增加，管路特性曲线及工作点的变化情况如图 2-69 (a) 所示：图中的实线为条件变化前的管路特性曲线，条件变化后，管路特性曲线向上平移至虚线所示，工作点由 M 点沿泵的性能曲线移动到M'点；当吸水池液面升高或者压水池液面下降，压水池液面压强减小或者吸水池表面压强增大时，管路特性曲线及工作点的变化情况如图 2-69 (b) 所示，工作点由 M 点沿泵的性能曲线移动到M'点。

由此可以得出结论：泵的吸入空间或压出空间的压强或液位高度变化时不影响泵与风机本身性能，但是会影响管路系统的性能。

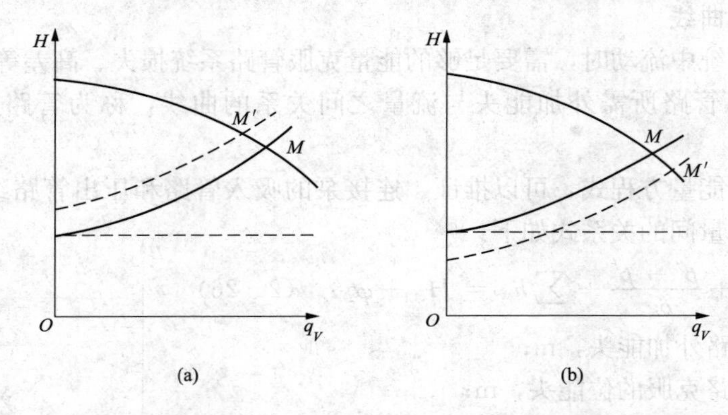

图 2-69　泵的吸入空间（压出空间）的压强（液位高度）变化对工作点的影响

(a) 吸水池液面下降或者压水池液面升高；压水池液面压强增大或者吸水池表面压强下降；

(b) 吸水池液面升高或者压水池液面下降；压水池液面压强减小或者吸水池表面压强增大

2. 密度变化的影响（设密度下降为原来的 1/2）

当泵输送液体的密度发生变化，比如油泵输送的油因升温致使其密度下降时，在其他条件不变的情况下，此时泵的工作性能曲线不会发生变化，但是连接泵的管路特性曲线变化，因为 $H_{st}=H_z+\dfrac{p''-p'}{\rho g}$ 静压头增大，管路特性曲线及工作点的变化情况如图 2-70 所示：图中的实线为密度变化前的管路特性曲线，密度下降后，管路特性曲线上移至虚线所示，工作点由 M 点沿泵的性能曲线移动到M'点。

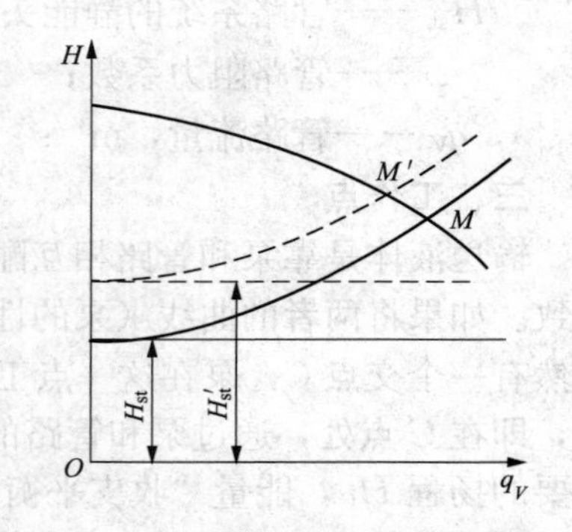

图 2-70　液体密度对工作点的影响

3. 流体含固体杂质时运行工况点的变化

当流体含有固体杂质时，流体的密度和浓度增加，流动阻力增大，影响泵的性能曲线和管道特性曲线。流体密度和浓度的增加幅度与固体杂质颗粒的大小有关：颗粒大时，产生颗粒间碰撞以及颗粒与管壁、流道间的碰撞与摩擦，导致流动阻力增加；颗粒小且分布均匀时，流动阻力损失则相对增加较小。图 2－71 即为水泵含有固体杂质时工作点的变化情况。由图中可以看出，当液体中含有固体杂质时，不仅泵的性能曲线发生变化，而且连接泵的管路系统也发生变化，清水泵中含有固体杂质将会使得泵的输送流量下降，扬程降低，功率消耗增加，泵的运行效率下降。

此外，流体的黏性变化，管路的积垢、积灰、结焦、泄漏、堵塞等都会影响泵的运行工况点。

【例 2－4】 某电厂循环水泵的 q_V-H、q_V-η 曲线，如图 2－72 中的实线所示。试根据下列已知条件绘制循环水管道系统的性能曲线，并求出循环水泵向管道系统输水时所需的轴功率。

已知：管道的直径 d=600mm，管长 l=250m，局部阻力的等值长度 l_e=350m，管道的沿程阻力系数 λ=0.03，水泵房进水池水面至循环水管出口水池水面的位置高差 H_z=24m（设输送流体的密度 ρ=998.23kg/m³，进水池水面压强和循环水管出口水池水面压强均为大气压）。

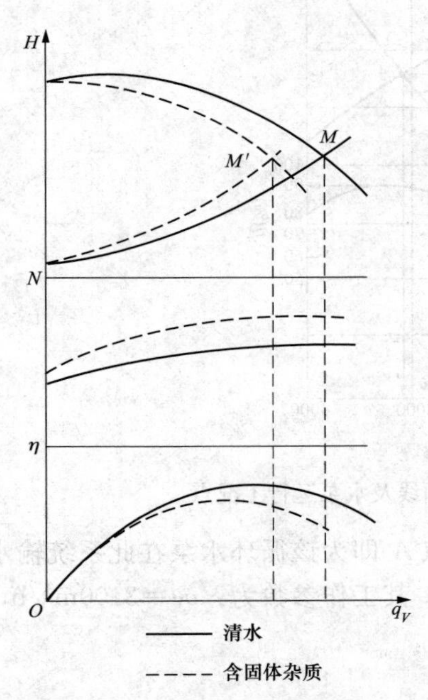

图 2－71　流体含固体杂质时对工作点的影响

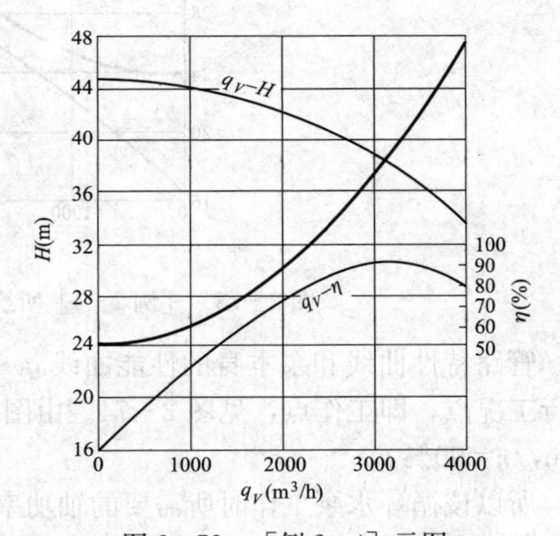

图 2－72　［例 2－4］示图

解　由已知条件可知，需要先确定连接泵的管路特性曲线。

由流体力学可知，当考虑了局部阻力的等值长度后，管道系统的计算长度 l_0 为：

$$l_0 = l + l_e = 250 + 350 = 600\ (\text{m})$$

所以，为克服流动阻力而损失的能量为

$$\sum h_w = \lambda \frac{l_0}{d} \frac{\left(\dfrac{q_V}{\pi d^2/4}\right)^2}{2g} = \lambda \frac{8l_0}{g\pi d^5} q_V^2 = 0.03 \times \frac{8 \times 600}{9.806 \times 3.14 \times 0.6^5} q_V^2 = 19.16 q_V^2$$

由于吸水池液面压强和循环水管出口处水池液面压强均为大气压，即 $\dfrac{p''-p'}{\rho g} = 0$，则

管路系统性能曲线方程为

$$H_c = H_z + \sum h_w = 24 + 19.16q_V^2$$

上式中流量的单位是 m^3/s，而性能曲线图上流量的单位为 m^3/h，故必须换算后方能代入管路性能曲线方程中。根据计算结果，列出管路特性曲线上的对应点如表 2－7 所示。

表 2－7 管路特性曲线上的对应点

q_V	m^3/h	0	1000	2000	3000	4000
	m^3/s	0	0.278	0.556	0.833	1.111
H_c	m	24	25.48	29.91	37.31	47.65

由表 2－7 中数据即可绘制出管路特性曲线，如图 2－73 所示。

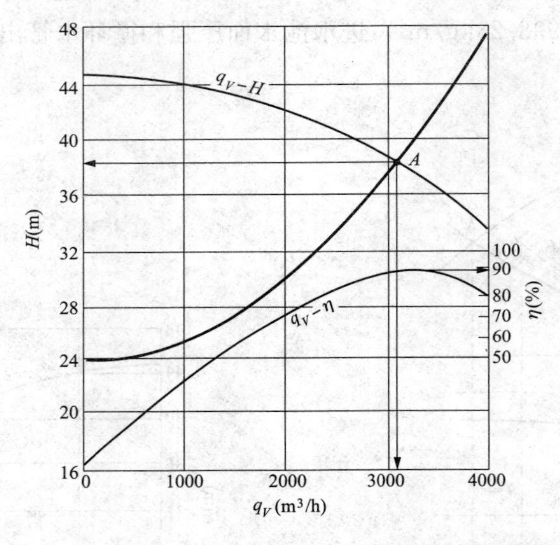

图 2－73 ［例 2－4］所绘管路特性曲线及水泵运行工况点

管路特性曲线和泵本身的性能曲线 q_V-H 的交点 A 即为该循环水泵在此系统输水时的运行工况点，即工作点，见图 2－74。由图不难查出，其工作参数为：$q_V=3100m^3/h$，$H=38m$，$\eta=90\%$。

所以该循环水泵工作时所需要的轴功率为

$$P_{sh} = \frac{\rho g q_V H}{10^3 \eta} = \frac{998.23 \times 9.806 \times 3100 \times 38}{1000 \times 0.9 \times 3600} = 356(\text{kW})$$

能力训练

1. 什么是泵的工作点？如何确定泵的工作点？
2. 什么是泵的性能曲线？包含哪些曲线？
3. 什么是管路特性曲线？如何绘制管路特性曲线？
4. 影响工作点的因素有哪些？
5. 什么是最佳工况点？对工程有何指导意义？

任务八 泵的联合运行

任务目标

1. 知识目标

(1) 掌握泵的联合运行方式（串联和并联）；

(2) 掌握泵串联运行的应用场合和特点；

(3) 掌握泵并联运行的应用场合和特点。

2. 能力目标

(1) 熟练绘制泵串联工作的性能曲线及工作点，熟练分析泵串联工作前、后性能的变化规律；

(2) 熟练绘制泵并联工作的性能曲线及工作点，熟练分析泵并联工作前、后性能的变化规律；

(3) 熟练分析泵的联合工作要求及注意事项。

学习情境引入

生产现场经常用到两台或两台以上的泵联合在一起工作的情况，按照工作要求不同，常见的泵的联合工作有串联和并联两种，泵的串联与并联工作有何特点？各应用于何种场合？联合工作后工作点如何确定？上述问题都在本任务中解决。

任务分析

按照泵的工作要求不同，生产现场常会用到两台或两台以上的泵联合工作，本任务分别从联合工作场所、联合工作后泵性能的变化特点、联合运行需要注意事项等方面分别介绍了泵的串联工作和并联工作。

知识准备

现场经常用到两台或两台以上的泵联合在一起工作的情况，其工作方式有串联工作与并联工作两种形式。

一、泵的串联工作

泵的串联工作是指依次通过两台或两台以上的泵来提高流体能量、输送流体的工作方式，见图 2-74。一般来说，泵串联运行的主要目的是提高扬程，但实际应用中还有安全、经济的作用。

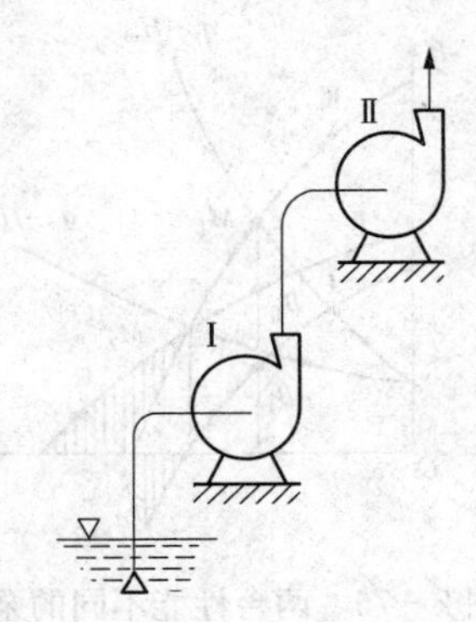

图 2-74 泵的串联工作

通常在下列情况下采用这种工作方式：

(1) 设计与制造一台高扬程泵困难较大时；

(2) 在改建或扩建工程中，原有泵的扬程不足时；

(3) 工作中需要分段升压，如 300、600MW 大型机组配套用的高速主给水泵，为防止汽蚀而设置前置泵先行升压时。

泵在串联运行时，串联各泵所输送的流量均相等，而串联后的总扬程为串联各泵所产生的扬程之和，即

$$H_{\Sigma} = \sum_{i=1}^{n} H_i \tag{2-27}$$

$$q_{V\Sigma} = q_{Vi} \quad \text{（忽略泄漏流量）}$$

由此可以得出泵串联后的性能曲线的作法：把串联各泵的性能曲线 q_V-H 上同一流量点的扬程值相加。如图 2-75（b）所示即为两台性能完全相同的泵串联工作时，泵的性能曲线及工作点的绘制。Ⅰ、Ⅱ为两条重合的泵的性能曲线，Ⅲ为两台性能相同泵的串联性能曲线，M 点为泵串联后的工作点，此时串联泵向管路系统提供 q_{VM} 的流量和 H_M 的扬程；B 点为串联后每一台泵的工况点，由图中可以看出，此时每台泵向管路系统提供 q_{VM} 的流量和 H_B 的扬程；C 点为单台泵工作时的工况点，单台泵工作时向管路系统提供 q_{VC} 的流量和 H_C 的扬程。

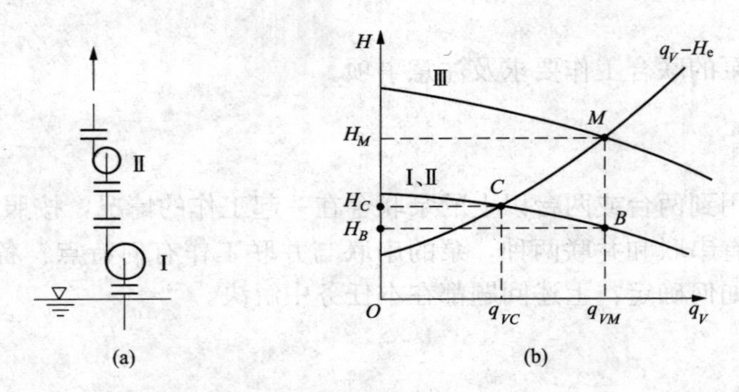

图 2-75 两台性能相同的泵串联
（a）串联泵工作示意图；（b）串联泵的工况分析

采取泵串联工作时应注意：

（1）串联泵的台数不宜太多，因为串联台数越多，扬程增加的倍率越小；且泵串联运行要比单机运行的效果差，加之运行调节复杂，一般泵限两台串联运行。

（2）尽量选用相同或相近性能的泵串联工作，如必须采用性能不相同的泵串联工作，则应限制工作范围，避免出现不稳定工况。

（3）由于后一台泵需要承受前一台泵的升压，故选择泵时，应考虑到两台泵结构强度的不同，串联在后面级的泵应进行强度核算，以免串联工作时因流体压力升高而遭到破坏。

（4）串联运行的泵，还应该考虑连接的管路特性曲线，比较适宜的场合是管路特性曲线 q_V-H 较陡的情况，最好串联泵的性能曲线 q_V-H 较平缓，如图 2-76 所示。

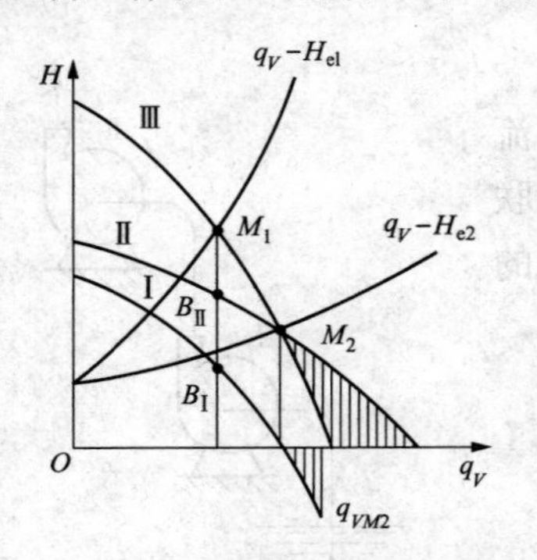

图 2-76 两台性能不同的泵串联在不同的管路系统中

（5）对于串联的离心泵，要注意泵的启动程序：启动时，首先必须把两台泵的出口阀门都关闭，启动第一台泵的电动机，然后开启第一台泵的出口阀门，在第二台泵出

口阀门关闭的情况下再启动第二台泵，避免启动电流过大烧毁电动机。

二、泵的并联工作

两台或两台以上的泵向同一压力管道系统输送流体时的运行方式称为泵的并联工作，如图 2-77 所示。一般来说，并联运行的主要目的包括增大输送流量；进行台数调节。并联泵互为备用，当一台设备故障时，可启动备用设备。

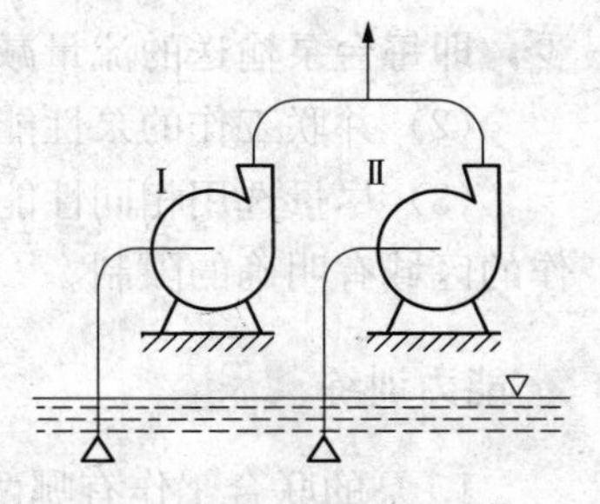

图 2-77　泵的并联工作

适合泵并联工作的情况有以下几种：

(1) 设计制造大流量的泵困难较大时；

(2) 运行中系统需要的流量变动很大，采用一台大型的泵运行经济性差时；

(3) 分期建设工程中，要求保证第一期工程所用的泵经济运行，又要求在扩建后满足流量增长需要时；

(4) 为了保证系统运行的安全性和可靠性，需要设置备用设备时。

在火力发电厂中，给水泵，循环水泵及送、引风机等大多采用两台或数台泵并联的工作方式。

泵并联运行时，并联各泵所产生的扬程均相等，而并联后的总流量为并联各泵所输送的流量之和，即

$$H_{\Sigma} = H_i$$
$$q_{V\Sigma} = \sum_{i=1}^{n} q_{Vi} \tag{2-28}$$

由此可以得出泵并联后性能曲线的绘制方法，即把并联各泵的性能曲线 q_V-H 上同一扬程点的流量值相加，如图 2-78 所示。当两台性能完全相同的泵并联工作时，泵的性能曲线及工作点的绘制如下：Ⅰ、Ⅱ为两条重合的泵的性能曲线，Ⅲ为两台性能相同泵的并联性能曲线，M 点为泵并联后的工作点，此时并联泵向管路系统提供 q_{VM} 的流量和 H_M 的扬程；B 点为并联后每一台泵的工况点，由图中可以看出，此时每台泵向管路系统提供 q_{VB} 的流量和 H_M 的扬程，且；C 点为单台泵工作时的工况点，单台泵工作时向管路系统提供 q_{VC} 的流量和 H_C 的扬程。

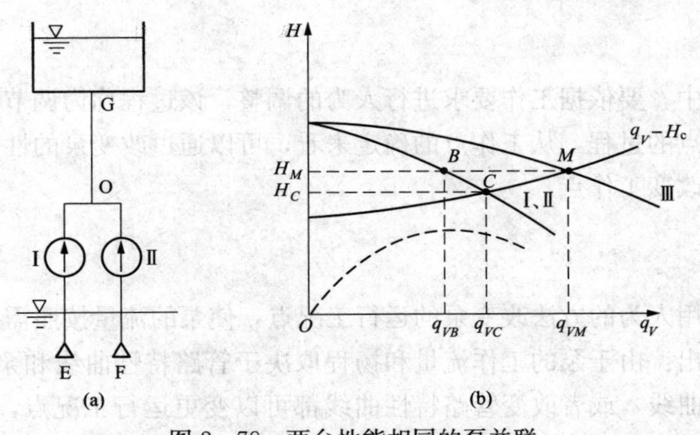

图 2-78　两台性能相同的泵并联
(a) 并联泵工作示意图；(b) 并联泵的工况分析

泵在并联运行时应注意以下问题：

(1) 泵并联工作时台数不宜太多，从并联数量来看，台数愈多并联后所能增加的流量越少，即每台泵输送的流量减少，故并联台数过多并不经济；

(2) 并联工作的泵性能曲线 q_V-H 应陡些，设计的管路特性曲线 q_V-H 应该平坦些；

(3) 尽量选用相同性能的泵并联工作，必须采用不同性能的泵并联工作时，应对联合工作的区域有明确的限制。

能力训练

1. 泵的联合工作有哪两种方式?
2. 什么是泵的串联工作? 应用泵串联工作的场合有哪些?
3. 绘图说明泵串联工作的特点及注意事项（以两台性能完全相同的泵串联为例）。
4. 什么是泵的并联工作? 应用泵并联工作的场合有哪些?
5. 绘图说明泵并联工作的特点及注意事项（以两台性能完全相同的泵并联为例）。

任务九　泵的调节

任务目标

1. 知识目标

(1) 熟练掌握泵调节的概念及调节思路；

(2) 熟练掌握泵的节流调节、回流调节、动叶调节（轴流、混流式泵）、汽蚀调节和变速调节等调解原理及方法；

(3) 掌握泵变速调节的具体措施及其应用场合。

2. 能力目标

(1) 熟练描述泵调节原则及调节前、后工作点的确定方法；

(2) 熟练绘制和识读不同调节方法下的工作点。

学习情境引入

泵在工作过程中，要依据工作要求进行人为的调整，该过程称为调节。泵调节的过程就是人为改变泵工作点的过程，从工作点的确定来看，可以通过改变泵的性能曲线或者改变管路特性曲线的方法改变工作点。

任务分析

泵的调节是指用人为的方法改变泵的运行工况点，使泵的流量按照需要变化的过程。本任务先从理论上指出：由于泵的工作流量和扬程取决于管路特性曲线和泵性能曲线的交点，所以改变泵的性能曲线，或者改变管路特性曲线都可以变更运行工况点，达到调节的目的；接着对具体的调节方法做了详尽的说明，主要有节流调节、回流调节、动叶调节（轴流、混流式泵）、汽蚀调节和变速调节等。

知识准备

泵的调节是指用人为的方法改变泵的运行工况点（即工作点），使泵的流量按照需要变化的过程。在实际生产过程中，根据工艺要求改变流量是经常的，由于泵的工作流量和扬程取决于管路特性曲线和泵性能曲线的交点，所以改变泵的性能曲线，或者改变管路特性曲线都可以变更运行工况点，达到调节的目的。具体的调节方法主要有节流调节、回流调节、动叶调节（轴流、混流式泵）、汽蚀调节和变速调节等。

一、节流调节

节流调节是通过改变装在管道上的阀门，使管路特性曲线变化，从而变更运行工况点，以达到调节目的的方法，又称变阀调节。这种方法，只能在小于额定流量的范围内调节，而且在调节阀门处总存在节流损失，相当于降低了泵在新运行工况点的效率，故调节经济性差。但是，其操作方便、简单，目前仍广泛应用于中、小型离心泵的调节，轴流式泵不采用该方式，且常用出口端节流调节，因为入口节流调节会使进口压力降低，有引起汽蚀的危险。其调节示意图及工作点变化见图 2－79。

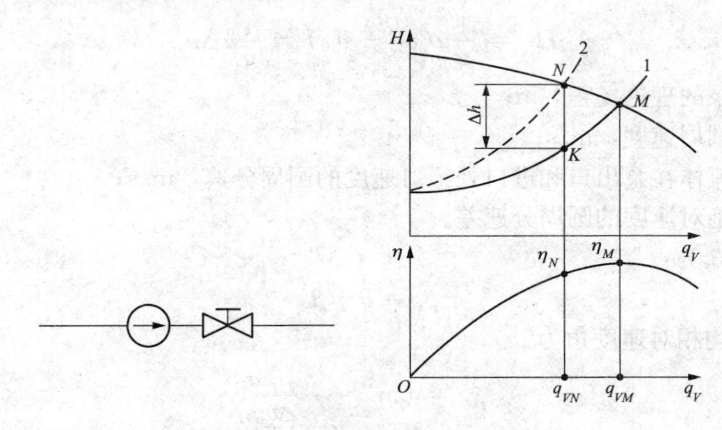

图 2－79　节流调节示意图及工作点变化

1—节流调节前的 q_V-H 性能曲线；2—节流调节后的 q_V-H 性能曲线

M—节流调节前工作点；N—节流调节后工作点；K—采用节流后同流量下泵工况点

节流调节的运行效率为：

$$\eta_j=\frac{N_K}{N_{shN}}=\frac{\rho g q_{VN}(H_N-\Delta h)}{\rho g q_{VN}H_N/\eta_N}=\eta_N\frac{H_N-\Delta h}{H_N} \qquad (2-29)$$

式中　η_j——节流运行效率，%；

N_K——节流后按同流量输出确定的泵轴功率，kW；

N_{shN}——节流后泵轴功率，kW；

q_{VN}——节流流量，m^3/kg；

H_N——节流后泵扬程，m；

Δh——节流损失，m；

η_N——节流调节泵效率。

所以出口端节流调节具有调节简单、可靠、方便，调节装置初投资低的优点，但是同时

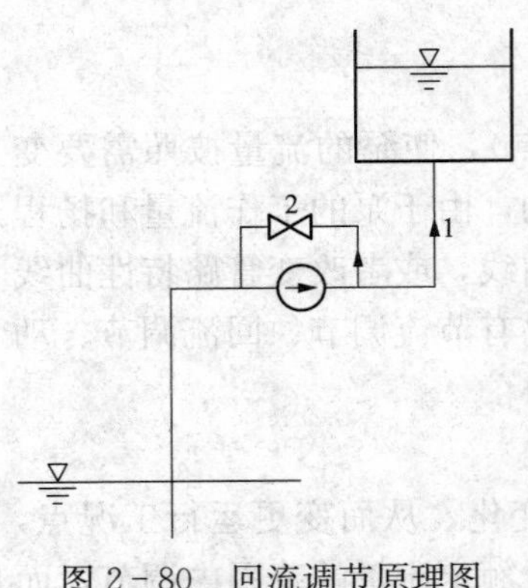

图 2-80 回流调节原理图
1—水泵的出口管道；
2—回流管

具有节流损失大的缺点，且随着调节量的增加，运行效率下降严重，经济性差；只能单向调节，即只能向小于额定流量的方向调节。

二、回流调节

在泵的出口管道上装一只带调节阀门的回流管 2，如图 2-80 所示。改变回流管道 2 上的调节阀开度，达到调节流量目的的方法称为回流调节。如锅炉给水泵、凝结水泵为防止小流量时发生汽蚀等，常常采用这种方法作为辅助调节。对不采用动叶或变速调节的轴流式水泵，采用回流调节无论从安全可靠性还是从经济性方面，都比采用节流调节要好。

三、动叶调节

动叶调节是指大型轴流式、混流式泵在运行中，采用调整叶轮叶片安装角的办法来适应负荷变化的调节方式。

按照欧拉方程，液体在旋转叶轮内获得的扬程为：

$$H_T = \frac{1}{g}u(v_{2u} - v_{1u}) = \frac{1}{g}u\Delta v_u \tag{2-30}$$

式中 H_T——泵的理论扬程，m；

u——圆周速度，m/s；

v_{2u}、v_{1u}——流体在泵出口和进口处绝对速度的圆周分速，m/s；

Δv_u——绝对速度的圆周分速差。

叶片安装角 β_y 为：

$$\beta_y = \delta + \beta_\infty \tag{2-31}$$

其中几何平均相对速度角为：

$$\beta_\infty = \tan^{-1}\frac{v_1}{u - \frac{\Delta v_u}{2}} \tag{2-32}$$

运行过程中，若叶轮的叶片安装角变化，则引起速度三角形（见图 2-81）变化，使得 Δv_u、v_2 变化，从而引起泵性能参数输出的变化，以改变轴流式泵的性能曲线，叶片安装角与性能参数的对应关系如图 2-82 所示。

目前常用的动叶调节机构有全调节和半调节方式两类，其中随时改变动叶安装角的调节方式称为全可调；没有动叶调节机构，只能在泵停机时，方可调整动叶安装角的调节方式称为半调节。

调节构件采用的传动方式有机械传动和液压传动两类，对于大型泵以采用液压传动为好，图 2-83 和图 2-84 分别为立式混流泵油压式动叶操纵系统和轴流泵动叶调节液压传动装置示意图。

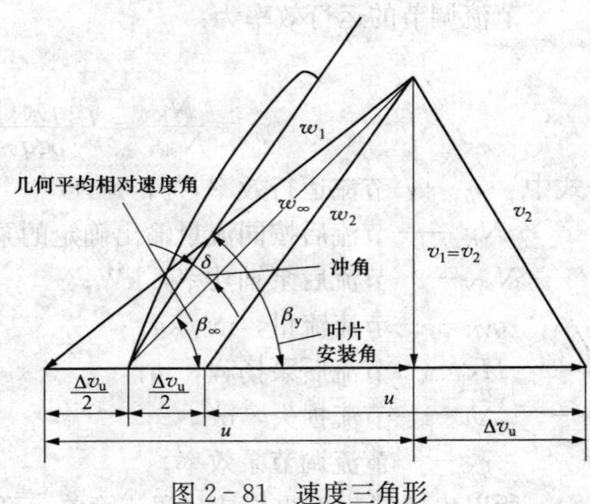

图 2-81 速度三角形

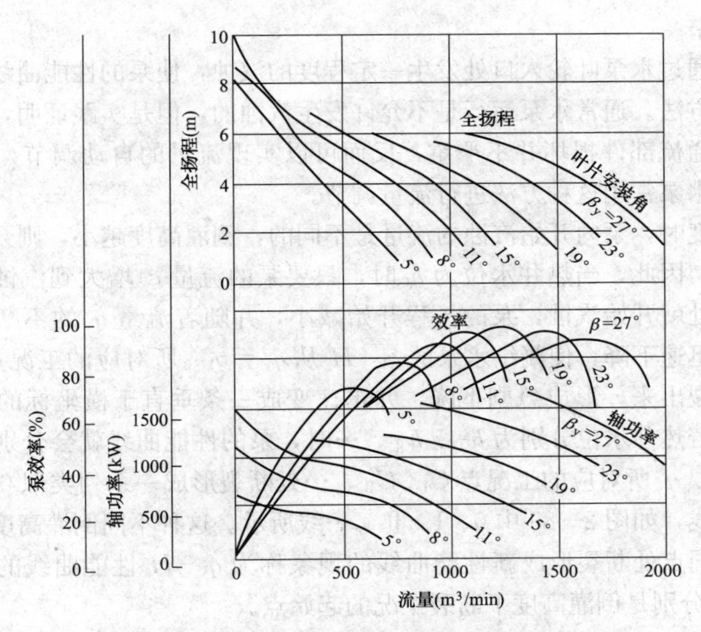

图 2-82　叶片安装角与性能参数的对应关系

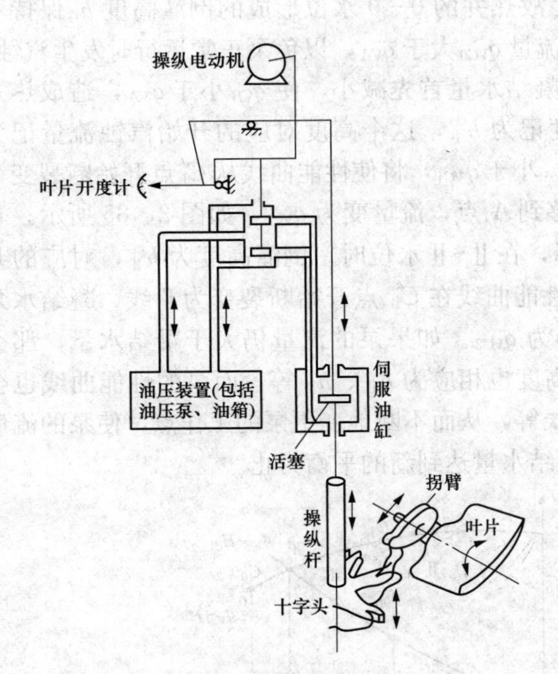

图 2-83　立式混流泵油压式动叶操纵系统示意图

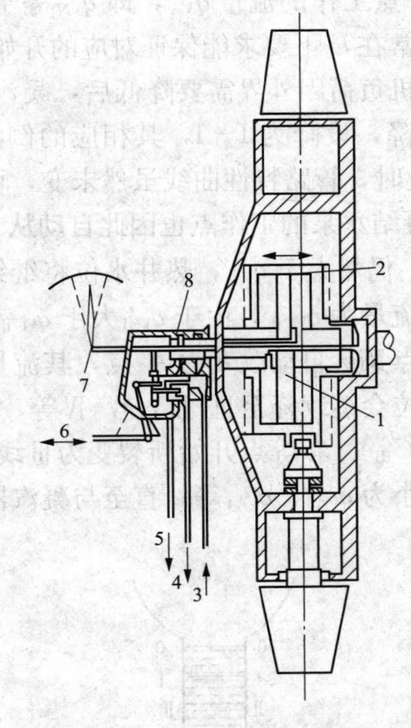

图 2-84　轴流泵动叶调节液压传动装置示意图

1—活塞；2—调节缸；3～6、8—液压伺服机构；7—位移指示杆

动叶调节具有双向调节的特性，且调节时高效范围相当宽，初投资较高，维护量大，宜用于容量大、调节范围宽的场合。目前火力发电厂越来越多的大型机组的送、引风机和循环水泵均采用了该调节方式。

四、汽蚀调节

汽蚀调节是通过水泵叶轮入口处发生一定程度的汽蚀，使泵的性能曲线变化，而改变工作点实现调节的方法。通常水泵运行是不允许发生汽蚀的，但是实践证明，如果汽蚀调节使用适当，对泵的通流部件损坏并不严重，反而可以实现流量的自动调节，降低水泵的耗电量。电厂的凝结水泵常用这种方法进行流量调节。

不同倒灌高度时，泵内开始汽蚀的流量是不同的，倒灌高度越小，则泵内开始汽蚀所对应的流量也越小。因此，当热井水位为 h_0时，只要泵的流量 q_V增大到汽蚀的流量 q_{VC0}，那么泵内叶轮入口处就开始汽蚀，泵的扬程开始减小，并随着流量 q_V 的不断增大，汽蚀的急剧加剧，扬程将迅速下降，使凝结水泵的 q_V-H 从 $q_V=q_{VC0}$所对应的工况点 C'_0 处开始从正常性能曲线上断裂出来，形成急剧下降，并迅速变成一条垂直于横坐标的直线状新性能曲线。同理可知，若热井水位分别为 h_{I}、h_{II}、…时，泵的性能曲线就会分别在各开始汽蚀的流量 $q_{VC\text{I}}$、$q_{VC\text{II}}$、…所对应的工况点 C'_{I}、C''_{II}、…处断裂形成一系列类似 0 线那样的具有垂直段的新性能曲线，如图 2-85 中 0、Ⅰ、Ⅱ、…线所示。这种不同倒灌高度下，由于汽蚀而使性能曲线在不同点处断裂形成新性能曲线的现象称为 q_V-H 性能曲线的断裂现象，其中 C'_0、C'_{I}、C''_{II}、…分别是倒灌高度下断裂工况的起始点。

当汽轮机在额定负荷运行时，其凝汽器的凝结水量 q_{VN}一般总是等于凝结水泵在图 2-85 中 A 点工作的流量 q_{VA}，即 q_{VN}等于q_{VA}，故热井的 0-0 水位形成的倒灌高度 h_0保持不变。通常在h_0下要求能保证对应的开始汽蚀流量 q_{VC0}大于 q_{VA}，以免泵正常运行时发生汽蚀。当汽轮机负荷因外界需要降低后，凝汽器的凝结水量首先减小，使 q_{VB}小于 q_{VA}，造成热井水位下降，设降为Ⅰ-Ⅰ，其相应的倒灌高度记为 h_{I}，这个高度对应的开始汽蚀流量记为 $q_{VC\text{I}}$。此时，管路特性曲线虽然未变，可是 q_{VA}小于$q_{VC\text{I}}$，将使性能曲线从 C'_{I}点开始断裂变为Ⅰ线，凝结水泵的工作点也因此自动从 A 点移到A_1点，流量变为 $q_{VC\text{I}}$，如图 2-85 所示。若此时 $q_{VC\text{I}}$仍然大于 q_{VN}，热井水位将继续下降，在Ⅱ-Ⅱ水位时，倒灌高度为 h_{II}，对应的开始汽蚀流量为 $q_{VC\text{II}}$，由于 $q_{VC\text{I}}$大于 $q_{VC\text{II}}$，故性能曲线在 C''_{II} 点开始断裂变为Ⅱ线，凝结水泵的工作点又会自动改变为 A_2点，其流量减小为 q_{VC2}。如果泵的流量仍大于凝结水量，那么热井水位会继续降至Ⅲ-Ⅲ，Ⅳ-Ⅳ等，倒灌高度也相应为 h_{III}、h_{IV}等，而泵的性能曲线也会分别从 C''_{III}、C''_{IV}等点开始断裂变为Ⅲ线、Ⅳ线等，从而不断地变更泵的工作点，使泵的流量分别减小为 q_{VA3}、q_{VA4}等，直至与凝汽器的凝结水量达到新的平衡为止。

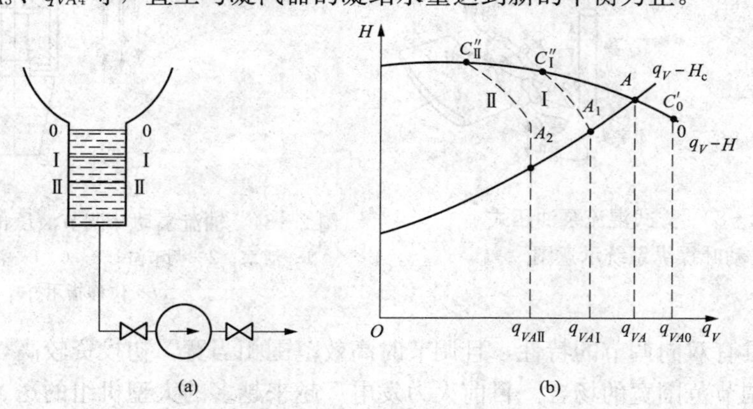

图 2-85 汽蚀调节原理图

由此可知，汽蚀调节是一个在凝结水泵出口调节阀门全开，当汽轮机负荷变化时，借凝汽器热井水位的变化引起汽蚀来调节泵的出水量，达到汽轮机凝结水量的变化与泵出水量的相应变化自动平衡。从上述调节过程分析可以简单描述为：管路特性曲线不变，汽轮机负荷变化使得凝结水量减少（或增大），则热井水位降低（或升高），泵内汽蚀发生到逐渐严重（或逐渐减弱到消失），性能曲线断裂变化（或逐渐恢复原形），工作点沿管路特性曲线下移（上移）自动进行，实现过程调节的动态自动平衡。

从汽蚀调节的过程可以看出，调节的操作很少，基本是自动进行的，且减小流量时，泵的扬程是相应降低的，并没有产生附加的阻力损失，其调节效率较高。但是，汽蚀的发生会减少叶轮的使用寿命，尤其是倒灌高度很低时，泵的工作点落入断裂曲线的垂直段上，使汽蚀更为严重，以至影响凝结水泵的安全运行。因此，汽蚀调节时常采用以下措施：

（1）对于汽轮机负荷经常变化，特别是长期在低负荷下运行时，可以联合应用汽蚀调节与回流调节，在低负荷时，开启凝结水泵的再循环门，使热水井水位不致过低，以免在蚀调节过程中进入严重汽蚀状态。

（2）选用平坦的凝结水泵性能曲线与管路特性曲线，以便在汽轮机负荷变化时，可以有较大的流量变化范围。

（3）凝结水泵应有较高的抗汽蚀性能，并采用耐汽蚀材料。

五、变速调节

变速调节是通过改变泵的工作转速，使泵的性能曲线变化，从而变更运行工况点，实现调节的方法。变速调节的原理如图 2-86 所示。

变速调节的依据是比例定律，该定律说明泵的转速变化时，相似工况点间的性能参数之间存在以下比例关系：

$$\frac{q_{V1}}{q_{V2}}=\frac{n_1}{n_2}\quad \frac{H_1}{H_2}=\left(\frac{n_1}{n_2}\right)^2\quad \frac{P_1}{P_2}=\left(\frac{n_1}{n_2}\right)^3 \tag{2-33}$$

这种没有附加调节阻力，且轴功率消耗显著降低的调节，具有很高的经济性，是目前泵与风机较为理想的一种调节方法。但是，变速调节必须增加变速设备或更换原动机为变速原动机，从而使设备投资和运行维护费用增大，故这种调节主要用于大、中型泵与风机的调节。

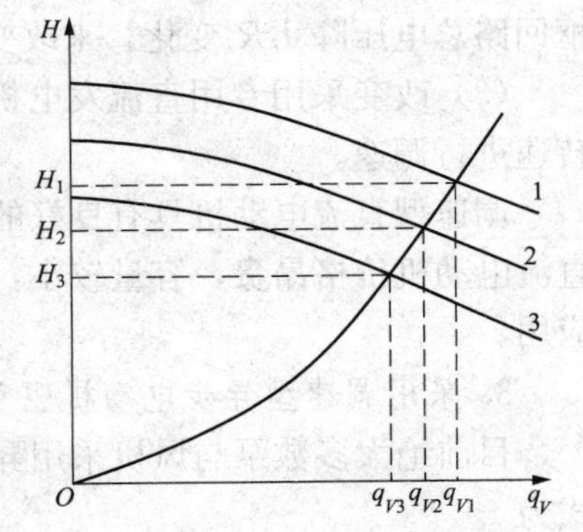

图 2-86　变速调节原理

1—泵转速为 n_1 时的性能曲线；
2—泵转速为 n_2 时的性能曲线；
3—泵转速为 n_3 时的性能曲线

泵与风机变速调节的变速方式可分为两大类：一是采用可变速的原动机进行变速，主要包括汽轮机（或燃气轮机）直接变速驱动，或变速电动机变速驱动；二是原动机的转速不变，而在原动机与泵或风机之间采用传动装置进行变速，主要有液力耦合器、油膜滑差离合器和电磁滑差离合器等。

（一）采用可变速原动机的变速方式

1. 采用汽轮机驱动的变速方式

泵与风机采用汽轮机驱动是一种通过改变进入汽轮机蒸汽量的多少来改变汽轮机转速，从而变更泵与风机转速的方法。由于汽轮机造价高、工作系统复杂等原因，这种方法通常只用于驱动大型给水泵。经过技术经济比较认为，单机容量在 250～300MW 以上机组的给水泵比较适宜采用汽轮机驱动。

大型给水泵采用汽轮机驱动进行变速调节，具有以下特点：

(1) 现代给水泵单机容量大，使与之配用的汽轮机效率几乎与主机相等，因而可以提高机组热效率，降低厂用电量，增大单元机组输出电量。

(2) 可用挠性联轴器传动，传动效率 $\eta_c=1$。

(3) 当电网频率变化时，水泵运转转速不受影响，使给水泵运行稳定性得到提高。

(4) 必须配置备用的电动给水泵，以适应单元制机组的点火启动工况。

2. 采用调速型直流电动机驱动的变速方式

根据直流电动机的电压平衡方程式：

$$U=E_a+I_aR_a=C_en\Phi+I_aR_a \tag{2-34}$$

可推得它的转速公式为

$$n=\frac{U-I_aR_a}{C_e\Phi} \tag{2-35}$$

式中 U——电枢（即直流电动机的转子端）电压，V；

E_a——反电动势，V；

I_a——电枢电流，A；

R_a——电枢回路总电阻，Ω；

C_e——直流电动机的电势常数，它与极对数、电枢绕组的总匝数 N 等有关；

n——直流电动机转速，r/min；

Φ——每极磁通量，Wb。

根据式 (2-35)，将直流电动机改为调速型直流电动机。通常有以下三种方法：

(1) 改变励磁回路中调节电阻的大小，使励磁电流 I_f 变化。

(2) 变更极磁通量 Φ，从而改变转速。改变串入电枢回路中调节电阻 R_{st} 的大小，使电枢回路总电压降 I_aR_a 变化，来改变转速进行调速。

(3) 改变采用专用直流发电机或经可控硅整流后建立的电枢端电压 U 的大小，来改变转速进行调速。

调速型直流电动机具有良好的调速性能，可以在宽广的范围内平滑而经济地调速。但是直流电动机价格昂贵，容量较小，需要直流电源，因此在驱动泵与风机时，一般只在实验室应用。

3. 采用调速型异步电动机驱动的变速方式

目前绝大多数泵与风机采用异步电动机驱动。异步电动机是一种交流电动机，其转速公式为

$$n=n_1(1-s)=\frac{60f_1}{p}\left(1-\frac{n_1-n}{n_1}\right) \tag{2-36}$$

式中 n——异步电动机转速，r/min；

n_1——定子旋转磁场的转速，也称同步转速，r/min；

s——转差率；

f_1——定子输入电流的频率，Hz；

p——定子绕组极对数。

调速型异步电动机以式（2-36）为根据，分为以下三种类型：

（1）变极数调速型。在电源电压和频率不变的条件下，根据异步电动机转速和极对数户成反比的关系，用改变极数的办法采达到两级甚至多级转速的方式，称为变极数调速型异步电动机。目前广泛采用的是单绕组双速鼠笼式异步电动机。调速时，只需要改变定子绕组的接法，就可使极数改变。因此，这种调速方法成本很低，工作安全可靠，且不存在因变速产生的转差损失，故调节效率高。目前，国产200MW以上机组的锅炉送、引风机常配备具有高速和低速两挡的双速电动机，并与导流器结合起来实现联合调节。

（2）变转差率调速型。变转差率调速型异步电动机依据电机学所述的转差率随定子电压、转子串接电阻以及串接反电动势的大小不同而变化的关系，又可分为以下三种调速方式：

1）改变电源电压调速。由电机学知，在一定负载下，异步电动机的转差率 S 是随定子电压 U 的降低而增大的，故改变电源电压会引起转差率变化，从而改变电动机转速，实现调速。改变电源电压，可把定子绕组由三角形连接改为星形连接，或用电抗器与定子绕组串联即可实现。因此，这种调节十分简单，但是在带通风机负载时易过电流，一般只用于小容量电动机。

2）转子串电阻调速。这种方法只适用于绕线式转子异步电动机。它的转子绕组与定子绕组一样，也是一个对称的三相绕组，接成星形，并接在转轴的三个集电环上，再通过电刷使转子绕组与外电路附加电阻串联起来，即可进行调速。若附加电阻增大，则转差率 S 增大，转速就会下降；反之附加电阻减小，转速则升高。转子串电阻调速线路简单，成本低，运行可靠，没有谐波。但转差功率损耗大，在外电阻上，调速效率低，一般适合小容量泵与风机的调速。

3）转子串附加电动势调速。在绕线式电动机的转子绕组回路中串接一反相位的附加电动势，改变该电动势的大小，使转差率变化，从而改变转速的方法，称为转子串附加电动势调速，也称串级调速。若串入附加电动势增大，则转差率增大，转速下降；反之附加电动势减小，则转速升高。反相附加电动势的形成和大小的改变，一般是由可控硅串级调速装置来实现的，如图2-87示。将该装置的整流器Z接入异步电动机转子绕组，把转子电动势整流为直流，再由与整流器相接的可控硅逆变器N将直流电变为50Hz的交流电通过变压器反馈回电网。通过改变电位器滑动触头的位置，使控制触发器G的电压变化，来改变可控硅逆变器的触发脉冲控制角，使逆变器两端电压（即附加电动势）的大小变化，从而实现调速。

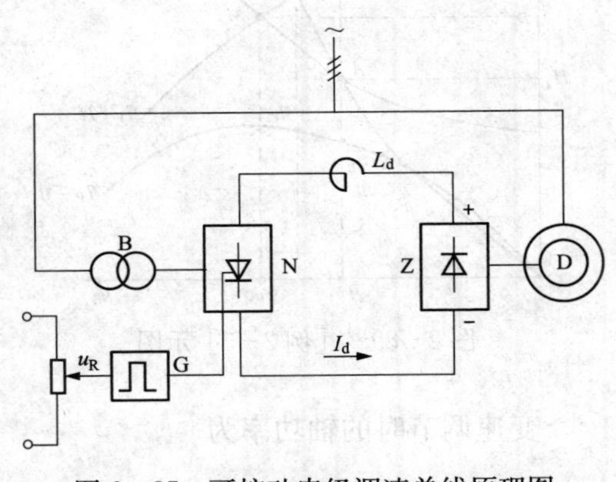

图2-87　可控硅串级调速单线原理图

这种调速方法可将转差功率转化为电能送回电网，因为调速效率高，且可靠性高，易于操作，维护工作量不大。但是，它仅适用于绕线式电动机，应用时有局限性，且有功率因数低产生高次喜皆波、抗干扰能力差等问题。目前在中、小型泵与风机中有较普遍的应用。国内火力发电厂中也有用于锅炉引风机驱动的。

（3）变频调速型。变频调速是利用变频装置作为变频电源，通过改变定子的供电电源频率 f_1 同步转速 n_1，从而改变异步电动机转速 n，达到调速目的。它是一种既可用于异步电动机，也可用于同步电动机的调速方法。

泵与风机常用交-直-交变频装置。该装置一般由整流器、中间滤波器、逆变器及控制柜组成，如图 2-88 所示。

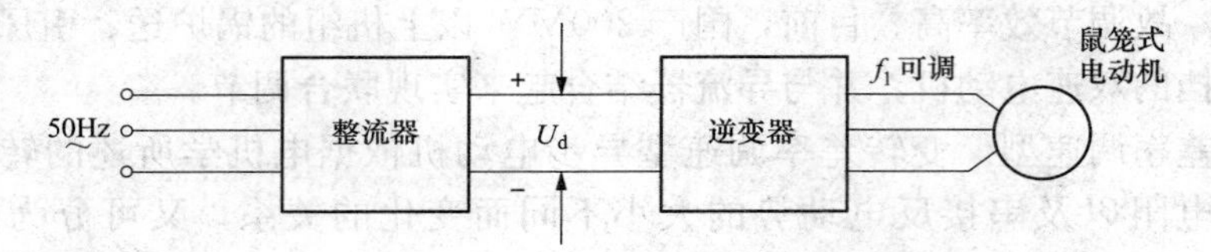

图 2-88　交-直-交静止变频系统

其变频原理是由整流器将输入的工频交流电变换为电压可调的直流电，直流电经电抗器输入到逆变器，逆变器将其变换为可调电压和频率的交流电输入到电动机的定子绕组。若改变触发器脉冲控制角，则交流频率改变，使电动机转速变化，从而实现泵与风机的变速运行。变频调速调节效率高、范围广，加上自动控制后，可作高精度运行，最适用于流量调节范围大，且经常处于低流量范围工作的泵与风机。目前国外已广泛采用自控式变频调速的同步电动机，即无换向器电动机来驱动电厂给水泵、循环水泵等设备。

但是，变频调速装置初投资高；不能采用高压直接供电，需附设变压器；功率因数低输出波形非正弦性，产生大量高次谐波，影响供电电源质量，恶化电动机的特性，导致电动机效率和功率因数下降，噪声增大，以及对无线电通信产生干扰等，仍是变频调速有待解决的问题。

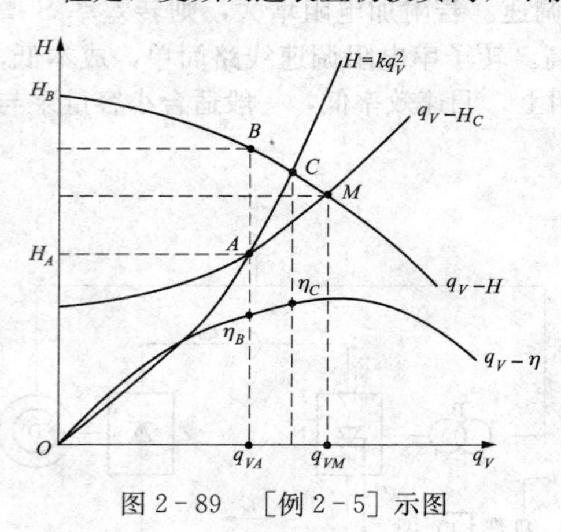

图 2-89　［例 2-5］示图

【例 2-5】 试定性比较泵出口节流调节与变速调节的经济性，泵的工作点如图 2-89 所示。

解　变速后的运行工况点为 A，节流后的运行工况点为 B 点，过 A 点的相似抛物线 OAC 交泵的性能曲线于 C 点（$A \backsim C$），则节流调节时的轴功率为

$$N_{节流} = \frac{\rho g q_{VA} H_B}{1000\eta_B}$$

变速调节时的轴功率为

$$N_{变速} = \frac{\rho g q_{VA} H_A}{1000\eta_C}$$

由于 $H_B > H_A$，且 $\eta_C > \eta_B$，则节能效果为

$$\Delta N = N_{节流} - N_{变速} = \frac{\rho g q_{VA}}{1000}\left(\frac{H_B}{\eta_B} - \frac{H_A}{\eta_C}\right) > 0$$

（二）采用可变速传动装置的变速方式

1. 液力耦合器

液力耦合器是以工作油为介质将原动机的机械能传递给工作机的一种液力传动变速装置。电动给水泵由定转速的交流电动机拖动，在变工况时，只能依靠液力联轴器来改变给水

泵的转速以满足工况的要求。液力耦合器具有高转速、功率大、调速灵敏等特点，能使电动给水泵在接近空载下平稳、无冲击地启动，这样允许选用功率较小的电动机以节约厂用电；因油压的大小不受等级限制，便于无极变速以实现给水系统自动调节，使给水泵能够适应主汽轮机和锅炉的滑压变负荷运行的需要，一般在机组负荷率低于70%～80%时可以显现良好的节能效益。此外，采用液力耦合器可以减少轴系扭振和隔离载荷振动，且能起到过负荷保护的作用，提高运行的安全性和可靠性，延长设备的使用寿命。

（1）液力耦合器的工作过程。液力耦合器主要由泵轮、涡轮、转动外壳、主动轴及从动轴等构件组成，如图2-90所示。液力耦合器和传动齿轮安装在一个箱体内，功率传输从电动机到液力耦合器，再传到泵上。

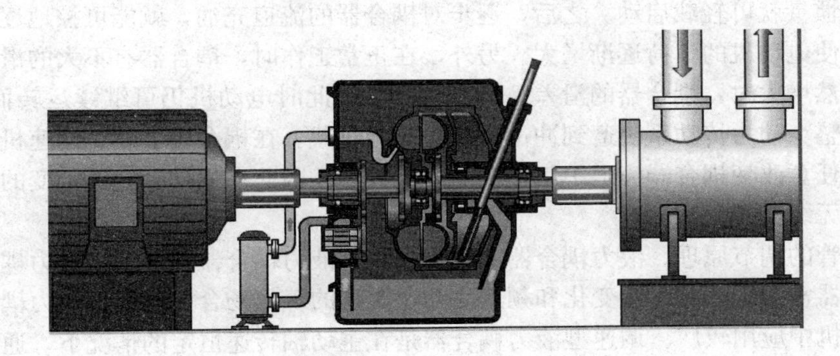

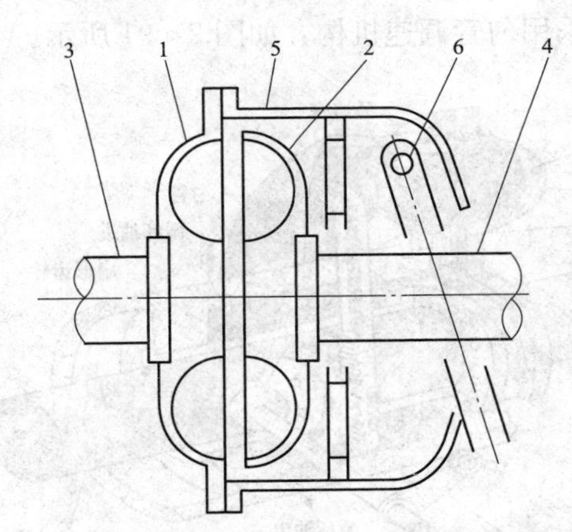

图2-90　液力耦合器示意图

1—泵轮；2—涡轮；3—主动轴；4—从动轴；5—旋转内套；6—勺管

泵轮装在与原动机轴相连的主动轴上（或第一级增速齿轮轴上），是主动轮；涡轮装在与泵相连的从动轴上（或第二级增速齿轮轴上），是从动轮。两轮彼此不接触，相互之间保持几毫米的轴向间隙，不能进行扭矩的直接传递，旋转的泵轮和涡轮间形成工作腔，工作油就在两轮的凹形工作腔内循环流动。流动中，工作油在泵轮内获得能量，又在涡轮里释放能量，完成了能量的传递。由于流体只能依靠压降在主、从动轮间流通，因此要求从动轮的转速低于主动轮的转速，即泵轮和涡轮之间必须有转速差，泵轮转速和涡轮转速之差与泵轮转速的比值，称为转差率或滑差 s，在额定工况下滑差为输入转速的2%～3%。滑差的大小与耦合器工作腔充油量的多少有关。

耦合器在运转时，动力的传递是依靠泵轮、涡轮之间能量交换进行的。若两者以同样的转速回转，泵轮工作油的出口压力等于涡轮工作油的进口压力，两者的工作油不存在压差，无法形成环流，所以工作油的循环流动油量为0，即虽然有油，但并不流动，传动扭矩为0。反之，如果涡轮不转（相当于给水泵停运状况），而泵轮以某一转速旋转，工作油在压力差的作用下形成环流，对涡轮作用很大的传动扭矩，但没有推动涡轮旋转做功，这时传动效率仍等于0。

耦合器的这些特性使其在启动、防止过载及调速方面具有极大的优越性，因为电动机只和耦合器的泵轮相连接，启动之前如将耦合器流道中的液体排空，这样电动机启动时只带上耦合器部分惯量就可轻载启动。之后，逐步对耦合器的流道充油，就能可控地逐步加大其传递的力矩，使电动机的负荷逐渐增大。另外，在正常工作时，耦合器有不大的滑差，当涡轮的阻力矩突然增大时，耦合器的滑差 s 会自行增大，此时电动机仍可继续运转而不致停车，从而可避免整个动力传动系统遭到冲击，防止动力过载。在耦合器上装上调速机构后，就可以在运行中任意改变耦合器流道中工作油的充满程度。因此在主动轴转速不变的情况下可以实现涡轮的无级调速。

(2) 勺管的调节原理。液力耦合器又分为限矩型液力耦合器和调速型液力耦合器，限矩型液力耦合器常用于载荷突然变化和频繁启动、制动的工作场合；调速型液力耦合器在给水泵和大型风机中应用较广。调速型液力耦合器是在主动轴转速恒定的情况下，通过调节液力耦合器内工作油的充满程度实现从动轴无级调速的，流道充油量越多，传递力矩越大，涡轮的转速也越高。目前调节机构多采用勺管调速机构，如图2-91所示。

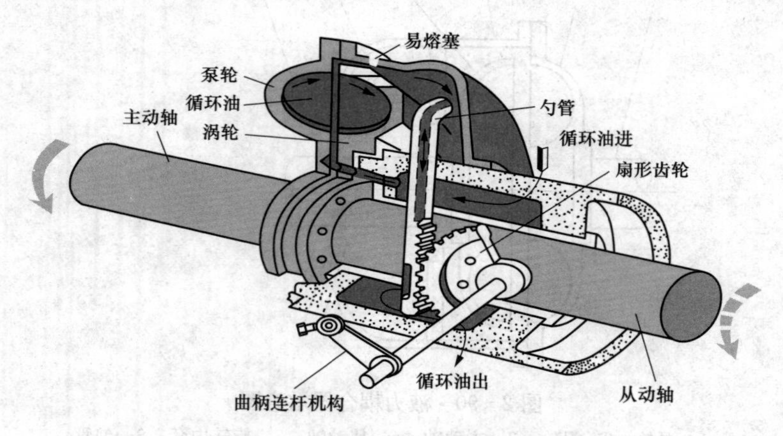

图2-91 勺管调速机构示意图

勺管根据控制信号动作，控制轴的齿轮和勺管的齿轮相啮合，当转动调节杆带动控制轴的齿轮动作时，勺管也跟着移动。图2-91中所示，通过曲柄和连杆带动扇形齿轮轴旋转，扇形齿轮与加工在勺管上的齿条啮合，带动勺管在工作腔内作垂直方向运动，改变液力耦合器内的冲油量，实现输出转速的无级调节。

勺管操作方式采用电液伺服机构。电液伺服系统由一个电磁执行器、一个双作用液压缸和一个位置检测器组成。电磁执行器接收4～20mA的控制信号，并由此信号控制执行器的位置，电液伺服系统的位置由一个有内部定位器电磁阀控制。信号触发磁力控制器动作，电磁力是通过控制多向液压阀的活塞来进行控制的。位置检测器能检测位置差，并将信号反馈到定位器，系统能够精确而迅速地进行操作。这样就可使耦合器进行“软启动”。例如，电动机在耦合器转动外壳少油的情况下启动，伺服机构非常迅速地将油充入转动外壳，这样就能迅速启动了。

图 2-92 为勺管控制阀及其与之相连的勺管的结构细部，图中位置处于满负荷位置，此时勺管伸出部分最少，同时阀芯 1 和阀套 2 也处于平衡位置，没有调节油流动。当需要降低联轴器输出转速时，凸轮旋转一定角度，勺管控制阀芯在弹簧作用下相应向上有一个位移，此时控制阀油室 A 打开，调节油通过阀套窗口从进油口 12 进入 B 室再进入 A 室，最后从出油口 14 至油缸 7 的底部，同时油室 C 也因阀芯上移而打开，油缸右部的压力油通过进出油口 11 进入油室 C、油室 D 进行泄油。于是在弹簧与及底部油压的作用下勺管右移，朝零负荷方向移动（图中朝右）。

由于滚轮槽 8 的右移使滚轮 3 上升，带动与之相连的阀套 2 上升，导致各油室关闭，阀芯、阀套达到新的平衡位置，勺管停止运动。与此相反，当凸轮使阀芯向下时，油室 C 打开，调节油从进油口经 B 室、C 室和进出油口 9 进入油缸，在油压作用下克服弹簧力，推动活塞 6，使勺管向左移动，即朝满负荷方向运动（图中朝左），同时滚轮槽诱使滚轮带动阀套下移，关闭控制阀，又达到新的平衡，可见只要控制凸轮，就可调节工作油的勺油（出口）量。

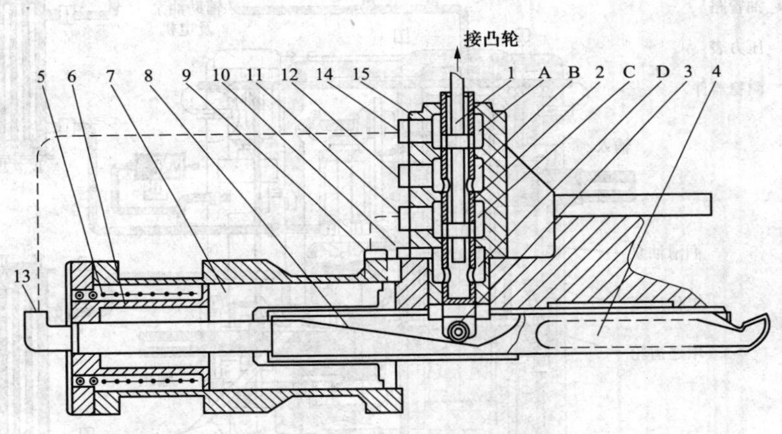

图 2-92　勺管工作原理示意图

1—勺管控制阀阀芯；2—勺管控制阀阀套；3—滚轮；4—勺管；5—弹簧；6—活塞；7—油缸；8—滚轮槽；9、11—油缸进出油口；10—泄油口；12—进油口；13—油缸底部进出油口；14—出油口；15—勺管控制阀阀座

在实现勺管勺油量调节的同时，腔室的进口油由循环油控制阀调节，其作用是向涡轮腔室提供足够的，并保证液力联轴器回油温度不致过高的循环用工作油。注意勺管控制阀的凸轮和循环油控制阀是联动的，同时调节进口油量和勺油量，互相配合以达到平衡，循环油控制阀还可通过工作油压力维持阀来调节，以保持滑阀前压力的恒定，并将来自工作油冷油器的过量油排入油箱。当勺管达不到满负荷位置时，可调整压力维持阀，使油压升高，从而让勺管左移到满负荷位置。

对其调节过程，总结如下：升速过程，当勺管离开耦合器的进油环时，勺管的供油量下降，这时齿轮泵提供工作油填充耦合器的工作室，充油量越多，转速越快；降速过程，当勺管向耦合器的进油环移动时，勺管的供油量上升，这样一部分工作油会通过压力释放阀流掉，充油量越少，转速越低。

（3）液力耦合器油系统。液力耦合器油路根据功能不同分为两路，一路是工作油路，另一路是润滑油路，两者使用同样的油。提供工作油循环和润滑油循环的齿轮泵由液力耦合器的输入轴驱动；启停、故障的情况下由辅助油泵提供润滑。

液力耦合器工作时，功率损失转换为热量使工作油油温升高，勺管将热油排出，经冷油器冷却后与工作油泵补充的较冷的油汇合，再进入液力耦合器做功。润滑油系统除自身需要外，还可提供工作机、电动机的轴承润滑用油。润滑油泵输出的润滑油分别经过溢流阀、冷油器、滤网后进入润滑油母管，提供机组轴承润滑，回油仍进入液力耦合器油箱内。工作油泵与润滑油泵同轴安装于耦合器箱体内，由输入轴经过传递齿轮带动。在机组处于备用状态时，由一电动辅助齿轮油泵提供系统润滑油，如图 2-93 所示。

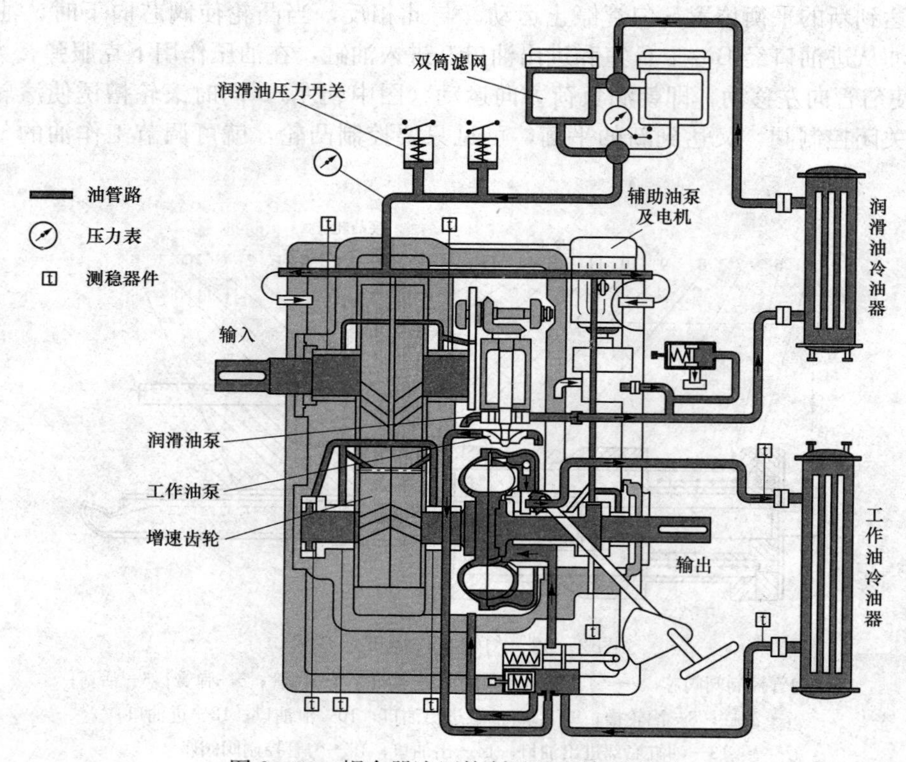

图 2-93 耦合器液压控制及油系统示意图

1）工作油系统。工作油回路由一个闭式回路与一个叠加在它上面的开式回路构成。因此充油过程可以是变化的，可以改变耦合器内循环油回路的充油量。齿轮泵通过一个压力整定阀进入回路来对液力耦合器注油。通过一个可调的节流口供给耦合器的工作油通过勺管调节油量。在动态压力的作用下工作油通过分配室、工作油冷油器、可调节流口，再回到耦合器。齿轮泵提供的多余油量通过另一个压力释放阀回到油箱。

在闭合回路里，工作油泵将耦合器油箱内的油经油管调节阀供耦合器开始工作的用油，然后利用勺管前部产生的油流动压，经过冷油器、止回阀与工作油泵供给的油再流回耦合器内，形成循环回路。

开放回路由工作油泵与溢流阀组成，其作用是调节循环回路的供油量，当耦合器所需的供油量降低时，工作油泵过量的供油可以通过溢流阀重新回到油箱，当由于管路内油量泄漏以及输出轴增速造成供油量减少时，会及时地给予补充，剩余的油再经过溢流阀回到油箱。

2）润滑油系统。齿轮泵经过止回阀、润滑油冷油器和可切换的双滤油器送到各个轴承、压力开关和传动齿轮。

润滑油泵将油箱中油加压后经止回阀、安全阀、润滑油冷油器与双向滤油器、节流孔板通往泵组各轴承、齿轮箱润滑冷却，同时在节流孔板前有一路作为控制勺管的压力用油。润滑油压力通过一个压力释放阀设定在2.5bar. 为了保证在耦合器启动、停止和故障的情况下轴承的润滑，配有一台辅助油泵，用于主电动机启动前和停止后的供油。辅助油泵也是由电动机带动，从油箱中抽油通过一个止回阀进入油循环。在电泵启动前，应先启动辅助油泵，使各轴承得到充分润滑后，才可启动电泵。

3）外部供油。电动机、驱动机械、联轴器的润滑油来自润滑油回路。

2. 油膜滑差离合器

油膜滑差离合器是一种以黏性流体为介质，依靠摩擦力来传递功率的变速传动装置，如图2-94所示。当离合器转鼓内充满油泵供给的压力油，原动机驱动的主动轴旋转，轴上圆板主动摩擦片的旋转使工作油层内产生内摩擦阻力，带动固定在离合器密封转鼓上的圆板从动摩擦片以及与转鼓相连的泵与风机输入轴一起旋转，从而实现功率的传递。该类离合器通过控制油泵输出的油压大小来推动控制活塞的位移量，使主动轴沿轴向位移，改变主动和从动摩擦片之间的油膜间隙，从而改变传递的扭矩和转速差，实现无级变速。

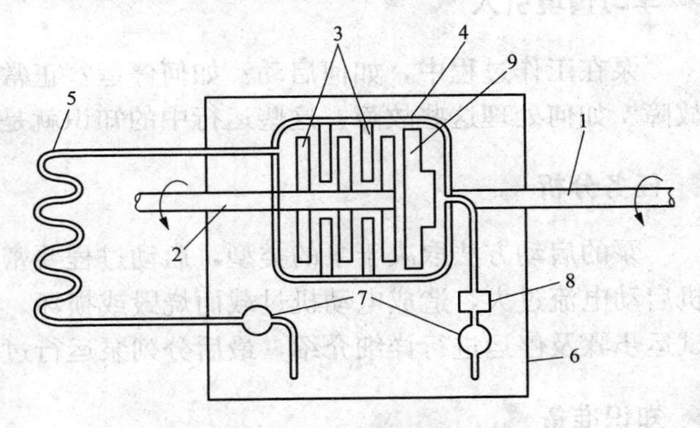

图2-94　油膜滑差离合器

1—从动轴；2—主动轴；3—圆板摩擦片；4—转鼓；5—热交换器；6—油箱；7—泵；8—阀门；9—控制活塞

这种离合器具有传动效率高、控制的反应快、成本低、过载保护性能好的优点，适用于大容量、低转速泵与风机的调速。

能力训练

1. 什么是泵的调节？调节的基本思路是什么？有哪些具体的调节方式？
2. 什么是节流调节？绘图说明节流调节的优点和缺点。
3. 什么是回流调节？绘图说明其调节原理及火力发电厂的应用。
4. 什么是变角调节？结合性能曲线变化图说明其调节原理。
5. 什么是变速调节？常用的变速方法有哪几种？各适用于什么场合？
6. 变速调节的依据是什么？试分析说明。

任务十 泵的使用和维护

任务目标

1. 知识目标

（1）掌握泵的运行知识（启动、试运和停车）；

（2）熟悉泵运行过程中的各类故障及解决方法。

2. 能力目标

（1）熟练描述泵的启动要求及启动步骤和注意事项；

（2）能够叙述泵试运的目的及不同试运步骤和方法；

（3）能够描述泵的停运方法及注意事项；

（4）能够根据泵运行过程中的故障现象，分析原因并找到解决方法。

学习情境引入

泵在工作过程中，如何启动？如何停运？正常运行前如何试运？泵在运行中会遇到哪些故障？如何处理这些故障？这些运行中的知识就是本任务学习的内容。

任务分析

泵的启动方法取决于泵的类型，启动过程要密切监视启动电动机的电流，避免引起电动机启动电流过大，造成电动机过载而烧毁或损坏。本任务从泵的启动入手，对不同类型泵的试运步骤及停运进行详细介绍，最后分列泵运行过程中的故障现象及解决方法。

知识准备

一、泵的启动

泵的启动方法取决于泵的类型，启动过程要密切监视启动电动机的电流，避免引起电动机启动电流过大，造成电动机过载而烧毁或损坏。

将泵转子从静止到额定转速所需的旋转力矩随转速的变化关系称为泵的启动特性，图 2-95即为泵的启动特性曲线，该线是泵启动时的指导曲线。

使泵由静止开始运动，必须克服其全部旋转部分的惯性力、轴承及填料箱等的阻力所需的旋转力矩之和称为泵与风机的启动转矩，一般启动转矩的数值约为其额定转矩的 10%～20%。

将泵所需的转矩与为加速电动机转子的转动惯量所需的剩余转矩之和称为电动机的启动转矩，该值为泵额定转矩的 100%～200%，启动电动机对应的启动电流一般为额定电流值的 500%～700%。

离心泵和轴流泵的启动特性不同，离心泵的关死点（流量为零时的工况点）处启动转矩和启动电流最小，所以离心泵启动时采用的是“闭阀启动”。离心泵启动时将泵的出口闸阀全关，随着泵转速的提高，缓慢开启闸阀至全开。由于轴流泵的关阀功率很大，所以要在闸阀全开时启动，即“开阀启动”。轴流泵自启动加速到额定工况之前，仍相当于关阀运转，故转矩很大。与离心泵比较，H_D相对较高，H_D与 H_B差值较大，因而轴流泵启动特性曲线

中的 B' 点将向 B'' 点偏移，如图 2－96 所示。

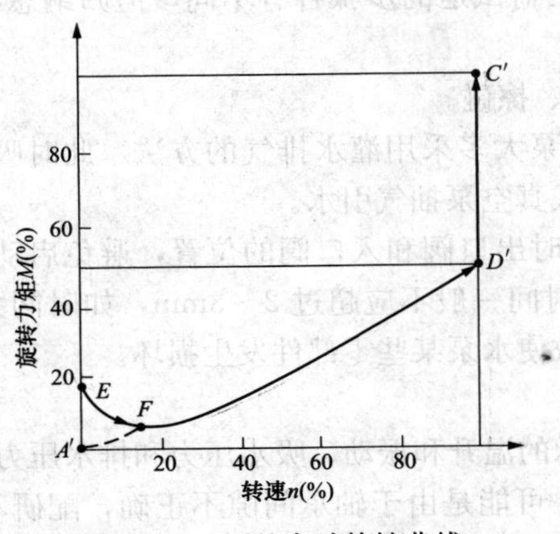

图 2－95 泵的启动特性曲线

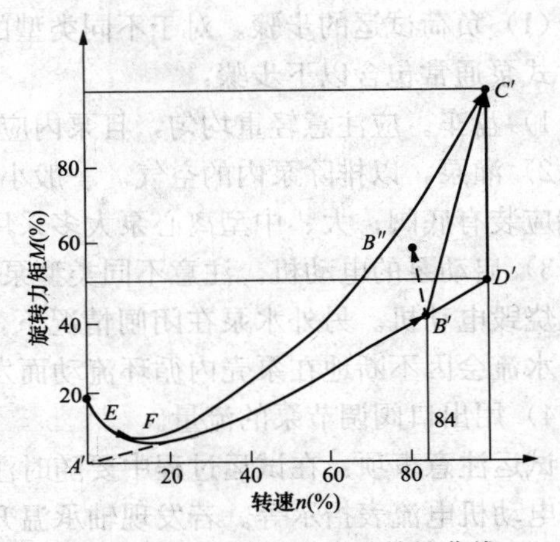

图 2－96 轴流泵的启动特性曲线

电动机的启动转矩远大于泵所需的启动转矩，其启动电流一般为额定值的 5～7 倍。受地区电源容量的限制，一般电动机不直接全压启动，而是借助星三角启动器、启动补偿器等进行降压启动，以尽可能减小启动电流。

由于大型泵的转动惯量较大，故其所需电动机的启动转矩也较大，启动中，电动机可能产生很大的冲击电流，以至影响电网的正常运行。为改善泵的启动条件，可采用变速调节的方法；对于大型动叶可调轴流式泵，可在调节动叶安装角最小的情况下启动。

二、泵的试运

1. 试运转的目的

（1）使泵各配合部分运转协调。

（2）检查及消除泵在检修安装中未发现的故障及异常。

2. 试运前的检查内容

为了保证水泵的安全运行，水泵启动前应对机组作全面仔细的检查，尤其是对新安装或检修后的泵，启动前更要注意做好检查工作，以便发现问题及时处理，主要检查下列各项：

（1）泵的各连接螺栓及地脚螺栓无松动现象，两刚性联轴器的平面间隙应为 2.2～4.2mm。

（2）轴承的润滑油充足。

（3）润滑、冷却系统做到畅通无阻、不滴不漏。

（4）均匀盘车，无摩擦及时紧时松现象，泵内应无异声。

（5）电源接线正确。

（6）出水管上的闸阀启闭灵活。

3. 空负荷试运

泵内无工作介质，启动后空车运行的试运称为空负荷试运，应注意下列问题：

（1）观察电动机转向是否与泵所要求的转向相同。

（2）滚动轴承温升一般不得超过环境温度 30～40℃，最高温度不应超过 70℃。若无合适的温度测量仪器，可用手触摸轴承座外壁，以不烫手为宜。触摸时间不宜过短，否则手感觉不到真实的温度。

（3）运转平稳无异声，冷却润滑系统正常。

4. 负荷试运

(1) 负荷试运的步骤。对于不同类型的泵，负荷试运的步骤各有不同，但归纳总结后，叶片式泵通常包含以下步骤：

1) 盘车。应注意轻重均匀，且泵内应无异声、擦碰。

2) 灌泵，以排除泵内的空气。一般小型离心泵大多采用灌水排气的方法，此时吸水管下端应装有底阀；大、中型离心泵大多采用水环式真空泵抽气引水。

3) 启动泵的电动机。注意不同类型泵在启动时出口阀和入口阀的位置，避免启动电流过大烧毁电动机。另外水泵在闭闸情况下，运行时间一般不应超过 2～3min，如时间太长，泵内水流会因不断地在泵壳内循环流动而发热，致使水泵某些零部件发生损坏。

4) 用出口阀调节泵的流量。

试运注意事项：在试运过程中要随时注意轴承的温升和振动、吸水压力和排水压力的变化、电动机电流表指示等。若发现轴承温升剧烈，可能是由于轴承间隙不正确，配研不好，或润滑不良所引起；若吸水压力变化，或者泵内真空度降低，则可能是由于管路法兰及轴封等连接不严密漏入空气所造成；如排水压力下降，应停止试运，解体检查水轮与密封环的径向间隙是否有变化，水泵转子的轴向位置是否正确。如没有上述缺陷，水泵运转时振动也很小，则可认为水泵检修、安装质量符合要求。

(2) 不同泵的试运步骤。

1) 离心泵试运步骤。

a. 盘车。

b. 灌泵。

c. 启泵前关闭出水管上的阀门。

d. 将水注满水泵，以排除水泵内的空气。

e. 检查水位是否符合吸入高度要求。

f. 开动电动机，当水泵达到正常转速后，打开出水管上的阀门正式送水。

g. 用出口阀调节泵的流量。

2) 轴流泵试运步骤。

a. 盘车。

b. 灌泵。

c. 启泵前打开出水管上阀门的 1/3。

d. 启动水泵。

e. 缓慢打开出水管上的阀门。

f. 用出口阀调节泵的流量。

3) 容积泵试运步骤。

a. 试运前检查全部管路法兰、接头的密封性。

b. 盘动联轴器，无摩擦及碰撞声。

c. 首次试运启动应向泵内注入输送液体。

d. 启动前应全开吸入和排出管路中的阀门，严禁闭阀启动。

e. 验证电动机转动方向后，启动电动机（运行期间不得关闭出水管上的阀门）。

f. 用出口阀调节泵的流量。

（3）负荷试运应达到的要求。

1）密封漏损应符合要求，填料密封的滴漏速度应小于10～20滴/min，机械密封滴漏速度应小于5滴/min。

2）温升正常，运转平稳。

3）流量、压力能够达到要求，并且较为平稳。

4）电流不超过额定值。

5）连续运转4h。

三、泵的停运

（1）关闭真空表和压力表阀。

（2）缓慢关闭出口闸阀，然后停电动机。

注意：

（1）离心泵如先停电动机而后关闭出口阀，压出管中的高压液体可能反冲入泵内，造成叶轮高速反转，以致损坏。

（2）如停泵后长时间不用或环境温度低于0℃，应将泵内水放出。

（3）对轴流泵一般压水管路上不设闸阀，可以直接停机。

（4）对于深井泵，停车后不能立即再次启动水泵，以防水流产生冲击，一般待5min以后才能再次启动。

遇有下列情况之一者，应紧急停运处理：

（1）泵内发出异常的声响。

（2）泵发生剧烈振动。

（3）电流超过额定值并持续不降。

（4）泵突然不排液。

四、泵运行中常见故障及处理

泵在运行过程中常见的故障现象、产生原因及消除方法分别见表2－8和2－9。另外为了让大家有的放矢地进行水泵故障的诊断，在本项目后的“拓展知识”中提供了详细的故障查找及分析方法。

表2－8　　离心泵运行中常见故障及消除方法

故障现象	故障原因	消除办法
无液体排出	（1）叶轮或进口阀被异物堵塞； （2）吸液高度过大； （3）吸入管路漏入空气； （4）泵没有灌满液体； （5）被输送液体温度过高； （6）出口阀或进口阀因损坏而打不开	（1）清除异物； （2）降低吸液高度； （3）拧紧松动的螺栓或更换密封垫； （4）停泵灌液； （5）降低液体温度或降低安装高度； （6）更换或修理阀门
流量不足	（1）叶轮反转； （2）叶轮或进口阀被堵塞； （3）叶轮腐蚀，磨损严重； （4）入口密封环磨损过大； （5）吸液高度过大； （6）泵体或吸入管路漏入空气	（1）改变转向； （2）清除堵塞物； （3）更换或修理叶轮； （4）更换入口密封环； （5）降低吸液高度； （6）紧固，改善密封

续表

故障现象	故障原因	消除办法
运转声音异常	(1) 异物进入泵壳； (2) 叶轮背帽脱落； (3) 叶轮与泵壳摩擦； (4) 滚动轴承损坏； (5) 填料压盖与泵轴或轴套摩擦	(1) 清除异物； (2) 重新拧紧或更换叶轮背帽； (3) 调整泵盖密封垫厚度或调整轴承压盖垫片厚度； (4) 更换滚动轴承； (5) 对称均匀地拧紧填料压盖
泵体振动	(1) 联轴器找正不良； (2) 吸液部分有空气漏入； (3) 轴承间隙过大； (4) 泵轴弯曲； (5) 叶轮腐蚀、磨损后转子不平衡； (6) 液体温度过高； (7) 叶轮歪斜； (8) 地脚螺栓松动； (9) 电动机的振动传递到泵体上	(1) 找正联轴器； (2) 紧固螺栓或更换密封垫； (3) 更换或调整轴承； (4) 校直泵轴； (5) 更换叶轮； (6) 降低液体温度； (7) 重新安装、调整； (8) 紧固螺栓； (9) 消除电动机振动
轴承过热	(1) 中心线偏移； (2) 缺油或油中杂质过多； (3) 轴承损坏； (4) 泵体轴承孔磨损，轴承外环转动； (5) 轴承压盖压得过紧	(1) 校正轴心线； (2) 清洗轴承，加油或换油； (3) 更换轴承； (4) 更换泵体或修复轴承孔； (5) 增加压盖垫片厚度
泵壳过热	(1) 出口阀未打开； (2) 泵设计流量大，实用量太小； (3) 叶轮被异物堵塞	(1) 打开出口阀； (2) 更换流量小的泵或增大用量； (3) 清除堵塞物
填料密封泄漏过大	(1) 填料没有装够应有的圈数； (2) 填料的装填方法不正确； (3) 使用填料的品种或规格不当； (4) 填料压盖没有压紧； (5) 存在"吃填料"现象	(1) 加装填料； (2) 重新装填料； (3) 更换填料，重新安装； (4) 适当拧紧压盖螺母； (5) 减小径向间隙
机械密封泄漏量过大	(1) 冷却水不足或堵塞； (2) 弹簧压力不足； (3) 密封面被划伤； (4) 密封元件材质选用不当	(1) 清洗冷却水管，加大冷却水量； (2) 调整或更换； (3) 研磨密封面； (4) 更换耐蚀性能较好的材质
密封垫泄漏	(1) 紧固螺栓没有拧紧； (2) 密封垫断裂； (3) 密封面有径向划痕	(1) 适当拧紧紧固螺栓； (2) 更换密封垫； (3) 修复密封面或予以更换
消耗功率过大	(1) 填料压盖太紧，填料函发热； (2) 泵轴窜量过大，叶轮与入口密封环发生摩擦； (3) 轴心线偏移； (4) 零件卡住	(1) 调节填料压盖的松紧度； (2) 调整轴向窜量； (3) 找正轴心线； (4) 检查并处理
泵不吸水，压力表和真空表针剧烈摆动	(1) 启动前灌水或抽真空不足，泵体内积存空气； (2) 吸水管及真空表管，轴封漏入空气； (3) 吸水面水位降低，吸水口吸入空气	(1) 重新灌水或抽真空； (2) 查漏并消除缺陷； (3) 降低吸入高度，保持吸入口浸没于水中

表 2－9　立式轴流泵及混流泵运行中可能发生的故障及消除方法

故障现象	故障原因	消除方法
泵振动过大，电动机电流过大	（1）安装不合要求，转子不对中； （2）泵未工作在运行工作范围内； （3）转子不平衡； （4）杂物缠绕动、静叶片或拦污栅； （5）动、静叶片间发生摩擦； （6）入口水位降低； （7）轴承润滑水中断； （8）轴流泵叶片汽蚀	（1）重新检修装配； （2）调整泵的工作点在允许区域内； （3）停机检修找平衡； （4）清除杂物； （5）调整动、静叶片间隙，更换橡胶轴承； （6）停止运行； （7）停泵检查轴承及轴是否磨损，检查疏通冷却水管道； （8）更换叶片
流量不足	（1）动叶开度不足； （2）转速低于额定值； （3）叶片损坏	（1）调整动叶开度； （2）消除电动机故障； （3）更换叶片
泵不出水	（1）泵反转； （2）叶片固定失灵、松动	（1）改变电动机接线相序； （2）检修叶片固定机构，调整叶片安装角

五、泵的巡检

泵在运行过程中，值班人员应按照规章制度定时巡视，检查各仪表工作是否正常、稳定，并记录水泵的流量、扬程、电流、功率因数等有关技术数据，认真填写运行记录，定期进行分析。注意有无不正常现象发生，若有，应及时查找原因进行处理，现象严重时，要立即停泵检修，以免损坏机组和发生事故。

1. 巡检方式

泵的巡检除采用仪器监测诊断外，还可用“看”“听”“摸”“闻”的方法。

看：主要是观察设备运行外部现象，是否有跑、冒、滴、漏，以及设备油位的变化和油品质的变化等。

听：主要是听设备是否有运行异常声音，包括轴承运行声音、设备及管道或其他异常。

摸：主要是监测设备运行温度（轴承和轴瓦），设备运行振动初步感觉；根据设备表面温度与手感的关系来大体判断设备运行温度。

闻：设备运行中是否能闻到其他的异味。

2. 泵外壳温度及手感

作为巡检人员，经验的积累和体悟至关重要，表 2－10 为泵外壳温度、手感一览表。

表 2－10　泵外壳温度、手感一览表

泵外壳温度（℃）	手感	感觉方法及症状
＜35	稍冷	温度比体温低，感觉到凉
40	稍温	温度比体温略高，有一点温的感觉
45	温和	用手一摸就感觉到暖和
50	稍热	用手长时间触摸，触点会变红
55	热	仅能用手摸 5～6s
60	甚热	仅能用手摸 3～4s

续表

泵外壳温度（℃）	手　感	感觉方法及症状
65	非常热	仅能用手摸 2～3s，离开后还感到手热
70	非常热	用一根手指触摸，仅能坚持 3s 左右
75	极热	用一根手指触摸，仅能坚持 1～2s
80	极热	手指稍触摸便热得离开
85～90	极热	用手指稍触摸一下，就热得烫手（若不采取措施，泵会因为温度高而烧坏）

能力训练

1. 泵启动时需要注意哪些问题？为什么？
2. 简述离心泵和轴流泵的启动过程。
3. 泵的试运有几类？泵试运的目的是什么？试运前要做哪些检查工作？
4. 泵在空负荷试运时要注意哪些问题？负荷试运应达到什么要求？
5. 叶片泵的试运步骤有哪些？
6. 泵的停车步骤有哪些？在什么情况下应紧急停车？
7. 泵的巡检内容有哪些？采取什么方式进行巡检？

任务十一　火力发电厂常用泵

任务目标

1. 知识目标

（1）熟练掌握火力发电厂常用泵的名称、作用和在系统中的位置。

（2）掌握火力发电厂常见泵的类型及特点，以 600MW 机组为例介绍发电厂主要泵组的设备配置、设备参数、运行监测和调节等知识。

（3）掌握火力发电厂主要泵组的运行知识。

2. 能力目标

（1）能将前述泵的理论知识在本任务中汇总；

（2）能描述不同泵在火力发电厂中的位置、作用及运行知识。

学习情境引入

作为火力发电厂常用的辅机，泵在火力发电厂的应用非常广泛，本任务在前述理论知识学习结束后，以 600MW 机组为例介绍发电厂主要泵组的设备配置、设备参数、运行监测和调节等知识，并通过泵的照片识读，增加对火力发电厂所用泵的感性认识。

任务分析

本任务以 600MW 机组为例介绍发电厂主要泵组的设备配置、设备参数、运行监测和调节等知识，首先提供机组配置的泵的类型及台数，接着提供常见泵的照片，增加感性认识，与前述学习的理论知识相呼应，最后分别介绍发电厂主要泵组的运行。

知识准备

一、火力发电厂常用泵设备目录

火力发电厂的泵类型较多，应用于发电厂不同液体介质的输送，以某电厂为例，该电厂机组设置为 2×600MW 超临界纯凝汽式燃煤机组，建设分两期完工，相应的泵设备清单和数量如表 2－11 所示。

表 2－11　泵名称及数量清单　台

设备名称	数量	设备名称	数量
一期设备清单		二期设备清单	
电动给水泵	2	电动给水泵	2
电动给水泵前置泵	2	电动给水泵前置泵	2
电动给水泵耦合器	2	电动给水泵耦合器	2
汽动给水泵	2	汽动给水泵	2
汽动给水前置泵	4	汽动给水前置泵	4
凝结水泵	2	凝结水泵	2
闭式水泵	4	闭式水泵	4
开式水泵	4	工业水泵	4
水环机械真空泵	4	水环机械真空泵	6
定子冷却水泵	4	氢冷升压泵	4
锅炉上水泵	2	定子冷却水泵	4
停机冷却水泵	2	停机冷却水泵	2
精处理冲洗水泵	3	精处理冲洗水泵	2
生水泵	2	凝结水输送泵	2
采暖补水泵	2	胶球泵	4
凝结水输送泵	2	凝器汽循环水坑排污泵	4
热网循环泵	4	采暖凝结水回收泵	7
胶球泵	4	循环水泵	4
凝汽器循环泵	4	循环水泵房前池排空泵	2
水坑排污泵	4	循环水泵润滑冷却水泵	4
采暖凝结水回收泵	7	循环水泵房排污泵	2
循环水泵	4		
循环水泵房前池排空泵	2		
润滑油冷却水泵	4		
循环水泵房排污泵	2		

二、设备图片

某火力发电厂 2×600MW 超临界纯凝汽式燃煤机组正在运行的常见泵如图 2-97～图 2-114 所示。

图 2-97　电动给水泵

图 2-98　汽动给水泵

图 2-99　汽动给水泵前置泵

图 2-100 凝结水泵

图 2-101 真空泵

图 2-102 锅炉上水泵

图 2-103 凝结水输送泵

图 2-104 精处理冲洗水泵

图 2-105 热网循环泵

图 2-106　闭式泵

图 2-107　开式泵

图 2-108　工业水泵

图 2-109 氢冷升压泵

图 2-110 除氧器再循环水泵

图 2-111 循环水泵

图 2-112 生水泵

图 2-113　定子冷却水泵

图 2-114　胶球泵

三、发电厂主要泵组的运行

以600MW机组为例介绍发电厂主要泵组的设备配置、设备参数、运行监测和调节等知识。

（一）给水泵组

给水泵组是保证给水系统正常运行的动力源，一般每台机组配有两台50%容量的变速汽轮机拖动的锅炉给水泵（汽动给水泵），每台汽动给水泵配一台定速电动机拖动的前置泵；另外配置一台30%容量的电动给水泵作为启动给水泵。当一台汽动给水泵故障时，电动给水泵和一台汽动给水泵并联运行，可以满足汽轮机MCR工况90%负荷的需要。汽动给水泵正常运行时，汽源由主汽轮机四段抽汽口提供，主蒸汽作为低负荷时的备用汽源，一般当负荷降到30%～40%时，两个汽源自动进行切换，另自辅助蒸汽联箱上引出一路汽源到给水泵汽轮机低压进汽阀，用于汽动给水泵调试和低负荷时使用，给水泵汽轮机排气进入主机凝汽器。在前置泵入口及主泵入口分别装有粗滤网和精滤网，防止在初次运行及大修初期投运时杂物进入泵内。流量测量装置设在前置泵与主泵之间，降低了流量测量装置的压力等级，减少了设备及安装费。每台给水泵出口都接有再循环管，供给水泵启动和停运时使用。再循环管流量为保证给水泵不发生汽化的最小流量，单独接至除氧器，为防止停泵时蒸汽倒流，在进入除氧器之前都装有止回阀。电动给水泵由液力耦合器进行调速，以满足机组启动和各种工况的需要。

1. 维护要点

锅炉给水泵是火力发电厂的重要辅机，其运行可靠性直接影响机组的满负荷稳定运行。对运行中的给水泵要进行定期点检，特别是要加强平衡装置的泄漏及振动定期点检，并做好润滑油、冷却水管路的日常点检，给水泵进口滤网定期检查；熟练掌握给水泵的换芯包程序，换芯包的检修工艺，配备必要的备品备件，以便给水泵发生故障时能快速、高质量地进行更换工作，以减少因给水泵组故障引起机组降负荷运行的时间。对新更换的给水泵，应进行必要的检测与调整，以确保新给水泵可靠、正常投运。

2. 泵组参数

电动给水泵前置泵及电动给水泵的技术规范如表2-12和表2-13所示。冷态启动和某些热态启动时，30%容量、电动机驱动的电动给水泵组供应给水到锅炉；在汽动给水泵解列时，电动给水泵组将投入运行，并带30%汽轮机额定负荷（定压工况）。

表 2-12 电动给水泵前置泵技术规范

型号	FA1D56A		
型式	卧式、轴向中分泵壳型		
泵输送介质	锅炉给水		
级数	1级双吸叶轮		
项目	单位	最大工况	额定工况
流量	m^3/h	810	750
扬程	m	93	96.5
汽蚀余量	m	4.89	4.4
效率	%	83.9	83.6
轴功率	kW	216	209
送水温度	℃	183.4	179.9
进水密度	kg/m^3	883.26	887.01
转速	r/min	1490	
密封冷却水量	t/h	3.8	
密封冷却水介质		闭式循环水	
密封冷却水温	℃	38	
密封冷却水压	MPa	～0.4MPa	

表 2-13 电动给水泵技术规范

型号	FK5F32KM		
型式	筒体芯抱、卧式		
泵送介质	锅炉给水		
级数	5级吸叶轮		
项目	单位	最大工况	额定工况
进口流量	m^3/h	810	750
出口流量	m^3/h	759	699
扬程	m	2328	2316
效率	%	80.7	79.7
抽头流量	m^3/h	51	51
增压级流量	m^3/h	120	
轴功率	kW	5403	5044
送水温度	℃	183.4	179.9
进水密度	kg/m^3	883.26	887.01
转速	r/min	5709	5629
重量	kg	7380	

汽动给水泵采用水平离心式泵，技术规范见表 2-14 所示；驱动汽动泵的汽轮机的技术参数见表 2-15。

表 2-14　　　　汽动给水泵技术规范

型号	FK4E39-KM		
型式	水平、离心、筒体式		
泵送介质	锅炉给水		
级数	4级+增压级		
项目	单位	最大工况	额定工况
出口流量	m^3/h	1342	998
抽头流量	m^3/h	51	51
抽头压力	MPa	12.1	11.6
增压力流量	m^3/h	136	
增压级压力	MPa	24	
进口温度	℃	183.4	179.9
密度	kg/m^3	883	887
出口压力	MPa	22.16	21.06
出口扬程	m	2279	2156
必须汽蚀余量	m	48.5	28
效率	%	84.5	84
轴功率	kW	9744	6033
转速	r/min	5620	5135
旋转方向	顺时针（从传动端看自由端）		

表 2-15　　　　给水泵汽轮机各工况技术参数

序号	项　目	负荷单位	最大工况（MCR）	能力工况	THA工况	75%THA工况	50%THA工况	40%THA工况	锅炉允许最低负荷
1	蒸汽压力	MPa	1.132	1.064	0.999	0.756	0.526	0.432	0.378
2	蒸汽温度	℃	367.2	366.0	368.2	370.7	374.6	352.8	353.8
3	蒸汽流量	t/h	32.510	35.575	28.330	18.382	8.960	6.200	9.818
4	背压	kPa	6.2	13.2	6.2	6.2	6.2	6.2	6.2
5	转速	r/min	5800	5600	5400	5000	4000	3600	3200
6	相对内效率	%	84.07	83.37	83.85	82.81	75.96	70.63	74.88
7	机械损失	kW	40	40	40	40	40	40	40
8	输出功率	kW	7017.5	6735.8	5995.0	3682.3	1538.0	914.5	1529.9
9	汽耗	kg/kWh	4.633	5.282	4.725	4.992	5.826	6.780	6.417
10	排汽量	t/h	32.555	35.617	28.376	18.444	9.041	6.287	9.909
11	排汽温度	℃	36.78	36.78	36.78	36.78	44.28	63.70	54.32
12	排汽焓	kJ/kg	2408.8	2503.8	2428.3	2475.9	2582.7	2619.3	2601.6

3. 给水泵组的运行

在冷态启动和某些热态启动时，首先启动电动给水泵组，由电动给水泵组供应给水到锅炉，随着机组负荷的升高，由电动给水泵切换为启动给水泵运行。

（1）启动。启动之前，给水系统由凝结水通过凝结水充水管上水并使除氧器和汽包上水到正常运行水位，系统其他部分也全部充水，开启设备和管路的放空气门，保证系统全部充水，且电动给水泵、汽动给水泵和给水泵汽轮机的润滑系统均投入运行，各暖泵管均打开，所有给水泵组的控制系统通电处于投入状态。

在汽动给水泵组启动条件满足后，先手动启动汽动给水泵前置泵，同时汽动给水泵的最小流量再循环装置自动投入，此时由于给水泵受水的冲动而使给水泵汽轮机和给水泵被迫做低速转动，当前置泵启动正常后，手动启动给水泵汽轮机，并增速通过给水泵汽轮机的一阶临界转速，当汽动给水泵压力等于其出口止回阀后压力时，开启出口电动门，汽动给水泵和电动给水泵并联运行，同时向锅炉供水，此后再增加汽动给水泵转速，汽动给水泵流量随之增加，电动给水泵流量相应减少进行两泵的切换，直至将负荷全部由电动给水泵转移到汽动给水泵为止，汽动给水泵正常运行后，电动给水泵停运。

在两泵切换过程中，汽动给水泵再循环阀由开到关，电动给水泵的再循环阀则由关到开自动调节。两泵切换过程中的三冲量信号调节电动给水泵转速，切换后便将信号转到调节给水泵汽轮机的转速，切换是无扰动的。

给水泵汽轮机配置有组件式电液调节系统，当汽动给水泵达3100r/min时，MEH可投入“远方自动”。因此汽动给水泵在3100r/min以下切换时是由“运行人员自动”进行，当转速升到3100r/min时投入“远方自动”，若在3100r/min以上切换也是先由“运行人员自动”完成，然后投入“远方自动”。因此，汽动给水泵和电动给水泵的切换可在给水泵汽轮机临界转速以上到电动给水泵最大负荷之间进行。

切换完成后（即MEH投入“远方自动”）停止电动给水泵，但其出口电动闸阀仍然保持开启状态，以便当汽动给水泵故障时，电动给水泵作为备用泵可随时启动。

汽动给水泵汽轮机开始用主蒸汽作汽源，当抽汽的数量和压力达到所要求的数值（约40%负荷）时，给水泵汽轮机汽源逐步切换到由四级抽汽供给，这个切换是自动的。

（2）正常运行。正常运行时，汽动给水泵及其前置泵投入运行，并用三冲量进行调节。电动给水泵组处于热备用状态。

（3）异常运行。

1）汽动泵跳闸。运行的汽动给水泵跳闸，电动泵自动投入，电动泵启动信号来自汽动给水泵自动跳闸回路。

2）汽动给水泵前置泵跳闸。汽动给水泵前置泵跳闸，汽动给水泵随之也跳闸，电动泵自动投入，电动泵启动信号来自汽动给水泵自动跳闸回路。

3）甩负荷。汽轮机跳闸引起甩负荷，汽轮机进汽压力增加引起锅炉汽包水位下降，这将暂时增加汽动给水泵出力。除氧器水位控制器将自动转换到较低水位，除氧器水位控制阀将自动关闭，防止凝结水打至除氧器，这将减少除氧器内压力衰减。因此，对给水泵而言，也将减少可利用的正净吸水头（NPSH）的衰减。当给水需要量下降时，锅炉给水将通过它的再循环管运行直至人工跳闸。跳闸使汽动给水泵出口电动闸阀关闭。除氧器容量很大，足以维持凝结水中断和给水流量为零这段时间内汽动给水泵的运行流量。

(4) 停运。逐步减少负荷，当抽汽压力减少时，为了从衰减的压力源获得更大的功率，给水泵及四段抽汽至给水泵汽轮机控制阀全部打开，大约减到40%负荷时，给水泵汽轮机汽源切换到主蒸汽，大约20%负荷时，停止汽动给水泵运行，投入电动给水泵运行。

(5) 运行注意事项。

1) 汽动给水泵配置有暖泵系统，启动前应将暖泵系统投入，待泵体上下温差正常后，方可启动，以免造成泵体动、静部分摩擦。

2) 汽动给水泵初期启动时，应注意泵体内水质，避免因水质不良造成泵体动、静部分卡涩，影响启动。

3) 启动过程中，应注意监视汽动给水泵出口压力、平衡盘压力、轴承温度、密封水温等运行参数是否正常，注意检查泵体振动及内部声音是否正常，注意最小流量阀控制是否正常，防止水泵过热而损坏。

4) 停运作备用时，应注意检查汽动给水泵出口阀及出口止回阀是否关严，防止出现倒转。

5) 一般情况下，给水泵汽轮机送轴封蒸汽和抽真空应与主机同时进行，如因故被分开，则给水泵汽轮机启动前，应先送轴封，然后打开本体有关疏水阀门，待给水泵汽轮机与主机真空接近一致时打开排汽碟阀，以免对主机真空产生影响。

6) 给水泵汽轮机冲转前，应注意检查，进汽管在暖管状态，高、低压有关疏水门在打开状态，疏水气动阀控制开关在“自动”。

7) 给水泵汽轮机在冲转过程中，应注意阶段性暖机和监视轴承振动、轴向位移、轴瓦温度、排汽温度等运行参数是否正常，注意倾听机内声音是否正常。

8) 给水泵汽轮机单独停运检修时，应先隔离本体有关疏水及排汽碟阀，然后破坏真空，并注意主机真空的变化，待给水泵汽轮机真空到零后，再隔离轴封用汽。

(6) 电动给水泵切换为A汽动给水泵运行步骤。

1) 确认机组各参数正常。

2) 确认A汽动给水泵转速达3100r/min，“锅炉自动”灯亮。

3) 确认主给水、电动给水泵投入“自动”，解除B汽动给水泵“自动”。

4) 缓慢升高A汽动给水泵转速，提高A汽动给水泵出口压力，电动给水泵转速随之下降。

5) 严密监视A给水泵汽轮机振动及轴向位移等数值正常。

6) 检查汽包水位、除氧器水位正常，注意给水量变化不要太大。

7) 检查A汽动给水泵流量大于616m^3/h时，最小流量阀应关闭，否则手动关闭。

8) 电动给水泵出口流量小于192m^3/h时，电动给水泵最小流量阀应开启。

9) 继续升高A汽动给水泵转速，直至电动给水泵出口流量减少为零。

10) 检查汽包、除氧器水位维持正常，A给水泵汽轮机正常。

11) A、B汽动给水泵投“自动”，停止电动给水泵运行，监视润滑油压，当降至0.1MPa时，交流辅助油泵应自启，否则手动开启。

12) 视油温情况停止电动给水泵润滑油及工作油冷却器冷却水。

13) 将电动给水泵投入备用。

运行中电动给水泵切换至汽动给水泵时的注意事项：

1）初期启动时，应注意泵体内水质，避免因水质不良造成泵体动、静部分卡涩，影响启动。

2）启动过程中，应注意监视电动给水泵出口压力、平衡盘压力、轴承温度、密封冷却水温、电动机电流等运行参数是否正常，注意检查泵体振动及内部声音是否正常，注意最小流量阀控制是否正常，防止水泵过热而损坏。

3）电动给水泵备用时，可将电动给水泵出口门全开，调节器勺管放在50%～80%开度，以便当一台汽动给水泵突然跳闸时，电动给水泵能迅速地高负荷自启动，以保证给水及时供给。

4）停运时，应注意检查电动给水泵出口阀是否关严，防止出现倒转。

4. 两台汽动给水泵运行中，一台汽动给水泵跳闸，电动给水泵未联动的故障分析

（1）现象。

1）CRT画面上50%RB（Run Back快速降负荷）报警。

2）机组负荷快速下降。

3）光字牌上“汽动给水泵故障”灯亮，同时事故喇叭响。

（2）处理。

1）检查机组协调控制方式自动退出（切至“汽轮机跟随”方式，锅炉手动方式）目标负荷指令降至50%额定负荷。

2）检查磨煤机选择性自动跳闸进行燃料自动选择切换。

3）注意监视汽包水位，如水位自动调整波动幅度较大，应切为手动调整。

4）注意主、再热蒸汽温度的变化，在磨煤机跳闸后，应提前调整燃烧器辅助风挡板和燃烧器摆角，避免蒸汽温度大幅度下降。

5）当RB失灵或自动降负荷出现故障时，应手动快速将机组负荷降至50%额定负荷。

6）若RB工况发生机组减负荷至50%额定负荷，检查汽轮发电机振动、胀差、轴向位移、推力瓦温度及各轴承金属温度、回油温度正常，凝汽器真空、监视段压力、轴封系统工作正常，维持该负荷运行。若汽轮机任一参数达到跳机值，调整后无法保持50%额定负荷运行时，应立即打闸停机。

7）汇报、联系有关人员，尽快查明故障原因，及时消缺。

5. 汽动给水泵反转

（1）现象。

1）给水泵汽轮机转速降至零后又回升，就地检查转子转动，泵内有不正常声音。“泵倒转”光字牌报警。

2）汽动给水泵出口压力低，入口压力高。

3）轴承振动大。

4）轴向位移反方向增大。

5）前置泵出口压力高。

6）除氧器压力、水位上升。

（2）处理。

1）发现汽动给水泵反转后，立即关闭汽动给水泵出口电动门，若发现该汽动给水泵出口电动门卡涩或失电，应立即手动关闭。

2）停运运行给水泵汽轮机和电泵，关闭其出口电动门。

3）关闭省煤器入口主给水电动门，关闭高压加热器出口电动门，截断锅炉上水。

4）关闭反转汽动给水泵中间抽头门和增压级出口门，将汽动给水泵最小流量阀强制打开。

5）反转汽动给水泵前置泵入口电动门不能关闭。

6）要注意给水泵汽轮机润滑油系统运行正常。

6. 汽动给水泵故障

（1）现象。

1）给水泵汽轮机跳闸。

2）“MEH（给水泵汽轮机数字式电液控制系统）切手动”报警。

3）MEH 盘“脱扣”、“已脱扣”灯亮。

4）给水流量急剧下降。

5）RB 动作。

（2）原因。

1）汽动给水泵组故障。

2）保护或人员误动作。

（3）处理。

1）机组发生 RB。

2）检查电动给水泵自启动，否则立即手动启动，快速增加其速度，向锅炉上水，立即关闭电动给水泵再循环阀。

3）汽动给水泵再挂闸一次，如成功，手动提升 BFPT（boost forced pump turbine，即给水泵汽轮机），转速向锅炉上水。

4）RB 动作，保留最下两层运行的制粉系统运行。

5）若 RB 不动作，则应人工干预，保留相邻两层运行的制粉系统运行，并快速将锅炉燃烧率减至 50%左右。

6）不要使锅炉压力升高，快速将机组有功负荷减至 50%左右。

7）关闭锅炉排污门。

8）电动给水泵运行中电动机电流不应超过 604A。

9）锅炉火监器频闪时，应根据投油原则选择油层，投油助燃。

10）查明汽动给水泵跳闸原因并消除后，启动汽动给水泵组运行，恢复机组负荷。

7. 汽动给水泵冲车前应做的准备工作

（1）给水泵汽轮机及给水泵检修工作结束。

（2）给水泵及给水系统有关放水门关闭。

（3）给水泵及汽轮机系统有关电动阀门各泵电动机（盘车电动机）送电。

（4）汽动给水泵组油系统具备通油条件。

（5）给水泵的密封水、轴承冷却水及汽轮机凝汽器冷却水已投入。

（6）给水泵注水，并排净泵内空气后暖泵。

（7）确认热工测量、显示、联锁、保护、自动调节回路已投入。

（8）油系统通油，进行油循环、汽动给水泵各轴承油压调整、油系统各油泵联运试验。

（9）启动一台交流（主）油泵，辅助油泵、事故油泵投备用，当油温达到设定值时，启动排烟风机。

（10）油系统投入运行后，检查给水泵各轴承油压正常，各轴承回油畅通，油系统无漏油，油泵联动试验正常。

（二）凝结水泵组

凝结水泵将凝结水从凝汽器热水井中抽出，经升压后通过低压加热器送到除氧器，同时为排汽缸、三级减温减压器、疏水扩容器、轴封供汽等用户提供减温水和提供给水泵密封水、内冷水箱等杂项用水。为了保证系统安全可靠运行、提高循环热效率和保证水质，在输送过程中，对凝结水系统进行流量控制及除盐、加热、除氧等一系列处理，系统布置如图 2－115 所示。

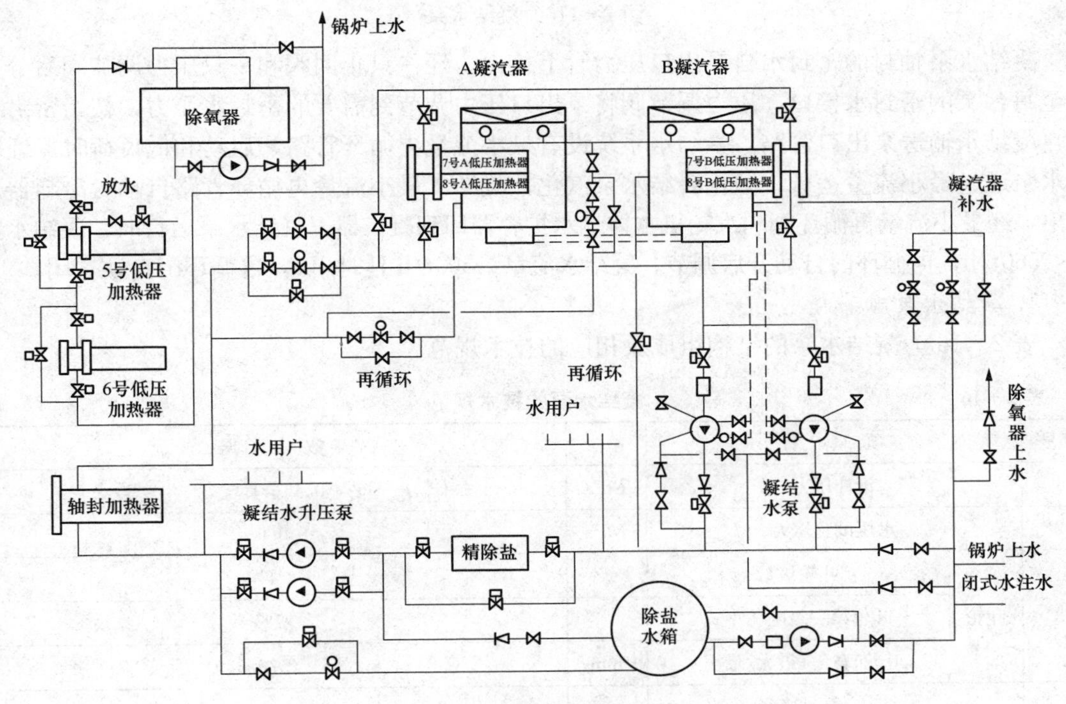

图 2－115 凝结水系统

系统设置两台 100％容量立式筒型凝结水泵（见图 2－116），其中一台运行、一台备用。凝结水型泵是立式双层壳体结构，叶轮为封闭式并同向排列，首级叶轮为双吸式，首级叶轮前设置了诱导轮，导流元件为碗型壳。叶轮的吸入与吐出接口分别位于泵筒体和吐出座上。系统设置了四台低压加热器、一台轴封冷却器以及一套凝结水精处理装置，在凝结水精处理后设有各项减温喷水和杂项用水，在轴封冷却器后设有除氧器水位调节站，包括 70％主调节阀和 30％副调节阀以及电动旁路阀，凝结水最小流量再循环管路。此外，为保证凝汽器正常运行水位，设补水调节阀以调节控制凝汽器水位，补充水管路以及一台 250m^3 凝结水贮水箱和两台凝结水输送泵。

在机组运行异常时（如主机甩负荷和旁路投入运行的瞬间），凝汽器内部将发生汽蚀。为减少汽蚀现象的危害，该凝结水泵筒体按全真空设计，首级叶轮采用双吸式叶轮，且首级叶轮前设置诱导轮，并采用耐汽蚀材料。凝结水由热水井经一根总管引出，然后分两路接至两台凝结水泵，泵进口管上设有电动水封阀、滤网和膨胀节。泵出口管上装一只止回阀、一只电动闸阀。为防止运行泵排出的压力水有可能倒入备用泵，造成备用泵吸入管超压，在每台泵的吸入管闸门后装一只泄压阀。

图 2-116　凝结水泵

凝结水泵轴封的密封水自泵出口压力管上接出，经一只止回阀和一只压力调节阀后分别接至每台泵的密封水接口，压力调节阀将泵出口压力调节到需要的密封水压力，初始密封水来自凝结水输送泵出口管路。凝结水系统设有最小流量再循环管路，启动和低负荷时保证凝结水泵通过最小流量运行，防止凝结水泵汽化，凝结水最小流量再循环管路自轴封冷却器后接出，经最小流量再循环阀和汽轮机本体疏水扩容器回到凝汽器。凝结水泵运行时，凝结水流量＜560t/h，再循环门自动开启调节。凝结水流量＞560t/h 延时 10s，再循环门自动关闭。

1. 凝结水泵规范

表 2-16 为凝结水泵的结构组成及相应的技术规范。

表 2-16　凝结水泵的技术规范

序号	项目		单位	数据
1	设计压力		MPa	0.4/全真空
2	水压试验压力		MPa	0.6
3	叶轮	叶轮级数	级	4
		叶轮第一级叶轮型式		双吸
		叶轮直径（最大/最小）	mm	551（570/530）
4	泵轴	泵轴直径	mm	105
		轴长度	m	3.9
		径向轴承数量	个	6
5	联轴器型式			弹性
6	临界转速		r/min	1950
7	径向轴承型式			氰橡胶直槽圆筒式
8	推力轴承型式			可倾瓦式
9	推力轴承荷载		kN	48
10	轴端密封型式			盘根密封
11	泵体直径		mm	1300
12	泵体长度		mm	7310

续表

序号	项目		单位	数据
13	泵材料	吸入罐筒体		碳钢/ASTM A283 Gr C+环氧树脂涂层
		吸入段、吐出段		碳钢/ASTM A283 Gr C
		导流碗（Bowl）		优质铸钢/BS2789 420/12（ASTM A536 60－40－18）
		首级叶轮		13Cr. Ni. Steel/ASTM A743 CA6 NM
		泵材料标准叶轮（系列）		优质铸钢/BS2789 420/12（ASTM A536 60－40－18）
		轴		13CR. NI. STEEL/BS 970 420S29（ASTM A276 TYPE 420）
		轴承座		碳钢/ASTM A283 Gr C
		螺栓（水中）		合金钢/ASTM A193 B7/2H
		推力环		碳钢
		密封		盘根密封
14	泵进口尺寸		mm	800
15	泵进口公称压力		MPa	0.4（150号法兰）
16	泵出口公称压力		MPa	4.2（300号法兰）
17	泵出口段设计压力		MPa	4.2
18	泵出口段水压试验压力		MPa	6.3

2. 凝结水泵的性能

凝结水泵的性能参数如表2－17所示。

表2－17 凝结水泵的性能参数

凝结水泵型号				BDC 450－490 d3s		
泵运行工况点				正常运行点（保证效率点）	最大运行点（T－MCR×1.1）	阀门全开工况（VWO×1.1）
序号	项目		单位			
1	型式			立式，筒袋式		
2	进水温度		℃	32.7	32.5	34.4
3	进水压力		kPa（a）	～4.9	～4.9	～3.6
4	流量		t/h	1540	1674.2	1751.2
5	扬程		mH_2O	340	326	315
6	效率		%	82.8	84	84
7	首级叶轮中心处需要的吸入净正压头［$(NPSH)_r$］		m	5.0	5.1	5.2
8	转速		r/min	1491	1491	1491
9	轴功率		kW	1725	1771	1790
10	最小流量		m^3/h	450		
11	最小流量下扬程		mH_2O	392		
12	泵轴双振幅	泵正常运行时	mm	0.060		
		泵事故运行时最大值	mm	0.200		

3. 凝结水泵组的运行

凝结水系统的投停按以下步骤操作：

(1) 根据系统要求检查凝结水系统各阀门位置开关正确。

(2) 确认闭式冷却水系统运行正常。

(3) 联系化学向凝结水贮水箱补水。

(4) 启动凝结水输送泵。

1) 确认泵进口门、再循环门开启，泵出口门关闭。

2) 开启凝输泵泵体放气门，见水后关闭。

3) 启动凝输泵，检查泵及电动机声音、振动，轴承温度，电动机电流，出口压力等正常，稍开出口门。

(5) 凝结水系统注水及凝汽器补水。

1) 逐渐开大凝输泵出口门，关闭再循环门。

2) 开启凝汽器补水旁路阀向凝汽器补水。

3) 凝汽器达正常水位时，关闭补水旁路阀。停止补水前稍开凝输泵再循环门。

4) 开启凝汽器补水调整门前后截门，投入水位自动控制。

5) 开启凝输泵至凝结水系统注水门，开启凝结水系统各放气门进行注水放气。各放气门见水后关闭。

(6) 凝结水泵启动。

1) 确认凝汽器水位正常，凝结水泵各项联锁保护试验合格。

2) 确认凝结水系统注水已结束。

3) 确认凝结水输送泵出口压力正常。

4) 开启凝输泵出口至凝结水泵密封水门，投入凝结水泵密封水。

5) 开启凝结水泵进口门，凝结水泵注水。

6) 送上凝结水泵动力电源。

7) 开启泵体放气门及出口门前抽气门。确认凝结水泵再循环电动门开启。

8) 启动凝结水泵，注意电流、振动、声音压力指示等正常。注意泵启动一分钟后，其出口门前抽气电磁阀自动关闭。

9) 开启凝结水泵出口至泵密封水门，关闭凝输泵至凝结水泵密封水门。

10) 开启另一台凝结水泵进、出口门，开启泵体及出口门前抽气门，并投入备用。

(7) 凝结水升压泵启动。

1) 确认凝结水升压泵各项联锁保护试验合格。

2) 检查凝结水升压泵入口门开启，入口压力正常。

3) 检查贮水箱至凝结水升压泵入口门开启并上锁，关闭凝结水升压泵出口至贮水箱调节门前截门，凝结水水质合格后开启。

4) 检查确认泵动力电源送上，各轴承油位正常、油质良好，泵轴承油冷却器投入。

5) 用“LEAD”方式启动第一台凝结水升压泵。

6) 用凝结水升压泵至凝器再循环调节其出口压力、流量正常。关闭凝结水泵出口再循环电动门。

7) 开启另一台泵出口门，投入“STANDBY”。

8）如果凝结水质不合格，可开启 5 号低压加热器出口门前系统冲洗放水门进行放水。

9）若得到化学通知凝结水质合格，关闭 5 号低压加热器出口门前放水门，除氧器转为正常上水方式。

10）当凝器真空达－80kPa 以上且凝结水泵运行时，可开启凝输泵旁路阀向凝汽器补水，停止凝输泵，注意自流补水应正常。

（8）凝结水升压泵停运。

1）解除备用凝结水升压泵“STANDBY”。

2）停运凝结水升压泵。

（9）凝结水泵停运。

1）机组停运后，确认制氢站、暖通等凝结水用户已倒至邻机供，后缸温度（Ⅰ、Ⅱ）低于 50℃时，可以停凝结水泵。

2）解除备用凝结水泵“STANDBY”。

3）停运凝结水泵。

4）注意凝结水泵出口门前电磁抽气阀应开启。

5）凝结水泵停后需隔离检修时，应注意关闭其泵体及出口门前抽气门。

（10）凝结水泵切换。

1）检查备用凝结水泵备用良好，具备启动条件。

2）检查备用凝结水泵的密封水投入正常。

3）确认备用凝结水泵进口门开启。

4）确认备用凝结水泵出口门开启。

5）检查凝结水系统运行正常。

6）确认备用凝结水泵泵体抽气阀开启。

7）解除备用凝结水泵“STANDBY”。

8）启动备用凝结水泵。

9）检查备用凝结水泵启动后电动机电流、振动、声音等正常，CRT 状态指示正确。

10）备用凝结水泵启动运行 1 分钟后，检查该泵出口电磁抽气阀自动关闭。

11）停运原运行泵，检查 CRT 状态指示正确。

12）检查运行泵停运后，泵体至凝汽器抽气阀开启。

13）检查凝结水泵出口母管无压力低信号，根据需要将原运行泵投入“STANDBY”。

（11）凝结水升压泵切换。

1）检查备用凝结水升压泵备用良好，具备启动条件。

2）检查确认备用凝结水升压泵冷却水投入正常。

3）确认备用凝结水升压泵进口门开启。

4）确认备用凝结水升压泵出口门开启。

5）检查凝结水系统运行正常。

6）解除备用凝结水升压泵“STANDBY”。

7）在 CRT 上启动备用凝结水升压泵，检查其电流、振动、声音、出口压力等正常，CRT 状态指示正确。

8）停运原运行泵，检查 CRT 状态指示正确。

9）检查凝结水升压泵出口母管无压力低信号，根据需要将原运行泵投入“STANDBY”。

4. 凝结水泵组的非正常运行及处理

（1）低压加热器解列时。当低压加热器管子泄漏或疏水阀故障出现高-高水位时，解列该低压加热器，凝结水走旁路，但应按照规定，根据低压加热器解列的个数、汽轮机出力作相应的限制。

（2）轴封冷却器解列时。当轴封冷却器出现管子泄漏时，轴封冷却器解列，凝结水可短期经旁路运行。这时，轴封冷却器和轴冷风机都停运，不能维持汽轮机轴封低压腔和阀门汽封低压腔的微真空状态，蒸汽将一部分泄漏到汽轮机房，一部分可能逸入轴承支座进入润滑油系统。润滑油系统的水可能通过油净化装置排除掉，但这种运行方式只允许短时间运行，否则应停机。

（3）机组甩负荷时。当汽轮机甩负荷，汽门跳闸时，除氧器水位调节阀自动关小，减少凝结水进入除氧器，以减缓除氧器压力下降速度，防止给水泵入口由于有效的净正吸水头急剧衰减而产生汽化，这时凝结水通过最小流量再循环运行。同时在汽轮机甩负荷时，应维持除氧器低水位运行一段时间，并视锅炉、汽轮机运行情况关闭或开启调节阀。

5. 凝结水泵检修后恢复备用的操作步骤

（1）检查确认凝结水泵检修工作完毕，工作票已收回，检修工作现场清洁无杂物。

（2）开启检修泵密封水门。

（3）开启检修泵冷却水门。

（4）缓慢开启检修泵壳体抽空气门，检查泵内真空建立正常。

（5）开启检修泵进水门。

（6）检修泵电动机送电。

（7）开启检修泵出水门。

（8）投入凝结水泵联锁开关，检修泵恢复备用。

（三）循环水泵组

循环水系统在全厂各种运行条件下连续供给冷却水至凝汽器，以带走主机、给水泵汽轮机、旁路系统排汽、机组启停、低负荷过程中疏水所排放的热量。同时循环水系统向开式冷却水系统及水力冲灰系统供水。补给水系统向循环水系统中的冷却水塔水池供水，以补充冷却塔运行中蒸发、风吹及排污的损失。

一般循环供水系统为单元制，每台汽轮发电机组配两台并联循环水泵，夏季、春秋季两台循环水泵并联运行；冬季一台循环水泵运行。

1. 循环水泵的运行特点

循环水泵的进口装有转刷网蓖式清污机，正常运行时滤网可以拦住杂物，以保证凝汽器胶球清洗装置工作正常。自动方式下，当滤网前后水位差达100mm时，滤网自动启动，冲洗水泵开启，可进行自动冲洗，30min后，冲洗结束，自动停止。

循环水泵的出口蝶阀为液控缓闭二阶段关闭止回蝶阀，每台泵设一个出口止回蝶阀。止回蝶阀开启方式：前15°快开，快开时间2.5～20s，碟阀打开15°时，同时联锁启动循环水泵；后75°慢开，时间为6～30s（时间可调）。止回蝶阀关闭方式：前75°快关，快关时间2.5～20s；后150°慢关，时间为6～50s（时间可调）。

蝶阀液压操纵系统配有电动和手动油泵，相互并联，正常情况下，油压由电动油泵建立，可实现液压油自动控制，在失电情况下，可用手动油泵建立油压来开启蝶阀。蝶阀配有锁定装置，在开、关状态下均由锁定装置固定阀门位置，锁定解除后阀门才能操作。

蝶阀操纵方式为“远方”方式时，其操作与泵之间可实现联动，即泵启动时，蝶阀先自动开至20%开度，泵开启后，再全开出水阀；泵停运时，蝶阀先自动关至15%开度，泵停后，再全关出水阀。

停泵时，为避免快关出水阀发生水锤冲击，应先快关出水阀至15%开度，时间为4～8s，然后再缓慢地全关出水阀，时间为11～17s。循环水泵能承受反转转速达额定转速，且能在20%额定转速的反转工况下启动。

循环水泵的启动分“注水”和“正常”两种方式。“注水”方式启动时，蝶阀开至15%开度，泵启动后蝶阀不再开大，只有切至“正常”方式后，蝶阀才能全开（该功能专用）。

循环水系统配置有两套独立的凝汽器铜管胶球清洗装置，清洗装置为自动，可连续或定期运行。清洗装置可清洗铜管，从而提高热传导能力。

2. 循环水泵运行注意事项

(1) 正常运行中注意检查泵体及电动机的声音、振动以及轴承温度是否正常，电动机电流及线圈温度是否正常。

(2) 注意检查泵进口旋转滤网前、后水位差是否正常，泵的出口压力是否正常。

(3) 注意检查泵的密封冷却水滤网差压是否正常，冷却水流量、压力是否正常。

(4) 注意检查确认泵出口蝶阀控制方式在“远方”位置，蝶阀液压油站油泵工作正常，油位及油压正常。

(5) 两台循环水泵运行时，若一台跳闸，待泵出口蝶阀自动全关后，再向跳闸方向复置控制开关，以免出口蝶阀未全关而造成循环水短路；若两台泵同时跳闸，应及时向跳闸方向复置控制开关，以免出口蝶阀不关，造成系统内的水大量回流。

(6) 泵投运时，待泵出口蝶阀全开后，再向合闸方向复置控制开关，以免出口蝶阀不全开。

(7) 为保证凝汽器铜管有良好的传导换热效果，防止管子内壁结垢或被杂物堵塞，应密切注意胶球清洗装置的正常稳定运行。

3. 循环水泵启动

(1) 检查高、低位油箱油位在1/2以上。

(2) 检查循环水泵的冷却水、润滑水投入正常；泵及各轴承油位正常，油质良好，各放油门关闭严密。

(3) 检查碟阀油泵站的油位、油压正常。

(4) 启动循环水泵电动机的冷却风机。

(5) 启动循环水泵，注意检查其出口碟阀联动开启正常。

(6) 检查循环水泵电流、出口压力、振动等各部正常。

(7) 循环水泵系统各部正常后，停运启动冷却水泵。冬季投循环水系统时，凉水塔热水门应开启，随机组带负荷循环水温度升高后再逐渐关闭，以防凉水塔严重结冰。

4. 循环水泵停运

(1) 在停止最后一台循环水泵前，应先启动冷却水泵。

(2) 检查出口蝶阀在“远方”位置，停泵前就地必须有专人监视。

(3) 停止循环水泵，注意检查出口蝶阀应联动关闭，泵不倒转，否则手动泄压关闭。

(4) 待所有辅机停运、低压缸（Ⅰ、Ⅱ）温度低于50℃且循环水无用户时，停运启动冷却水泵。

(5) 冬季机组停运后，应及时开启热水门，循环水走旁路，并根据情况悬挂挡风板，防止凉水塔结冰。

5. 循环水泵故障

(1) 电动机上下轴承油位降低时，应检查放油门是否关严，油管路是否有泄漏，并及时补油。

(2) 电动机上下轴承油位升高时，应检查油质是否乳化或是否有白色泡沫，从而判断是否有水进入油中，必要时要停泵处理。

(3) 循环水泵组振动异常增大时，应检查电动机电流，倾听泵内声音，若出口压力、泵电流波动大，应检查循环水泵吸水井水位是否过低，入口滤网是否堵塞。若循环水泵电动机电流增大，母管压力降低，应检查循环水泵出口碟阀是否下滑或关闭，若发现下滑应重开一次，启动不成功，需联系处理。

(4) 循环水泵电动机线圈温度高时，应检查排风机运转是否正常，通风道是否堵塞。

(5) 当吸水井水位低时，应检查水塔水位是否正常，系统是否漏水，循环水泵入口旋转滤网是否堵塞。

(6) 循环水地坑水位高时，及时启动排污泵，同时查出水位高的原因并消除，严防淹没碟阀控制部分。

6. 循环水泵轴承温度高

(1) 现象。

1) 循环水泵温度检测仪显示温度升高。

2) 就地轴承油色异常，油位偏低，并有可能发生乳化现象。

(2) 原因。

1) 循环水泵润滑油油质差，油位低。

2) 循环水泵冷却水系统异常，冷却水量低或冷却水中断。

3) 循环水泵温度检测仪温度测点故障。

4) 循环水泵过负荷，振动大。

5) 轴承质量不佳或间隙调整不当。

(3) 处理。循环水泵温度异常时，应对比其他温度测点，若为测点故障，则应联系热工人员处理，否则按以下规定处理：

1) 若为单一轴承温度高，则应检查该轴承油位、油色是否正常，该冷却水系统门位置是否正确，冷却水是否充足。

2) 若所有轴承温度均升高，则应检查冷却水系统总门，确认位置是否正常。

3) 若推力轴承温度高，应检查循环水泵电流情况，严禁超负荷运行。

4) 轴承温度达到80℃时，立即紧急手动停运该循环水泵。

能力训练

1. 发电厂常见泵有哪些？试描述不同泵在发电厂系统中的作用和技术要求。

2. 熟悉不同泵的运行知识。

泵的拓展知识

在运行过程中，水泵故障的诊断是一个关键的环节，以下给出几种常见故障及消除措施，供大家有的放矢地进行水泵故障的诊断。

1. 无液体提供，供给液体不足或压力不足

(1) 泵没有注水或没有适当排气。

消除措施：将泵壳和入口管线全部注满液体。

(2) 速度太低。

消除措施：确保电动机的接线正确、电压正常，并保证透平的蒸汽压力正常。

(3) 系统水头太高。

消除措施：消除摩擦损失，维持系统正常水头。

(4) 吸程太高。

消除措施：减小因入口管线选择不当（入口管径太小或管线太长）造成的摩擦损失。

(5) 叶轮或管线受堵。

消除措施：清除叶轮入口或管线中的障碍物。

(6) 转动方向不对。

消除措施：确保电动机与泵连接正确，按泵指示方向转动。

(7) 产生空气或入口管线有泄漏。

消除措施：确保泵入口管线无气穴和/或空气泄漏。

(8) 填料函中的填料或密封磨损，使空气漏入泵壳中。

消除措施：检查填料或密封并按需要更换，确保润滑正常。

(9) 抽送热的或挥发性液体时吸入水头不足。

消除措施：增大吸入水头，向厂家咨询。

(10) 底阀太小。

消除措施：安装正确尺寸的底阀。

(11) 底阀或入口管浸没深度不够。

消除措施：向厂家咨询正确的浸没深度，用挡板消除涡流。

(12) 叶轮间隙太大。

消除措施：确保叶轮间隙按图纸预留。

(13) 叶轮损坏。

消除措施：检查叶轮，按要求进行更换。

(14) 叶轮直径太小。

消除措施：向厂家咨询正确的叶轮直径。

(15) 压力表位置不正确。

消除措施：正确安装压力表，保证出口管嘴或管道畅通无阻塞。

2. 泵运行一会儿便停机

(1) 吸程太高。

消除措施：减小因吸入管线选择不当（入口管径太小或管线太长）造成的摩擦损失。

(2) 叶轮或管线受堵。

消除措施：清除叶轮或管线中的障碍物。

(3) 产生空气或入口管线有泄漏。

消除措施：确保泵入口管线无气穴和/或空气泄漏。

(4) 填料函中的填料或密封磨损，使空气漏入泵壳中。

消除措施：检查填料或密封并按需要更换。检查润滑是否正常。

(5) 抽送热的或挥发性液体时吸入水头不足。

消除措施：增大吸入水头，向厂家咨询。

(6) 底阀或入口管浸没深度不够。

消除措施：向厂家咨询正确的浸没深度，用挡板消除涡流。

(7) 泵壳密封垫损坏。

消除措施：检查密封垫的情况，并按要求进行更换。

3. 泵功率消耗太大

(1) 转动方向不对。

消除措施：确保电动机与泵连接正确，按泵的指示方向转动。

(2) 叶轮损坏。

消除措施：检查叶轮，按要求进行更换。

(3) 转动部件咬死。

消除措施：调整内部磨损部件的间隙，使其按生产厂家要求预留。

(4) 轴弯曲。

消除措施：校直轴或按要求进行更换。

(5) 速度太快。

消除措施：调整电动机的绕组电压正常，并保证输送到透平的蒸汽压力正常。

(6) 水头低于额定值，送液体太多。

消除措施：向厂家咨询，安装节流阀或切割叶轮。

(7) 液体重于预计值。

消除措施：保证液体的相对密度和黏度在工作范围内。

(8) 填料函没有正确填料（填料不足，没有正确塞入或跑合，填料太紧）。

消除措施：检查填料，重新装填填料函。

(9) 轴承润滑不正确或轴承磨损。

消除措施：检查并按要求进行更换。

(10) 耐磨环之间的运行间隙不正确。

消除措施：检查间隙是否正确。按要求更换泵壳和/或叶轮的耐磨环。

(11) 泵壳上管道的应力太大。

消除措施：消除应力并向厂家代表咨询。在消除应力后，检查对中情况。

4. 泵的填料函泄漏太大

(1) 轴弯曲。

消除措施：校直轴或按要求进行更换。

(2) 联轴节或泵和驱动装置不对中。

消除措施：检查对中情况，如需要，重新对中。

(3) 轴承润滑不正确或轴承磨损。

消除措施：检查并按要求进行更换。

5. 轴承温度太高

(1) 轴弯曲。

消除措施：校直轴或按要求进行更换。

(2) 联轴节或泵和驱动装置不对中。

消除措施：检查对中情况，如需要，重新对中。

(3) 轴承润滑不正确或轴承磨损。

消除措施：检查并按要求进行更换。

(4) 泵壳上管道的应力太大。

消除措施：消除应力并向厂家代表咨询。在消除应力后，检查对中情况。

(5) 润滑剂太多。

消除措施：拆下堵头，使过多的油脂自动排出。如果是油润滑的泵，则将油排放至正确的油位。

6. 填料函过热

(1) 填料函中的填料或密封磨损，使空气漏入泵壳中。

消除措施：检查填料或密封并按需要更换。确保润滑正常。

(2) 填料函没有正确填料（填料不足，没有正确塞入或跑合，填料太紧）。

消除措施：检查填料，重新装填填料函。

(3) 填料或机械密封有设计问题。

消除措施：向厂家咨询，更换合适的密封件。

(4) 机械密封损坏。

消除措施：检查并按要求进行更换。向厂家咨询。

(5) 轴套刮伤。

消除措施：修复、重新机加工或按要求进行更换。

(6) 填料太紧或机械密封没有正确调节。

消除措施：检查并调节填料，按要求进行更换。调节机械密封（参考制造商的与泵一起提供的说明或向厂家咨询）。

7. 转动部件转动困难或有摩擦

(1) 轴弯曲。

消除措施：校直轴或按要求进行更换。

(2) 耐磨环之间的运行间隙不正确。

消除措施：检查间隙是否正确，按要求更换泵壳或叶轮的耐磨环。

(3) 泵壳上管道的应力太大。

消除措施：消除应力并向厂家代表咨询。在消除应力后，检查对中情况。

(4) 轴或叶轮环摆动太大。

消除措施：检查转动部件和轴承，按要求更换磨损或损坏的部件。

(5) 叶轮和泵壳耐磨环之间有脏物，泵壳耐磨环中有脏物

消除措施：清洁和检查耐磨环，按要求进行更换。隔断并消除脏物的来源。

8. 泵振动

(1) 泵振动原因分析。泵振动从而导致机组和泵房建筑物产生振动的原因较多，有些因素之间既有联系又相互作用，概括起来主要有以下四个方面的原因。

1) 电气方面。电动机是机组的主要设备，电动机内部磁力不平衡和其他电气系统的失调常引起振动和噪声。如异步电动机在运行中，由定转子齿谐波磁通相互作用而产生的定转子间径向交变磁拉力，或大型同步电动机在运行中，定转子磁力中心不一致或各个方向上气隙差超过允许偏差值等，都可能引起电动机周期性振动并发出噪声。

2) 机械方面。电动机和水泵转动部件质量不平衡、粗制滥造、安装质量不良、机组轴线不对称、摆度超过允许值，零部件的机械强度和刚度较差、轴承和密封部件磨损破坏，以及水泵临界转速出现与机组固有频率一致引起的共振等，都会产生强烈的振动和噪声。

3) 水力方面。水泵进口流速和压力分布不均匀，泵进出口工作液体的压力脉动、液体绕流、偏流和脱流，非定额工况以及各种原因引起的水泵汽蚀等，都是引起泵机组振动的常见原因。水泵启动和停机、阀门启闭、工况改变以及事故紧急停机等动态过渡过程造成的输水管道内压力急剧变化和水锤作用等，也常常导致泵房和机组产生振动。

4) 水工及其他方面。机组进水流道设计不合理或与机组不配套、水泵淹没深度不当，以及机组启动和停机顺序不合理等，都会使进水条件恶化，产生漩涡，诱发汽蚀或加重机组及泵房振动。采用破坏虹吸真空断流的机组在启动时，若驼峰段空气挟带困难，形成虹吸时间过长；拍门断流的机组拍门设计不合理，时开时闭，不断撞击拍门座；支撑水泵和电动机的基础发生不均匀沉陷或基础的刚性较差等原因，也都会导致机组发生振动。

(2) 消除泵振动危害的技术措施。在转动设备和流动介质中，低强度的机械振动是不可避免的。因此，在机组的制造和安装过程中，在机组的设计、运行和管理方面应尽可能避免振动造成的干扰问题，把振动危害减轻到最低限度。当泵房或机组发生振动时，应针对具体情况，逐一分析可能造成振动的原因，找出问题的症结后，在采取有效的技术措施加以消除。有些措施比较简单，有些措施相当复杂。若需要大量的资金，应对可采用的几个方案进行技术经济比较，结合机组技术改造进行。以下给出了电动机、水泵及泵房振动的常见原因及消除措施。

1) 电动机振动常见原因及消除措施

a. 轴承偏磨：机组不同心或轴承磨损。

消除措施：重校机组同心度，调整或更换轴承。

b. 定转子摩擦：气隙不均匀或轴承磨损。

消除措施：重新调整气隙，调整或更换轴承。

c. 转子不能停在任意位置或动力不平衡。

消除措施：重校转子静平衡和动平衡。

d. 轴向松动：螺栓松动或安装不良。

消除措施：拧紧螺栓，检查安装质量。

e. 基础在振动：基础刚度差或底角螺栓松动。

消除措施：加固基础或拧紧底角螺栓。

f. 三相电流不稳：转矩减小，转子笼条或端环发生故障。

消除措施：检查并修理转子笼条或端环。

2）水泵振动常见原因及消除措施

a. 手动盘车困难：泵轴弯曲、轴承磨损、机组不同心、叶轮碰泵壳。

消除措施：校直泵轴、调整或更换轴承、重校机组同心度、重调间隙。

b. 泵轴摆度过大：轴承和轴颈磨损或间隙过大。

消除措施：修理轴颈、调整或更换轴承。

c. 水力不平衡：叶轮不平衡、离心泵个别叶槽堵塞或损坏。

消除措施：重校叶轮静平衡和动平衡、消除堵塞，修理或更换叶轮。

d. 轴流泵轴功率过大：进水池水位太低，叶轮淹没深度不够，杂物缠绕叶轮，泵汽蚀损坏程度不同，叶轮缺损。

消除措施：抬高进水池水位，降低水泵安装高程消除杂物，并设置拦污栅，修理或更换叶轮。

e. 基础在振动：基础刚度差或底角螺栓松动或共振。

消除措施：加固基础、拧紧地脚螺栓。

f. 离心泵机组效率急剧下降或轴流泵机组效率略有下降，伴有汽蚀噪声。

消除措施：改变水泵转速，避开共振区域，查明发生汽蚀的原因，采取措施消除汽蚀。

3）其他原因引起的机组振动及消除措施

a. 拦污栅堵塞，进水池水位降低。

消除措施：拦污栅清污，加设拦污栅清污装置。

b. 前池与进水池设计不合理，进水流道与泵不配套使进水条件恶化。

消除措施：拦污栅清污，加设拦污栅清污装置，合理进行前池、进水池和进水流道的设计。

c. 形成虹吸时间过长，使机组较长时间在非设计工况运行。

消除措施：加设抽真空装置，合理设计与改进虹吸式出水流道。

d. 进水管道固定不牢或引起共振。

消除措施：加设管道镇墩和支墩，加固管道支撑，改变运行参数，避开共振区。

e. 拍门反复撞击门座或关闭撞击力过大。

消除措施：流道（或管道）出口前设排气孔，合理设计拍门，采取控制措施，减小拍门关闭时的撞击力。

f. 出水管道内压力急剧变化及水锤作用。

消除措施：缓闭阀及调压井等其他防止水锤措施。

g. 机组启动和停机顺序不合理，致使水泵进水条件恶化。

消除措施：优化开机和停机顺序。

项目三 风机的运行

火力发电厂的风机类型较多，既有输送有特殊要求的介质的风机，又有简单的通风机，比如锅炉引风机就是把燃料燃烧后生成的烟气从锅炉中抽出排入大气的风机。由于烟气是成分复杂的有害气体，且烟温较高，因此要求引风机要具有良好的密封性，且兼具耐高温、耐腐蚀、耐磨损等性能。除去引风机，火电厂常见的风机有以下几种：向锅炉炉膛输送燃料燃烧所必需的空气的送风机；大容量机组，如300、600、1000MW机组锅炉采用的正压直吹式制粉系统中的一次风机；烟气脱硫系统中克服风烟系统阻力的增压风机；补充锅炉内燃料后期燃烧所需的空气并实现燃烧分级，同时供风降低炉内温度水平以抑制NO_x生成的燃烬风机；对锅炉火焰监测装置进行冷却的冷却风机；为防止煤粉漏入轴承，在磨煤机的磨盘及其支架、磨辊和拉杆处，以及给煤机处提供密封风的密封风机等。

本项目主要介绍离心风机和轴流风机的结构；风机的异常工作现象（失速和喘振）分析及防止措施；风机的运行知识等。

项目目标

通过本项目的学习，熟悉离心风机和轴流风机的机构组成、部件名称、部件作用等；能够识读风机的结构示意图和设备装备图；熟练分析和判断风机的失速和喘振现象，熟练分析异常工作现象的产生原因，并能迅速采取消除措施以保证风机的正常运行；熟练掌握风机运行的相关知识，如工作点确定，串、并联工作，风机的调节等基础知识，以及启动、停运、试验及故障现象的分析及解决；最后了解火力发电厂的引风机、送风机、一次风机、燃烬风机、密封风机等风机的运行。

任务一 离心风机和轴流风机的结构

任务目标

1. 知识目标

（1）掌握风机的结构组成；

（2）掌握轴流风机和离心风机的部件组成及其作用。

2. 能力目标

（1）熟练识读离心风机和轴流风机结构纵剖图和实物图；

（2）熟知风机的构造及主要部件的作用；

（3）能识读主要部件图，说明主要部件的结构、形式、特点、作用和基本原理。

学习情境引入

火力发电厂中，对气体的升压要用到大量的风机，不同的工作场合有不同的工作要求，相应风机的工作性能和结构不同，有哪些常见的风机类型？各应用于何种工作场合？离心风机和轴流风机的结构部件有哪些？作用是什么？本任务就来解决这些问题。

任务分析

风机与泵类似，按照不同的工作原理，有不同类型的风机，火力发电厂中常见的风机有离心风机和轴流风机。本任务先从离心风机的机构组成入手，按照转子、静子的结构组成分别详细介绍其结构组成、部件作用及类型；最后介绍轴流风机的上述内容。

知识准备

一、离心风机的结构

离心风机的结构如图 3-1 所示，气体由进气箱引入，通过导流器调节进风量，然后经过集流器引入叶轮吸入口；流出叶轮的气体由蜗壳汇集起来经扩压器升压后引出。离心风机的结构包括转子、静子两部分。转子部分是旋转部件，其中叶轮是对气体做功的唯一部件，转子的结构形式决定了风机使用的安全性与经济性，转子由叶轮、轴、联轴器等部件组成。静子部分是风机的辅助部件，起引导气流，支撑和隔离转子件的作用，一般由进气箱、集流器、导流器、蜗壳（螺旋室）、蜗舌、扩压器组成。

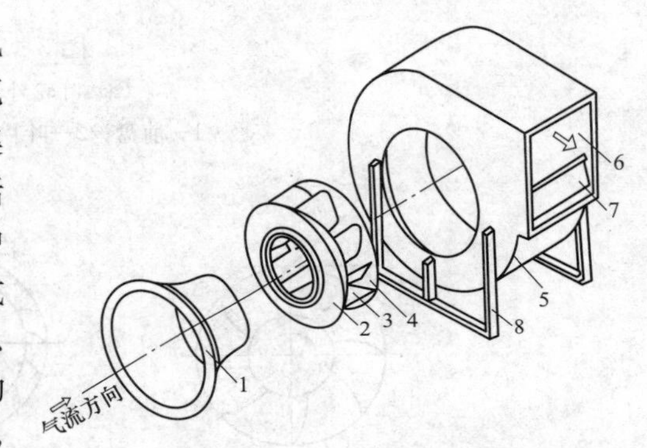

图 3-1 离心风机结构分解示意图
1—吸入口；2—叶轮前盘；3—叶轮；4—后盘；5—机壳；6—出口；7—截流板（风舌）；8—支架

（一）转子部分

转子部分包括叶轮、轴、联轴器等部件。

1. 叶轮

叶轮是使气体获得能量的重要部件，其作用是将原动机输入的机械能传递给气体，以提高其动能和压力能。离心风机的单级叶轮按吸入方式，又可分为单吸封闭式、双吸封闭式和开式三种。一般风机采用封闭式叶轮，封闭式叶轮由叶片、前盘、后盘和轮毂等组成，如图 3-2 所示。

轮毂一般由铸铁或铸钢浇铸，再经机械加工而成，轮毂的作用是将叶轮固定在主轴上。叶轮的后盘一般用铆钉与轮毂连接成一个整体，叶片两侧分别焊接在前、后盘上。叶轮与轴的连接采用轮毂与轴直接配合、法兰连接或空心轴直接焊接的方式。

根据叶片出口安装角度 β_2 的不同，可将叶轮的形式分为以下三种：

(1) 前向叶片的叶轮。叶片出口安装角度 $\beta_2>90°$，如图 3-3 (a)、(b) 所示。这种类型的叶轮流道短而出口较宽，叶轮能量损失大，整机效率低，运转时噪声大，但产生的风压较高，多用于中、小型离心风机。

(2) 径向叶片的叶轮。叶片出口安装角度 $\beta_2=90°$，如图 3-3 (d)、(e) 所示。前者制作复杂，但损失小，后者则相反。其特点介于前向型叶片与后向型叶片之间。

(3) 后向叶片的叶轮。叶片出口安装角 $\beta_2<90°$，如图 3-3 (c)、(f) 所示。这类叶型的叶轮能量损失少，整机效率高，运转时噪声小，但产生的风压较低，一般大型离心风机多采用此类叶型的叶轮。

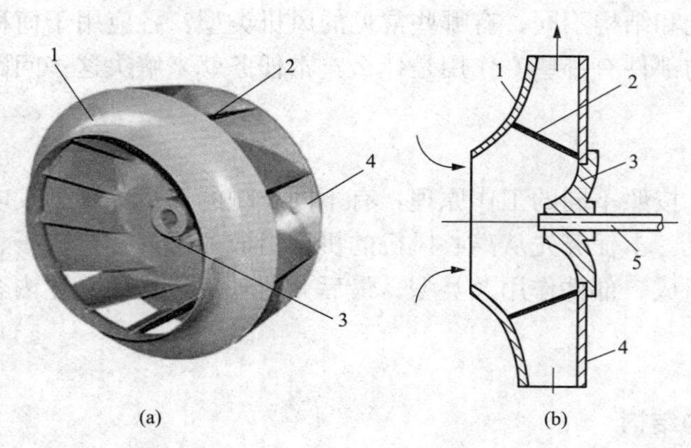

图 3-2 离心风机叶轮

(a) 叶轮外形图；(b) 叶轮结构图

1—前盘；2—叶片；3—轮毂；4—后盘；5—轴

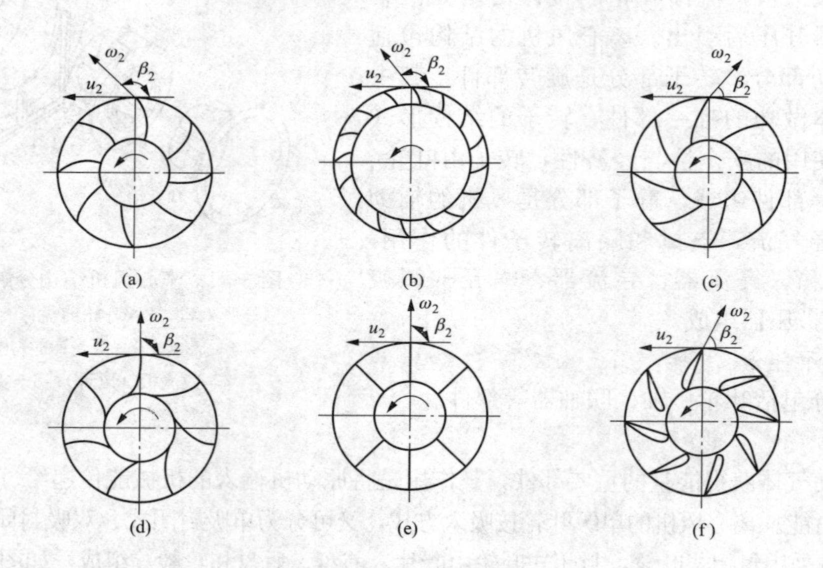

图 3-3 离心风机的叶轮形式

(a) 前向叶型叶轮；(b) 多叶前向叶型叶轮；(c) 后向叶型叶轮；

(d) 径向弧形叶轮；(e) 径向直叶式叶轮；(f) 机翼型叶轮

1) 叶轮前盘。叶轮前盘的结构形式主要有平前盘、锥形前盘和弧形前盘等几种，如图 3-4 所示。平前盘制造简单，但由于和流线形状相差太远，一般对气流的流动情况有不良影响。弧形前盘近似双曲线型，流动损失较小，具有效率高、叶轮强度好等特点，但制造比较复杂。锥形前盘的性能与工艺介于二者之间。

双侧进气的叶轮，两侧各有一个相同的前盘，叶轮中间有一个通用的中盘，中盘铆在轮毂上，如图 3-4 (d) 所示。

2) 叶片。叶片是叶轮最主要的部分，离心风机的叶片一般为 6～64 个。叶片的形状、数量及其出口安装角度对风机的性能有很大影响。离心风机的叶片形状有平板形、圆弧形和机翼形等几种，如图 3-5 所示。

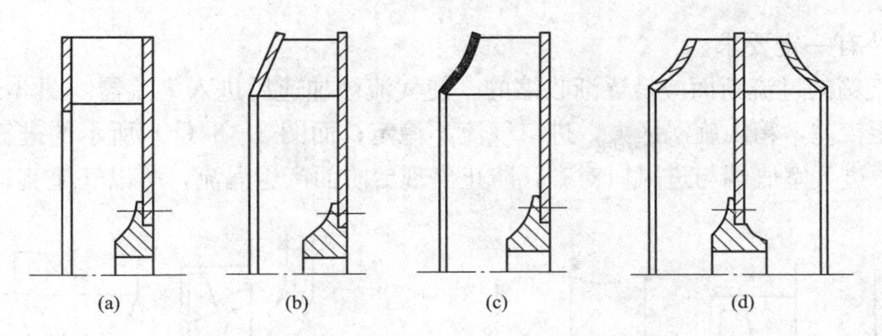

图 3-4 叶轮结构形式示意图

（a）平前盘；（b）锥形前盘；（c）弧形前盘；（d）双吸叶轮的弧形盘

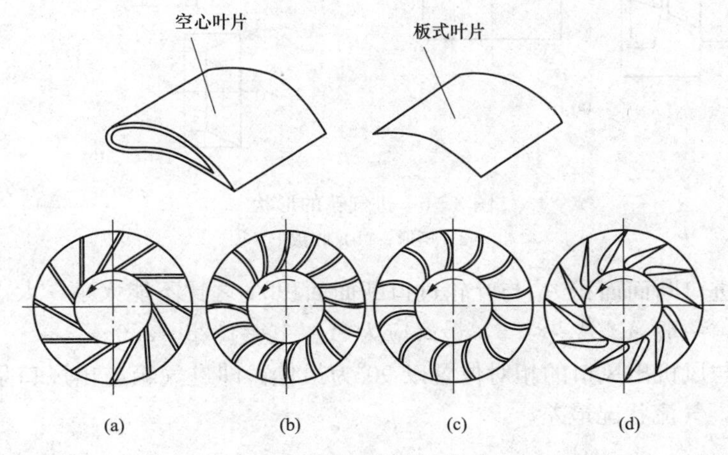

图 3-5 叶片的基本形状

（a）平板叶片；（b）圆弧窄叶片；（c）圆弧叶片；（d）机翼形叶片

机翼型叶片如图 3-5（d）所示，该类叶片具有良好的空气动力学特性，具有效率高、强度好、刚度大的优点，但当输送含尘浓度高的气体时叶片容易磨损，一旦叶片磨穿后，杂质就会进入叶片内部，使叶轮失去平衡而产生振动。为解决该问题，可将中空机翼型叶片的内部加装加强筋，以提高叶片的强度和刚度。目前高效风机普遍采用机翼后弯型空心结构，而对于中、小型离心风机，则以采用圆弧形和平板形叶片为宜。

2. 轴

离心风机的轴有实心轴和空心轴两种。叶轮悬臂支承风机采用实心轴，双支承大型引风机趋向于采用空心轴，以减少材料消耗、减轻启动载荷及轴承径向载荷。

（二）静子部分

静子部分由进气箱、集流器、导流器、蜗壳（螺旋室）、蜗舌、扩压器等组成。

1. 进气箱

进气箱一般只用在大型或双吸的离心风机上。一方面，当进风口需要转弯时，安装进气箱能改善进口流动状况，减少因气流不均匀进入叶轮而产生的流动损失；另一方面，安装进气箱可使轴承装于通风机的机壳外边，便于安装和维修，对锅炉引风机的轴承工作条件更为有利。在火力发电厂中，锅炉送、引风机及排粉机均装有进气箱。

进气箱的形状和尺寸将影响风机的性能，为了使进气箱给风机提供良好的进气条件，对其形状和尺寸有一定要求。

(1) 进气箱的过流断面应是逐渐收缩的，使气流被加速后进入集流器。图 3-6 (a) 所示的进气箱性能较差，箱内旋涡区大，进口气流不稳定；而图 3-6 (b) 所示的进气箱，通流截面是收敛的，进气室底端与进风口对齐，防止出现台阶而产生涡流，所以气流流动性能较好。

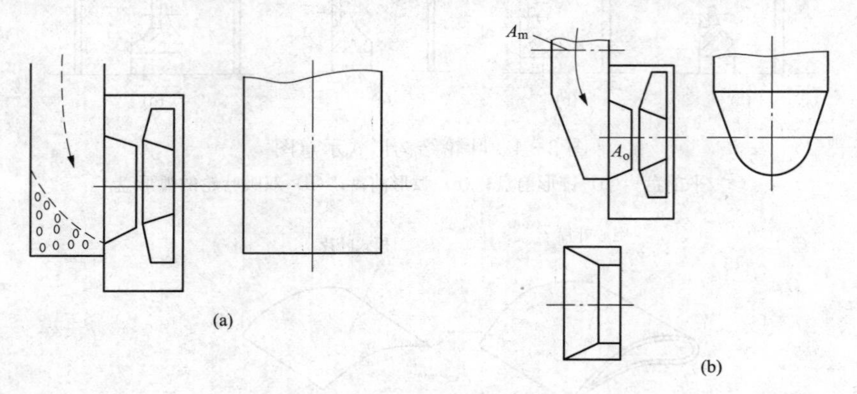

图 3-6 进气箱的形状

(a) 矩形；(b) 收敛形

(2) 进气箱进口断面面积 A_m 与叶轮进口断面面积 A_o 之比不能太小，太小会使风机压力和效率显著下降，一般 $A_m/A_o \geqslant 1.5$，最好应为 $A_m/A_o = 1.25 \sim 2.0$。

(3) 进风箱与风机出风口的相对位置以 90°为最佳，即进气箱与出风口呈正交，而当两者平行呈 180°时，气流状况最差。

2. 集流器

风机的吸入口又称集流器，集流器的各种形式如图 3-7 所示。集流器是连接风机与风管的部件，其功能是以最小阻力吸入并汇集气流，引导气流均匀充满叶轮流道的进口。集流器的几何形状不同，吸入阻力也不同，吸入口形状应尽可能符合叶轮进口附近气流的流动状况，以避免漏流引起的损失。圆柱形集流器虽然加工简便，但叶轮进口处易形成涡流区，流动损失很大，且引导气流进入叶轮的流动状况也不佳；圆锥形集流器流通截面渐扩，流体在其内流动性比在圆柱形内流动状况好，其缺点是轴向尺寸短，应用受限；圆弧形和锥筒形集流器流体流动性均优于前两种形式，实际使用较为广泛；缩放体形集流器流动损失较小，引导气流进入叶轮的流动状况也较好，当其与双曲线叶轮前盘进口配合时，可使气流进入叶轮的阻力损失最小，大大提高风机的效率，其缺点是加工工艺复杂，加工制造要求较高，通常应用在高效风机上。

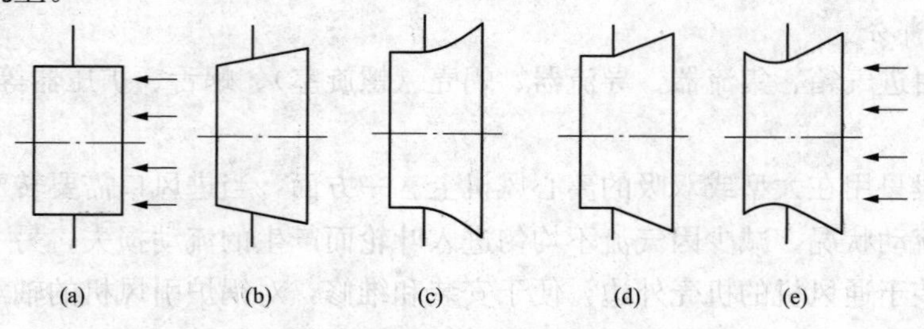

图 3-7 集流器的各种形式

(a) 圆柱形；(b) 圆锥形；(c) 圆弧形；(d) 锥筒形；(e) 缩放体形

3. 导流器

导流器又称风量调节器，一般装设在风机的进风口或进风口流道内。风机运行时，通过改变导流器叶片的角度（开度）来改变风机的性能，以扩大风机的工作范围和提高风机调节的经济性。导流器形式如图 3-8 所示。轴向式导流器就是在风机前安装带有可转动导流叶片的固定轮栅，叶片形状如螺旋桨，由若干辐射的扇形叶片组成，联动机构带动每个导叶的转轴，使每个导叶同步从 90°（全关）～0°（全开），通过控制气流进入叶轮的角度，来改变风机的工作点，以减小或增大风机的风量，从而实现负荷的调节。径向式导流器安装在带有进气箱的风机上，靠调节挡板角度控制流量。

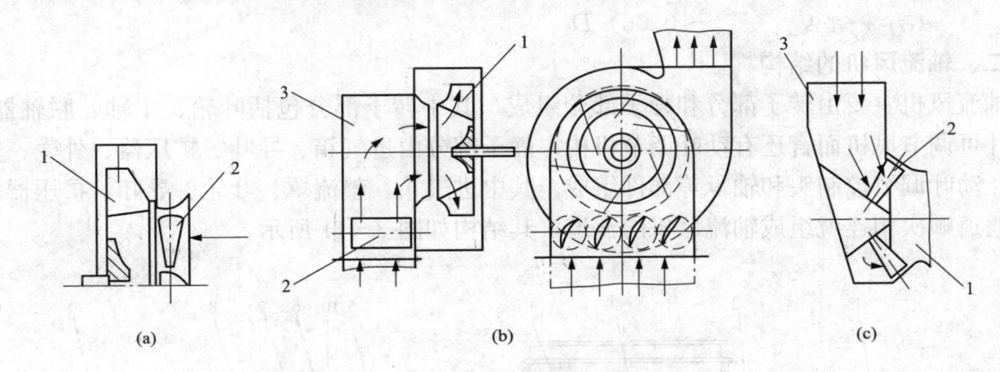

图 3-8 导流器形式

(a) 轴向式导流器；(b) 径向式导流器；(c) 斜叶式导流器

1—叶轮；2—导流器；3—进气箱

4. 蜗壳（螺旋室）、蜗舌、扩压器

蜗壳（螺旋室）、蜗舌、扩压器的结构位置如图 3-9 所示。

(1) 蜗壳。蜗壳的作用是以最小阻力损失汇集叶轮中甩出的气流，然后导入扩压器，将气流的一部分动能转变成压力能。目前最合理的蜗壳轮廓是对数螺旋线。蜗壳内壁加装防磨衬板，可防止飞灰对内壁的磨损。

(2) 扩压器。扩压器的作用是将该气流的部分动能转化为压能。由于出口断面流速不均匀，并向叶轮旋转方向偏转，因此扩压器具有朝叶轮旋转方向偏转 6°～8°的扩散角，以利于气流所带走的速度能适应气体的螺旋线运动，减少动力损失。根据出口管路的需要，扩散器有圆形截面和方形截面两种。

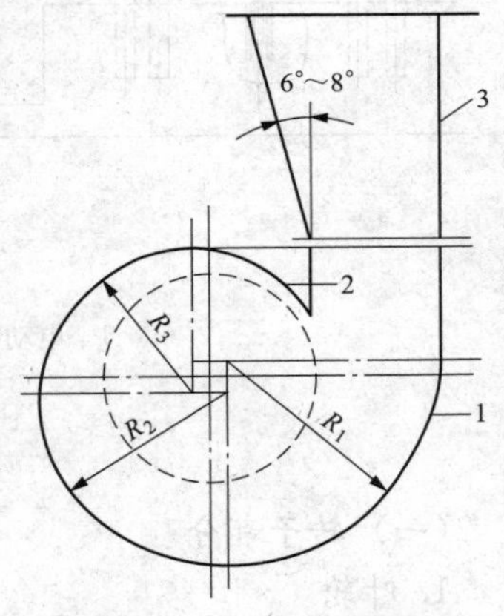

图 3-9 蜗壳、蜗舌及扩压器的结构位置

1—蜗壳；2—蜗舌；3—扩压器

(3) 蜗舌。离心通风机蜗壳出口附近有“舌状”结构，一般称作蜗舌。蜗舌可以防止气体在机壳内循环流动，提高风机效率。常见的蜗舌类型有尖舌、深舌、短舌、平舌，不同的涡舌类型应用于不同类型的风机。采用尖舌的风机虽然最高效率较高，但效率曲线较陡，且噪声大，运行中易引起风机性能恶化，目前很少使用；深舌大多用于低比转速通风机；短舌则大多用于高比转速通风机；采用平舌的风机虽然效率较尖舌低，但效率曲线较平

坦，且噪声小，目前应用于不少风机中。

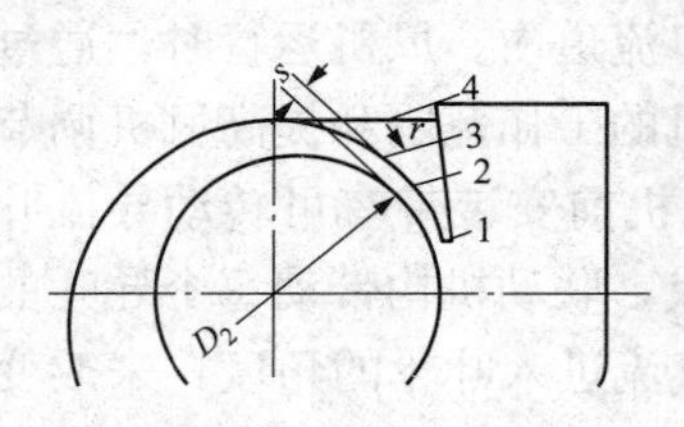

图 3-10 蜗舌结构

1—尖舌；2—深舌；3—短舌；4—平舌

蜗舌顶端与叶轮外径的间隙对噪声的影响较大。间隙小，噪声大，甚至产生啸叫；间隙大，噪声减小，但间距过大会使出口流量、压力下降，效率降低。合理的蜗舌形状和与叶轮边缘的最小间距，方能保证风机效率，一般取 $s=(0.05\sim0.10)D_2$。

蜗舌顶端的圆弧 r 对风机气动力性能无明显影响，但对噪声影响较大。圆弧半径 r 越小，噪声越大，一般取 $r=(0.03\sim0.06)D_2$。

二、轴流风机的结构

轴流风机主要由转子部分和静子部分组成，其中转子部分包括叶轮、主轴、联轴器等，对动叶可调节风机而言还有动叶调节机构；静子部分由进气箱、导叶、扩压器、外壳、密封装置、动叶调节控制头和轴承等部件组成。其中进气箱、整流罩、叶轮、导叶、扩压器等部件的通道顺次相连就组成轴流风机的流道，其结构如图 3-11 所示。

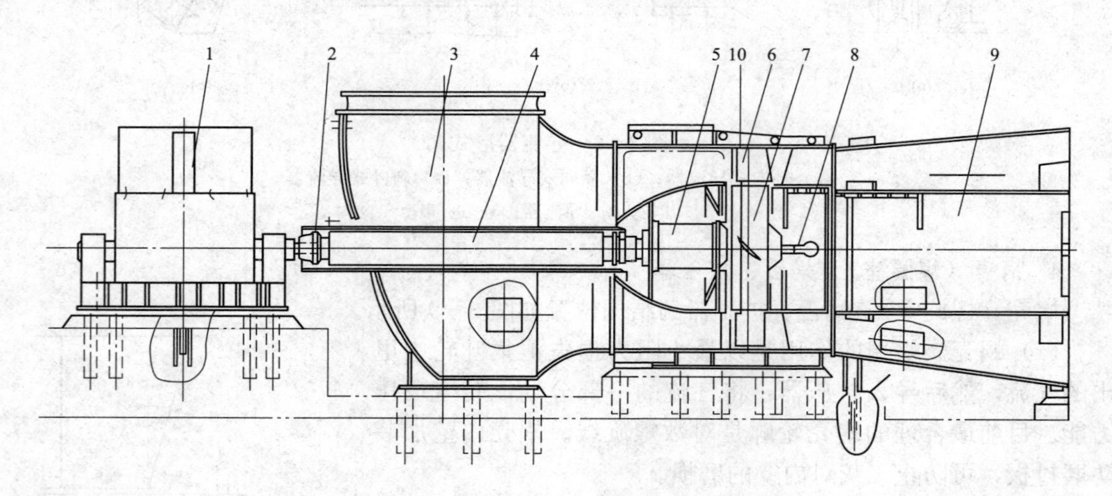

图 3-11 轴流风机结构示意图

1—电动机；2—联轴器；3—进气箱；4—主轴；5—液压缸；6—叶片；7—轮毂；8—传动机构；9—扩压器；10—叶轮外壳

（一）转子部分

1. 叶轮

气体通过旋转叶轮上的叶片做功提高能量后，作螺旋轴向运动流出叶轮。叶轮由叶片、轮毂、叶柄、平衡重锤等组成，见图 3-12。

叶片通常用铸铁、铸钢或硬铝合金制成。轴流送风机叶片的断面形状既要考虑气体动力特性与运动特性，同时也要注意叶片的强度，所以轴流风机多采用机翼形叶片，如图 3-13 所示为轴流风机叶片的翼形断面。图中将机翼的前缘与后缘连接成直线，该直线称为翼弦（宽度），弦的长度用 c 表示。垂直于翼弦方向的叶片长度称为翼展，其长度用 b 表示。翼展与翼弦的长度之比，则称为展弦比。垂直于翼弦方向的叶片断面最大厚度称为翼厚，用 t 表示。翼型的中线称为轴弧线，轴弧线距翼弦的最大高度称为拱高。气流方向与翼弦方向的夹角称为冲角，用 α 表示。这种叶片沿转子径向扭曲一定的角度，以保证在设计工况下，沿叶片半径方向获得相等的全压，避免叶片高度上有径向流动，减少因流动混乱造成的损失，提高风机的效率。

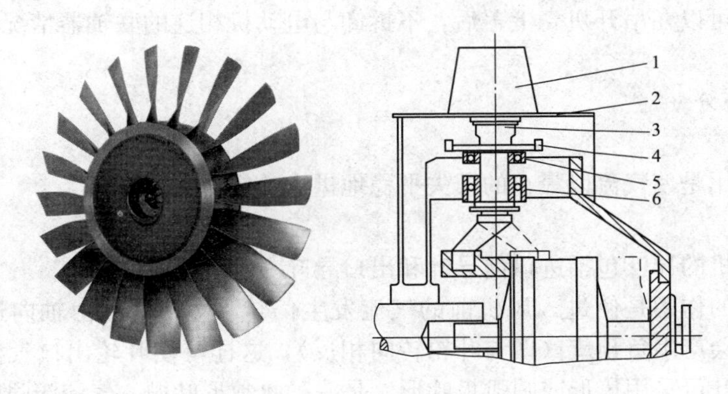

图 3－12　轴流风机叶轮结构

1—动叶片；2—轮毂；3—叶柄；4—平衡重锤；5—支持轴承；6—导向轴承

将许多相同翼形的叶片排列成彼此间距相等的一组叶片，称为叶栅。整个叶轮就是一个由十多片这种扭曲的机翼形叶片组成的环列叶栅，叶轮与轴、轴承等依次装配成转子（见图 3－14）。为了在风机变工况运行时有较高的效率，大型轴流式通风机的叶片一般做成可调的，这些叶片在调节机构驱动下，都可在一定范围内绕自身轴线旋转，从而改变叶片的安装角，进行流量调节。平衡重锤的作用是辅助动叶片在运转中能轻松地调节安装角。

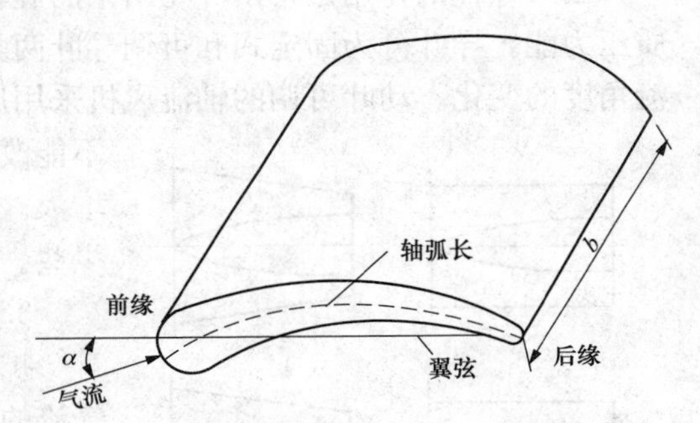

图 3－13　轴流风机叶片的翼形断面

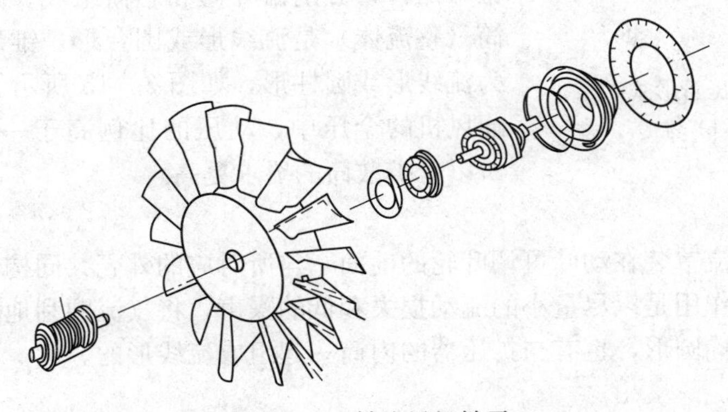

图 3－14　轴流风机转子

轮毂是用于安装叶片和叶片调节机构，一般用铸钢或合金钢制成圆锥形、圆柱形和球形三种。其外缘安装了多个叶片，内部空心处可以安放动叶调节机构的调节杆和液压缸等部件。轴流风机叶轮一般为单级，要求风压较高时可采用两级叶轮。

2. 轴

轴是传递扭矩的部件。按有无中间轴可分为两种形式，一是主轴与电动机轴用联轴器直接相连的无中间轴型；二是主轴用两个联轴器和一根中间轴与电动机轴连接的有中间轴型。有中间轴的风机可以在吊开机壳上盖后，不拆卸与电动机相连的联轴器情况下吊出转子，以方便检修。

（二）静子部分

1. 进气室

进气室的作用是使气流以最小的损失平稳地进入叶轮流道。

2. 导叶

轴流式通风机的导叶包括进口前导叶和出口导叶。

进口前导叶的作用是使进入风机前的气流发生偏转，即使气流由轴向运动转为旋转运动，一般情况下会产生负预旋（即与叶轮转向相反），这样可使叶轮出口气流的方向为轴向流出。进口前导叶可采用翼形或圆弧板叶形，是一种收敛形叶栅，气流流过时会被加速。对于变工况运行，为了提高运行经济性，常将进口前导叶做成安装角可调的或带有调节机构的可转动叶片。

出口导叶的作用是将由叶轮出来的旋转气流引向轴向运动，并把部分旋转动能转变为介质压力能。导叶分为固定式和可调导叶两类。其叶片为扭曲式，以便沿径向适应动叶出口气流角度的变化。动叶可调的轴流风机采用后置式固定导叶，在动叶调节后，由于导叶安装角不能改变，气流在进入导叶处其撞击、旋涡能量损失会增大。为避免气流通过时产生共振，导叶数应比动叶数少些。

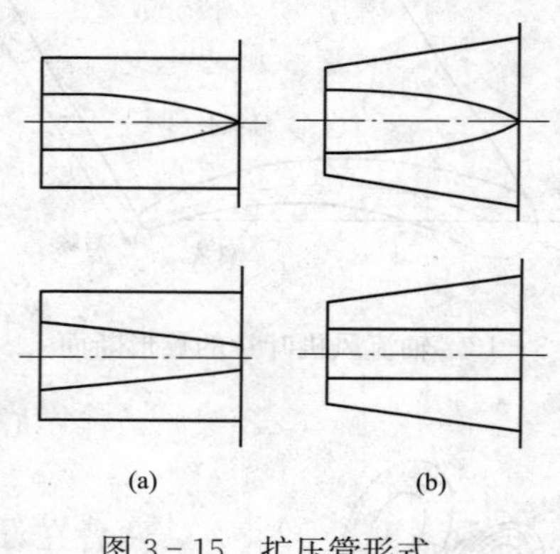

图 3-15　扩压管形式
（a）圆筒形；（b）锥形

3. 扩压管

扩压管位于导叶后部，将导叶出口具有较大动压的气流的部分动能转变为压力能，以提高风机的静压和流动效率。扩压器的形式一般按外筒的形状分为圆筒形和锥形两种，分别由外筒和芯筒组成。圆筒形扩压器的芯筒（整流体）是流线形或圆台形，锥形扩压器的芯筒则为流线形或圆柱形，如图 3-15 所示。子午加速轴流式通风机的全压中，动压的比例高于一般轴流式通风机，所以对扩散筒的要求更高。

4. 整流罩

轴流风机的整流罩装在动叶可调叶轮的前面，与所对应的外壳共同构成轴流风机良好的进口气流通道。其作用是以尽量小的流动损失和低的噪声，将气流顺利地送入叶轮。整流罩一般为半圆形或半椭圆形，也有与扩压器的内筒一起组成流线形的。

5. 密封装置

为使动叶调节机构不吸入杂质或不使轴承内的润滑油被吸出，在轮毂出风侧装有随轮毂转动的密封盖，动叶进口侧装有静止的密封片，以防止润滑油被吸出。

6. 动叶调节机构

轴流风机采用动叶可调装置，可在运行中改变动叶片的安装角，使泵与风机能在较大的负荷范围内保持高效运行。目前采用的调节装置主要有电动和液压两种方式。电动机构通过连杆机构使动叶片转动而改变角度。液压机构是靠液压缸的移动带动动叶片的调节杆使动叶片转动而改变角度。如图 3-16 所示，液压调节装置机构中，调节杆 8 将液压缸与叶柄下部连在一起，以便两者同步旋转，且在调节时能把液压缸的左右移动转化为动叶的转动，达到改变动叶安装角的目的。另外，传动盖又将液压缸内的活塞及活塞轴与叶轮相连，使活塞与液压缸均与叶轮同步旋转，以保证工况稳定时，活塞与液压缸间无相对运动。由于活塞被活塞轴的凸肩及轴套固定在轴上，不能产生轴向移动，当缸内充油时，液压缸就会沿活塞轴向充油侧移动。同时带动定位轴移动，产生反馈作用。定位轴装在活塞轴中，但不随叶轮旋转。另外，在调节系统中还有控制头、伺服阀、控制轴等既不随叶轮旋转又不随液压缸左右移动的调节控制部件。传动盖的另一个作用是将随叶轮同步旋转的调节部件密封在轮毂中，以免脏物落入调节机构，出现动作不灵活，甚至卡住的情况。当锅炉工况变化需减小风量时，电信号传至伺服电动机，驱动控制轴旋转，控制轴的旋转使齿轮向右移动。此时，由于缸内充油情况未变，液压缸仅随叶轮旋转，所以定位轴及与之相连的齿套也静止不动。于是控制轴的旋转就会使齿轮以定位轴头齿套上的 A 点为支点，推动与之啮合的伺服阀杆齿条往右移动，使压力油口与通往活塞右侧空腔的油道相通后向其充油。而回油口与通往活塞左侧空腔的油道相通，使左腔工作油泄回油箱。在活塞两侧液压作用下，液压缸将不断向右移动，并且通过相连的调节杆使动叶转动，减小动叶片的安装角（见图 3-17，图中活塞轴与纸面垂直，液压缸垂直于纸面运动），使风量减少。

与此同时，液压缸也带动定位轴一起右移。由于控制轴旋转一个角度后已静止，所以齿轮在定位轴右移运动的作用下，以自身的 B 点为支点，使伺服阀杆齿条往左移动，阀芯重新将压力油口和回油口堵住，完成反馈动作，液压缸也因此在新位置下停止移动，从而保证动叶片能在安装角减小后的新状态下稳定工作。此外，在定位轴右移时，齿套还带动指示轴旋转，显示叶片关小的角度。

锅炉负荷增大，需要增加风量时，加大动叶安装角的调节过程此处不再详述。

轴流风机采用动叶可调的结构，其调节效率高，并可使风机在高效率区域内工作，因此运行费用较离心风机明显降低。

轴流风机效率最高可达 90%，机翼形叶片的离心式风机效率可达 92.8%，两者在设计负荷时的效率相差不大。但是，当机组带低负荷时，相应风机负荷也减少，则动叶可调的轴流风机的效率要比具有入口导叶装置调节的离心风机高许多。

轴流风机对风道系统风量变化的适应性优于离心风机。目前对风道系统的阻力计算还不能做到很精确，尤其是锅炉烟道侧运行后的实际阻力与计算值误差较大；在实际运行中，煤种变化也会引起所需的风机风量和压头的变化。然而，对于离心风机来说，在设计时要选择合适的风机来适应上述各种要求是困难的。为考虑上述变化情况，选择风机时其裕量要适当采取大些，则会造成在正常负荷运行时风机的效率会有明显的下降。如果风机的裕量选得偏小，一旦情况变化后，可能会使机组达不到额定出力。而轴流风机采用动叶调节，关小和增大动叶的角度来适应风量、风压的变化，而对风机的效率影响却较小。

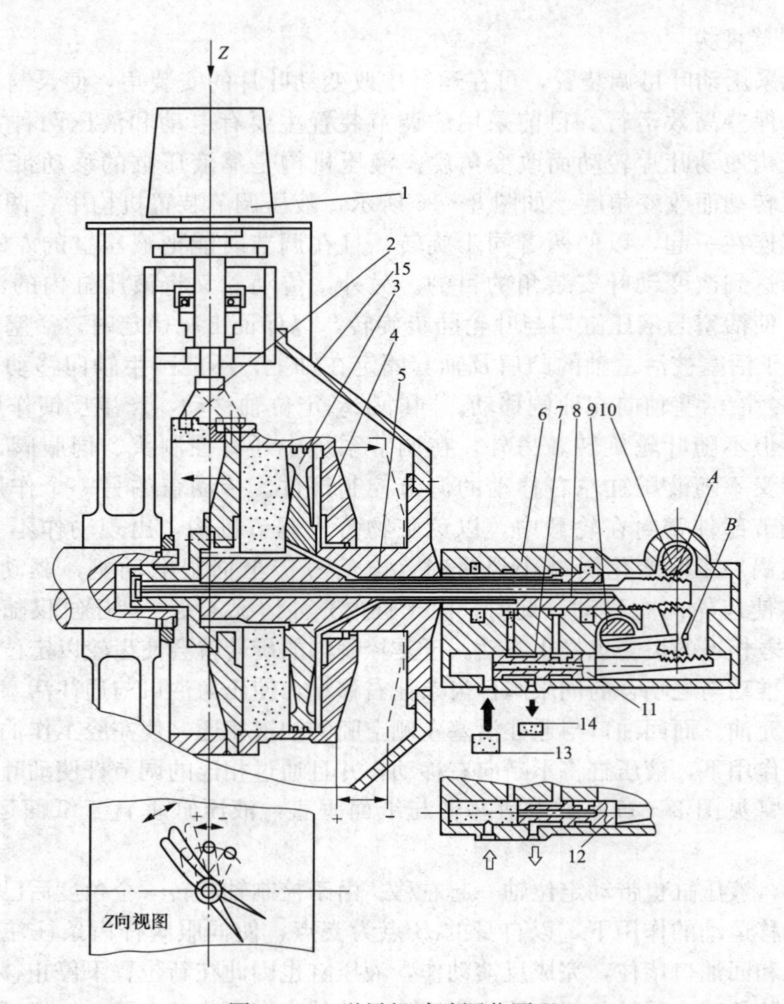

图 3-16　送风机动叶调节原理

1—叶片；2—调节杆；3—活塞；4—液压缸；5—活塞轴；6—控制头；7—伺服阀；8—调节杆；9—控制轴；10—指示轴；11—叶片调节正终端；12—叶片调节负终端；13—压力油；14—回油；15—传动盖

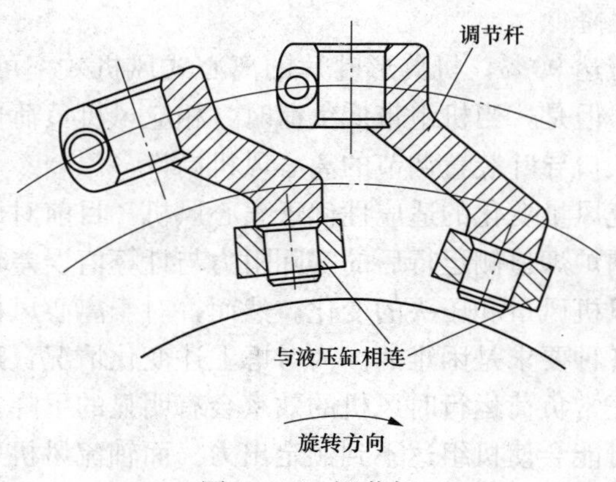

图 3-17　调节杆

轴流风机质量轻、低的飞轮效应值等方面比离心风机好。由于轴流风机比离心风机的质量轻，所以支撑风机和电动机的结构基础也较轻，还可以节约基础材料。轴流风机结构紧凑、外形尺寸小，占据空间也小。如果以相同性能作对比基础，则轴流风机所占空间尺寸比离心风机小30%左右。

由于轴流风机允许采用较高的转速和较高的流量系数，因此轴流风机有低的飞轮效应值，所以在相同的风量、风压参数下，轴流风机的转子质量较轻，使得轴流风机的启动力矩大大小于离心风机的启动力矩。一般轴流式送风机的启动力矩只有离心式送风机启动力矩的14.2%～27.8%，可明显地减少电动机功率裕量对电动机启动特性的要求，降低电动机的投资。而离心风机由于受到材料强度的限制，叶轮的圆周速度也受到限制。而转速低，使离心风机的转子大而重，飞轮效应显著增大，会给风机的启动带来困难。电动机功率要比正常运行条件下所需的功率大得多，这样在正常运转时，电动机又经常在欠载运转，增加电动机的造价，降低电动机的效率。

轴流风机的转子结构要比离心风机转子复杂，旋转部件多，制造精度要求高，叶片材料的质量要求也高。再加上轴流风机本身的特性，运行中可能会出现喘振现象。所以轴流风机运行可靠性比离心风机稍差一些。但是动叶可调的轴流风机由于从国外引进技术，从设计、结构、材料和制造工艺上加以改进提高，使目前轴流风机的运行可靠性可与离心风机相媲美。

若轴流风机与离心风机的性能相同，则轴流风机的噪声强度比离心风机高，因为轴流风机的叶片数往往比离心风机多2倍以上，转速也比离心风机高，因此轴流风机的噪声频率位于较高倍的频程频带。国外资料报道，不装设消声器的轴流送风机的噪声水平可达110～130dB，离心送风机噪声水平为90～110dB。然而，对于性能相同的两种风机，把噪声消减到允许的噪声标准（85dB），在消声器上所花费的投资相差不大。

▶ 能力训练 ◀

1. 离心风机和轴流风机的工作原理有何不同？
2. 简述离心风机的结构组成及各部件作用。
3. 简述轴流风机的结构组成及各部件作用。
4. 比较离心风机和轴流风机的结构与性能差异。
5. 描述轴流风机的动叶调节机构。

任务二　风机的失速和喘振

▶ 任务目标 ◀

1. 知识目标

（1）熟练掌握风机失速现象原因分析的方法；

（2）掌握控制风机失速的方法；

（3）熟练掌握防止风机喘振现象发生的方法和措施；

（4）熟练掌握风机喘振的现象描述及原因分析方法。

2. 能力目标

(1) 熟练描述风机失速现象的发生过程，能识读风机失速时各区域的流动情况；

(2) 熟练描述风机的喘振现象；

(3) 熟练分析风机失速和喘振现象的产生原因，了解其危害，并具备应对上述异常产生采取防治措施的能力。

学习情境引入

风机的运行状况对火力发电厂的安全经济运行至关重要。风机内工作气体的流动特性会引起风机性能变化，风机运行常会出现失速和喘振现象。

任务分析

风机运行中由于气流流动的异常及风机性能曲线显现的不稳定工作区的存在，使得连接风机的大容量管道系统内气流发生流量和风压的波动，引起风机的失速和喘振；本任务首先介绍风机的失速现象，分析其产生原因、危害，介绍其现场检测方法；接着分析风机的喘振现象。

知识准备

风机的运行状况对火力发电厂的安全性与经济性都有十分重大的影响。因为风机内的工作介质是气体，气流的流动特性会引起风机性能变化，加之气体密度较小，连接风机的管路系统常为大容量管路系统，所以现场的风机运行常会出现失速和喘振现象。

一、风机的失速

由流体力学可知，当速度为 v 的直线平行流以某一冲角（翼弦与来流方向的夹角）绕流二元孤立翼型叶片（机翼）时，作用于叶片上的力有两种，即垂直于流线的升力和平行于流线的阻力。由于沿气流流动方向的两侧不对称，使得翼型叶片上部区域的流线变密，流速增加，翼型下部区域的流线变稀，流速减小。因此，流体作用在翼型叶片下部表面上的压力将大于流体作用在翼型叶片上部表面的压力，结果在翼型上部形成一个向上的作用力。如果绕流体是理想流体，则这个力与来流方向垂直，称为升力，其大小由儒可夫斯基升力公式确定：

$$F_L = \rho v_\infty \Gamma \tag{3-1}$$

式中 Γ——速度环量；

ρ——绕流流体的密度。

其方向是在来流速度方向沿速度环量的反方向旋转 90°来确定。

阻力包括摩擦阻力和形状阻力，摩擦阻力可以用附面层理论求解，而形状阻力一般依靠试验来确定。当气流完全贴着叶片呈流线型流动时，升力大于阻力，为正常工况时的流动(见图 3-18)，此时叶片前后的压差大小取决于冲角 α 的大小，在临界冲角值以内，上述压差大致与叶片的冲角成比例，不同的叶片叶型有不同的临界冲角值。翼型的冲角一旦超过临界值，气流就会离开叶片凸面发生边界层分离现象，产生大面积的涡流，使阻力增大，升力骤减，此时风机的全压下降，这种情况称为“失速现象”或“脱流现象”，如图 3-19 所示。若冲角再增大，失速会更加严重，甚至出现流道阻塞现象。

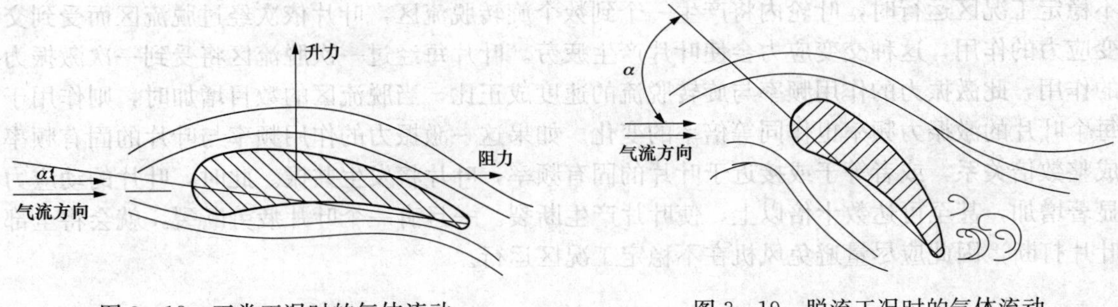

图 3-18 正常工况时的气体流动 图 3-19 脱流工况时的气体流动

轴流风机性能曲线（见图 3-20）的左半部具有一个马鞍形的区域，在此区段运行，有时会出现风机的流量、压头和功率大幅度脉动等不正常工况，因此将该区段称为不稳定工况区。

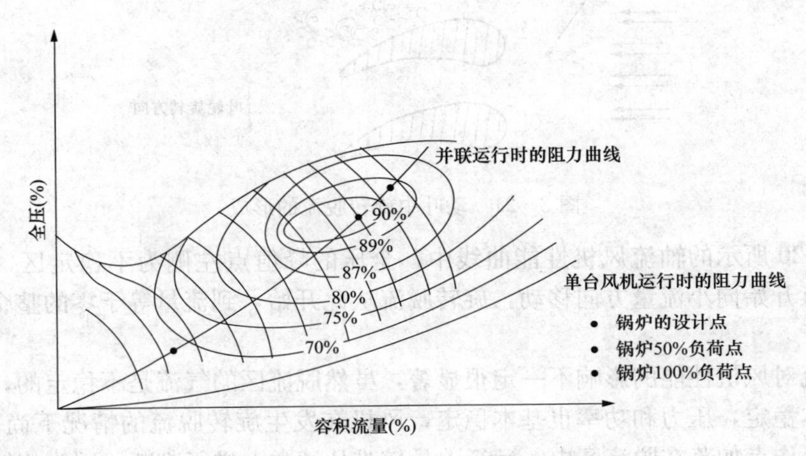

图 3-20 轴流风机性能曲线

风机一旦进入不稳定工况区，其叶片上将产生旋转脱流，可能使叶片发生共振，造成叶片疲劳断裂。风机的叶片由于加工及安装等原因不可能有完全相同的形状和安装角，同时气流的来流流向也不完全均匀。因此当运行工况变化使流动方向发生偏离时，在各个叶片进口处的冲角就不可能完全相同，当某一叶片进口处的冲角达到临界值时，就首先在该叶片上发生脱流，而不会所有叶片同时发生脱流。如图 3-21 所示，假设在叶道 2 首先由于脱流而出现气流阻塞现象，叶道受堵塞后，通过的流量减少，在该叶道前形成低速停滞区，于是原来进入叶道 2 的气流只能分流进入叶道 1 和 3，这两股分流来的气流又与原来进入叶道 1 和 3 的气流汇合，从而改变了原来的气流方向，使流入叶道 1 的气流冲角减小，而流入叶道 3 的冲角增大。由此可知，分流的结果将使叶道 1 内的绕流情况有所改善，脱流的可能性减小，甚至消失，而叶道 3 内部却因冲角增大而促使发生脱流，叶道 3 内发生脱流后又形成堵塞，使叶道 3 前的气流发生分流，其结果又促使叶道 4 内发生脱流和堵塞，这种现象继续下去，使脱流现象所造成的堵塞区沿着与叶轮旋转相反的方向移动。试验表明，脱流的传播相对速度 W_1 远小于叶轮本身的旋转角速度 W，因此在绝对运动中，可以观察到脱流区以 $W-W_1$ 的速度旋转，方向与叶轮转向相同，此种现象称为“旋转脱流”或“旋转失速”。当风机进入不稳定工况区运行时，叶轮内将产生一个到数个旋转脱流区，叶片依次经过脱流区而受到交变应力的作用，这种交变应力会使叶片产生疲劳。叶片每经过一次脱流区将受到一次激振力的作用，此激振力的作用频率与旋转脱流的速度成正比，当脱流区的数目增加时，则作用于每个叶片的激振力频率也作同等倍率的变化。如果这一激振力的作用频率与叶片的固有频率成整数倍关系，或者等于或接近于叶片的固有频率，叶片将发生共振。此时，叶片的动应力显著增加，甚至可达数十倍以上，使叶片产生断裂。一旦有一个叶片疲劳断裂，就会将全部叶片打断，因此应尽量避免风机在不稳定工况区运行。

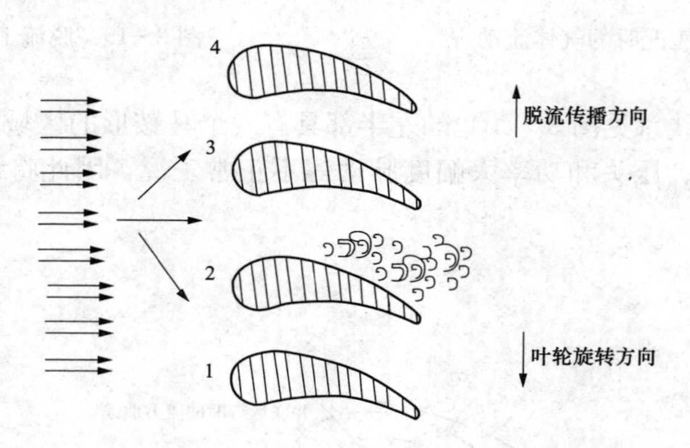

图 3-21 动叶中旋转脱流的形成

如图 3-20 所示的轴流风机性能曲线中，全压的峰值点左侧为不稳定区，是旋转脱流区。从峰值点开始向小流量方向移动，旋转脱流从此开始，到流量等于零的整个区间，始终存在着脱流。

旋转脱流对风机性能的影响不一定很显著，虽然脱流区的气流是不稳定的，但风机中流过的流量基本稳定，压力和功率也基本稳定，风机在发生旋转脱流的情况下尚可维持运行，因此风机的工作点如落在脱流区内，运行人员较难从感觉上进行判断。因为旋转脱流不易被操作人员觉察，同时风机进入脱流区工作对风机的安全终究是个威胁，所以一般大容量轴流风机都装有失速探头。如图 3-22 所示：失速探头由两根相隔约 3mm 的测压管所组成，将它置于叶轮叶片的进口前。测压管中间用厚 3mm、高（突出机壳的距离）3mm 的镉片分开，风机在正常工作区域内运行时，叶轮进口的气流较均匀地从进气室沿轴向流入，那么失速探头之间的压力差几乎等于零或略大于零，如图 3-23 中的 *AB* 曲线所示，图中纵坐标Δp为两测压管的压力差。当风机的工作点落在旋转脱流区，叶轮前的气流除了轴向流动之外，还有脱流区流道阻塞成气流所形成的圆周方向分量。于是，叶轮旋转时先遇到的测压孔，即镉片前的测压孔压力高，而镉片后测压孔的气流压力低，产生了压力差，一般失速探头产生的压力差达 245～392Pa 即报警，风机的流量越小，失速探头的压差越大，如图 3-23 中的 *BCD* 曲线所示。由失速探头产生的压差发出信号，然后由测压管接通一个压力差开关（继电器），压力差开关将报警电路系统接通发出报警，操作人员及时采取排除旋转脱流的措施。在现场，当失速探头装好后，应予以标定，调整探头中心线的角度，使测压管在风机正常运转的差压为最小。

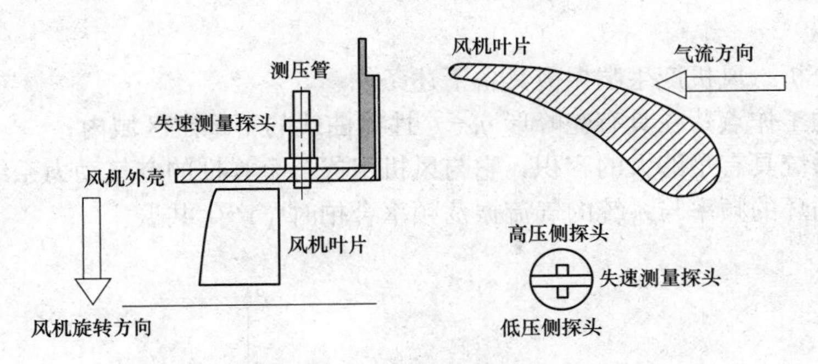

图 3－22　失速探头示意

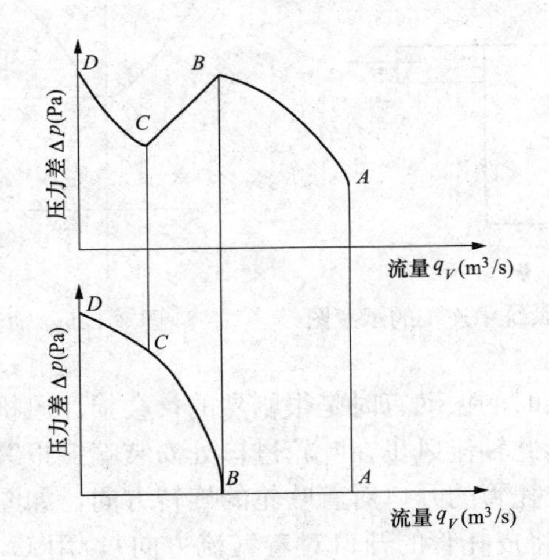

图 3－23　失速探头性能

二、风机的喘振

风机在不稳定工况区运行时，可能会发生流量、全压和电流的大幅度波动，气流会发生往复流动，风机及管道会产生强烈的振动，噪声显著增高，这种不稳定工况称为喘振。喘振的发生会破坏风机与管道的设备，威胁风机及整个系统的安全性。

如图 3－24 所示为运行在大容量管道系统中的轴流风机，其 q_V－p 性能曲线是带峰值的曲线（见图 3－25），峰值点为 K 点，如风机工作点在 K 点右侧，则风机工作是稳定的。若用节流调节方法减少风机的流量，当风机的流量 $q_V < q_{VK}$ 时，风机产生的最大压头将随之下降，并小于管路中的压力，若连接风机的风道系统容量较大，在这一瞬间风道中的压力仍为 p_K，因此风道中的压力大于风机产生的压头，使气流开始反方向倒流，由风道倒流入风机中，工作点由 K 点迅速移至 C 点。因为气流倒流使风道系统中的风量减小，所以风道中压力迅速下降，工作点沿着 CD 线迅速下降至流量 $q_V=0$ 时的 D 点，此时风机供给的风量为零。由于风机在继续运转，所以当风道中的压力降低到相应的 D 点时，风机又开始输出流量，为了与风道中的压力相平衡，工况点又从 D 点跳至相应工况点 F。只要外界所需的流量保持小于 q_{VK}，上述过程就会重复出现，形成按照性能曲线中的 $FKCDF$ 循环。如果风机的工作状态按上述循环周而复始地进行，循环的频率与风机系统的振荡频率一旦相等，就会引起风机共振而发生喘振。当风机在喘振区工作时，流量急剧波动，产生气流的撞击，使风机发生强烈的振动，噪声增大，而且风压不断波动。风机的容量与压头越大，则喘振的危害

性越大。

按照上述分析，风机产生喘振应具备下述条件：

（1）风机的工作点落在具有驼峰形 q_V-p 性能曲线的不稳定区域内；

（2）风道系统具有足够大的容积，它与风机组成一个弹性的空气动力系统；

（3）整个循环的频率与系统的气流振荡频率合拍时，产生共振。

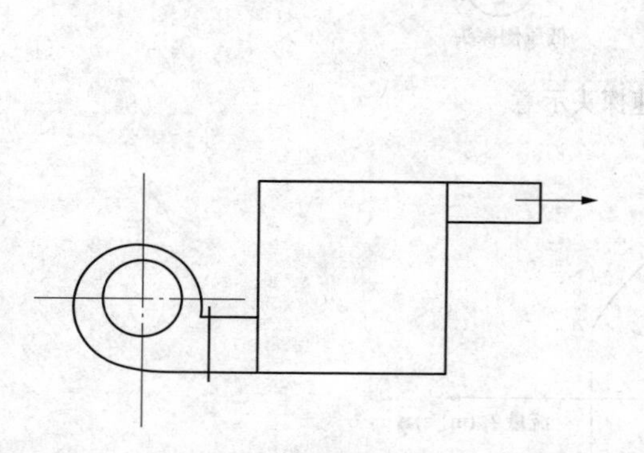

图 3-24 风机在大容量管路系统中连接的示意图

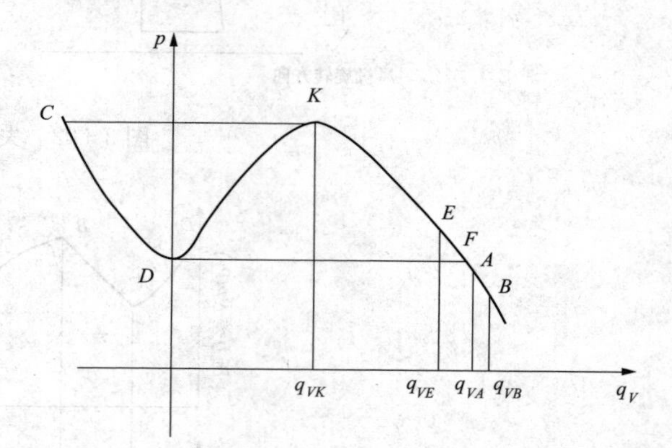

图 3-25 轴流风机的 q_V-p 性能曲线

风机在运行中发生喘振时的振动有时是很剧烈的，会损坏风机与管道系统。所以喘振发生时，风机将无法运行。为此轴流风机在叶轮进口处安装喘振报警装置，该装置是由一根皮托管布置在叶轮的前方，皮托管的开口对着叶轮的旋转方向，如图 3-26 所示。皮托管是将一根直管的端部弯成 90°（将皮托管的开口对着气流方向），用 U 形管与皮托管相连，则 U 形管（压力表）的读数应该为气流的动能（动压）与静压之和，即气流的全压。在正常情况下，皮托管所测到的气流压力为负值，因为它测到的是叶轮前的压力。但是当风机进入喘振区工作时，由于气流压力产生大幅度波动，所以皮托管测到的压力也是一个波动的值。为了使皮托管发送的脉冲压力能通过压力开关，利用电接触器发出报警信号，皮托管的报警值是这样规定的：当动叶片处于最小角度位置（－30°～－25°）时，U 形管测得风机叶轮前的压力再加上 2000Pa 压力，作为喘振报警装置的报警整定值。当运行工况超过喘振极限时，通过皮托管与差压开关，利用声光向控制台发出报警信号，要求运行人员及时处理，使风机返回正常工况运行。

为防止轴流风机在运行时工作点落在旋转脱流、喘振区内，风机选型时应仔细核实风机的常用工作点是否落在稳定区内，同时在选择调节方法时，需注意工作点的变化情况。若选用动叶可调轴流风机，由于该类风机可改变动叶的安装角进行调节，所以当风机减少流量时，小风量使轴向速度降低而造成的气流冲角的改变，恰好由动叶安装角的改变得以补偿，使气流的冲角不至于增大，于是风机不会产生旋转脱流，更不会产生喘振。动叶安装角减小时，风机不稳定区越来越小，这对风机的稳定运行是非常有利的。

防止喘振的具体措施有以下几种。

（1）大容量管路系统中尽量避免采用具有驼峰形 q_V-p 性能曲线的风机，而采用性能曲线平直向下倾斜的风机。

（2）使风机的流量恒大于 q_{VK}。当系统中所需要的流量小于 q_{VK} 时，可装设再循环管使

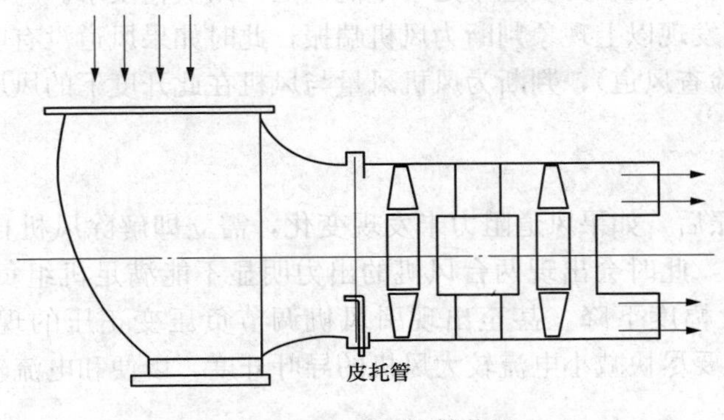

图 3－26　喘振报警装置

部分流出量返回吸入口，或通过自动排出阀门向空排放，使风机的排出流量恒大于 q_{VK}。

(3) 采用可动叶片调节风机，如动叶可调轴流风机。当外界需要的流量减少时，减小动叶安装角，性能曲线下移，临界点随着向左下方移动（见图 3－25），最小输出流量相应减少，避免了工况波动。

火力发电厂中，锅炉引风机和送风机属于重点监控对象，一旦发现风机喘振，应立即将风机动叶控制置于手动方式，关小另一台并联的未失速风机的动叶，适当关小失速风机的动叶，同时协调调节引风机和送风机，维持炉膛负压在允许范围内。若风机并列操作中发生喘振，应停止并列，尽快关小失速风机动叶，查明原因消除后，再进行并列操作。若因风烟系统的风门或挡板被误关引起风机喘振，应立即打开，同时调整动叶开度。若因为风门或挡板故障引起喘振，应立即降低锅炉负荷，联系检修处理；若因为吹灰引起喘振，则应立即停止风机运行。经上述处理喘振消失，则稳定运行工况，进一步查找原因并采取相应的措施后，方可逐步增加风机的负荷。经上述处理后无效或已严重威胁设备的安全时，应立即停止该风机运行。

失速和喘振是两种不同的概念，失速是叶片结构特性造成的一种流体动力现象，它的一些基本特性，如失速区的旋转速度，脱流的起始点、消失点等，都有它自己的规律，不受风机系统的容积和形状的影响。

旋转脱流与喘振的发生都是在 q_V－p 性能曲线左侧的不稳定区域（见图 3－25），所以它们是密切相关的，但是旋转脱流与喘振有着本质的区别。旋转脱流发生在如图所示的风机 q_V－p 性能曲线峰值以左的整个不稳定区域；而喘振只发生在 q_V－p 性能曲线向右上方倾斜部分。旋转脱流的发生只决定叶轮本身叶片结构性能、气流情况等因素，与风道系统的容量、形状等无关。旋转对风机的正常运转影响不如喘振这样严重。

喘振是风机性能与管道装置耦合后振荡特性的一种表现形式，它的振幅、频率等基本特性受风机管道系统容积的支配，其流量、压力功率的波动是由不稳定工况区造成的，但是试验研究表明，喘振现象的出现总是与叶道内气流的脱流密切相关，而冲角的增大也与流量的减小有关。所以，在出现喘振的不稳定工况区内必定会出现旋转脱流。

实例：

1. 两台并联风机出现喘振

(1) 现象。在导叶开度相同或相近的情况下，一台风机电流明显增大很多，而另一台风机电流大幅下降，两台风机出力明显不足，不能满足机组负荷要求。

(2) 判断分析。发现以上现象判断为风机喘振，此时如果风道没有明显的阻力增大现象（可派巡检人员就地检查风道），判断为风机风量与风机在此开度下的风压不匹配而造成风机喘振。

(3) 解决方法。

1) 发生风机喘振后，如果风道阻力未发现变化，需立即解除风机自动，手动减小电流较大风机的导叶开度，此时会出现两台风机的出力明显不能满足机组负荷要求，特别是一次风机母管风压会大幅度下降，甚至出现引风机调节负压变正压的现象。为了缩短以上现象的发生时间，需要尽快减小电流较大风机的导叶开度，以便和电流较小的风机快速并列运行。

2) 当电流较小的风机电流突然回升时，表明此风机已经并入该系统可以正常工作了，此时手动将两台风机电流调平，并稳定工作一段时间后，将两台风机投入自动。

3) 当一次风机喘振时，要迅速将两台风机并列，否则会出现磨煤机由于一次风母管压力低而造成出口温度高或造成磨煤机一次风量不足堵管现象。

4) 在一次风机喘振并列时，由于一次风压突降或突增而造成磨煤机冷热风门自动可能失调，必要时手动调节，并加强磨煤机火检情况监视。

5) 为减小两台并列风机出现喘振，机组运行时，须将两台并列风机电流尽量调平，并将风机联络门保持关闭状态运行。

6) 轴流式的一次风机运行时，在保证磨煤机冷热风可调节的情况下，适当降低一次风母管风压，做到轴流风机低压头、大流量的稳定工况运行。

2. 送、引风机喘振

(1) 现象。

1) 风机喘振光字牌报警。

2) 炉膛负压或风量大幅度波动，风机动叶投自动时，另一侧风机动叶自动调节频繁，炉内燃烧不稳。

3) 喘振风机电流大幅度晃动，就地检查异声严重。

4) 风机喘振严重，达跳闸值时，延时跳闸。

(2) 原因。

1) 受热面、空预器严重积灰或烟气系统挡板误关，引起系统阻力增大，造成风机动叶开度与进入的风量、烟气量不相适应，使风机进入失速区。

2) 操作风机动叶时，幅度过大，使风机进入失速区。

3) 动叶调节特性变差，使并列运行的两台风机发生“抢风”或自动控制失灵，使其中一台风机进入失速区。

4) 机组在高负荷时，吹灰器投入运行，或送风量过大。

(3) 处理。

1) 立即将风机动叶控制置于手动方式，关小另一台未失速风机的动叶，适当关小失速风机的动叶，同时协调调节送、引风机，维持炉膛负压在允许范围内。

2) 若风机并列操作中发生喘振，应停止并列，尽快关小失速风机动叶，查明原因消除后，再进行并列操作。

3）若因风烟系统的风门、挡板被误关引起风机喘振，应立即打开，同时调整动叶开度。若风门、挡板故障，立即降低锅炉负荷，联系检修处理。若为吹灰引起，立即停止。

4）经上述处理喘振消失，则稳定运行工况，进一步查找原因并采取相应的措施后，方可逐步增加风机的负荷；经上述处理后无效或已严重威胁设备的安全时，应立即停止该风机运行。

能力训练

1. 什么是风机的失速？分析造成风机失速的原因。
2. 描述风机失速的危害及采用失速探头防止风机失速的工作原理。
3. 什么是风机的喘振？喘振对风机有何影响？
4. 风机发生喘振的条件有哪些？
5. 风机喘振报警装置如何工作？可以采取哪些措施避免风机喘振现象的发生？
6. 分析失速、旋转脱流与喘振的区别。
7. 分析火力发电厂中锅炉引风机和送风机发生喘振时的处理。

任务三　风机的调节

任务目标

1. 知识目标

（1）熟练掌握风机调节的原理及常用方法；

（2）熟练掌握风机入口导流器的调节原理及调节特点和应用场所；

（3）掌握风机入口静叶和动叶调节的调节方法及应用场所。

2. 能力目标

（1）熟练识读风机入口导流器调节前后性能的变化规律；

（2）熟练指出不同调节方式的调节原理及工作点的变化规律。

学习情境引入

风机的调节也是人为改变风机的工作点达到改变输送气体流量和风压的目的。

任务分析

风机的调节与泵的调节类似，本任务主要介绍入口导流器调节、入口静叶调节等轴流风机常用调节方法。

知识准备

风机运行的工作点如泵的工作点一样，是风机运行时的工况点，也是由风机的性能曲线和连接风机的管路特性曲线的交点确定的；风机的联合运行也分串联和并联两类，生产中风机常采用并联工作方式，并联的风机互为备用，如火力发电厂中送风机、引风机就是采用并联工作的，在此不再赘述。本任务主要介绍风机的调节。

一、入口导流器调节

离心式风机通常采用入口导流器调节。常用的导流器有轴向导流器、简易导流器及斜叶式导流器，如图 3-27 所示。

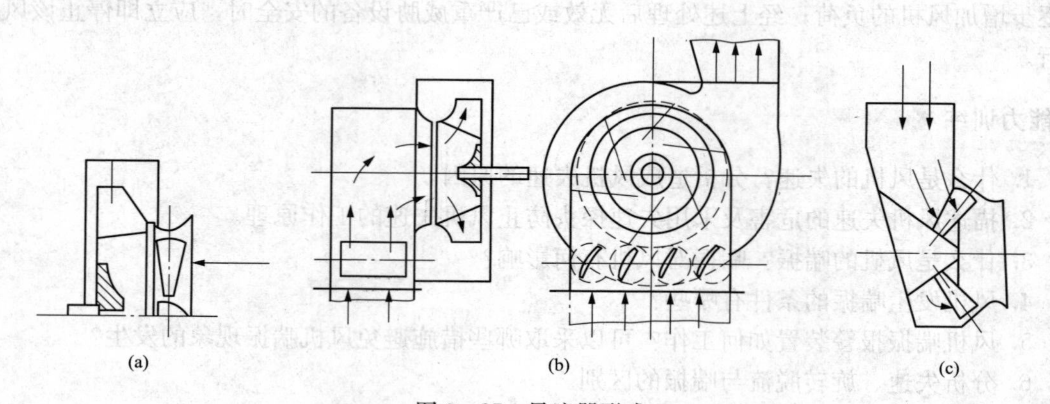

图 3-27 导流器形式

(a) 轴向导流器；(b) 简易导流器；(c) 斜叶式导流器

由离心风机的工作过程及原理可知，气流在离心叶轮的复合运动中（见图 3-28），获得的理论全压为：

$$p_T = \rho \ (u_2 v_{2u} - u_1 v_{1u})$$

式中 p_T——风机的理论全压，Pa；

ρ——密度，m^3/kg；

u_1、u_2——气流进入和离开叶轮的圆周速度；

v_{1u}、v_{2u}——气流进入和离开叶轮绝对速度的圆周分速。

即影响风机性能参数获得的是气流进入和离开叶轮的速度三角形的分布，入口导流器调节就是通过改变导流器的开度，实现改变气流入口速度三角形分布，从而达到调节风机流量和风压的目的。如图 3-29 所示，进入风机入口气流的绝对速度大小不变，通过入口导流器的开度调节使绝对速度入流角度变小，速度三角形发生相应变化。

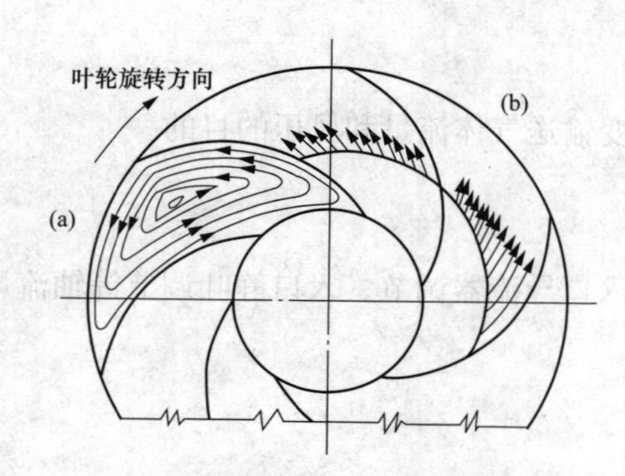

图 3-28 离心叶轮内流动示意

(a) 轴向涡流；(b) 轴向涡流使相对速度滑移

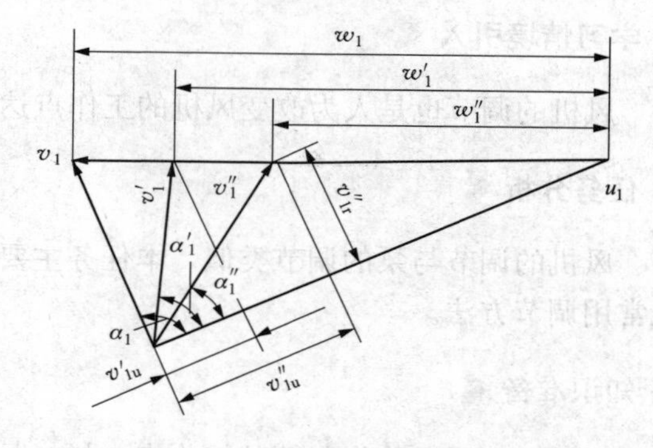

图 3-29 导流器调节原理

u—圆周速度；w—相对速度；v—绝对速度；

α—绝对速度与圆周速度间夹角

当导流器全开时，气流无预旋地进入叶轮流道，此时绝对速度的圆周分速为零，转动导流器叶片，气流产生预旋，绝对速度的圆周分速加大，且与气流的圆周速度同向，按照流量和风压的理论计算公式可知，流量和风压均下降，性能曲线下移，如图 3－30 所示，分别为离心风机入口导流器安装角由 0°改变为 15°及 30°时，流量、风压及功率的变化情况。

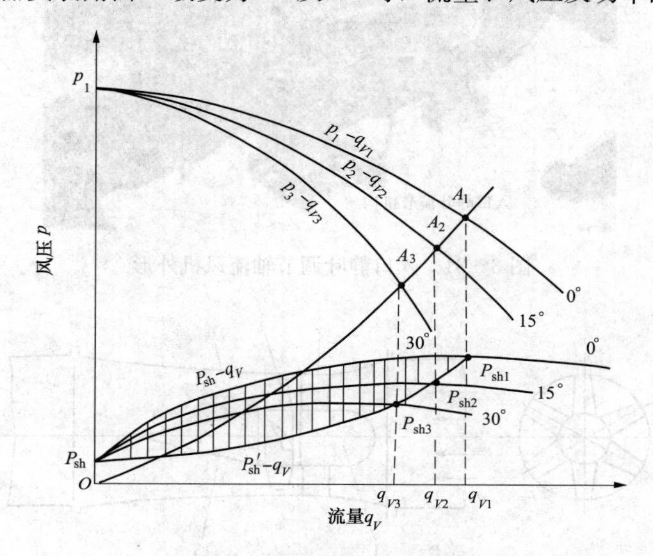

图 3－30 进口导流器调节性能变化示意图

A_1—等热器 0°时风机工作点；A_2—导流器 15°时风机工作点；

A_3—导流器 30°时风机工作点

由图 3－30 中的轴功率-流量（P_{sh}- q_V）性能曲线可看出，离心式风机采用入口导流器调节还具有一定的经济性，与出口节流调节（节流调节会造成风机内部局部阻力损失和冲击损失加大）相比，图中纵剖面积即为导流器 0°时入口导流器调节比出口节流调节所节省的功率。分析计算表明对 4－73 型锅炉送风机和引风机，当流量调节范围在最大流量的 60%～90%时，轴向导流器调节可比出口节流调节节约功率 15%～24%；简易导流器调节可节约功率 8%～13%。

由此可以看出采用进口导流器调节的优点是设备构造简单、装置尺寸小、运行可靠和维护管理简便、初投资低，所以目前离心式风机普遍采用这种调节方式。对于大型机组离心式送、引风机，由于调节范围大，可采用入口导叶和双速电动机的联合调节方式，使得在整个调节范围内都具有较高的调节经济性。

二、入口静叶调节

轴流和混流式风机有时也采用入口静叶调节方式，其调节原理与离心式风机轴向导流器调节相似。图 3－31 和图 3－32 为采用入口静叶调节方式的轴流风机外形及结构图。

入口静叶调节机构可作大角度调整，比只能作正预旋调节的离心风机入口导流器调节具有更高的运行经济性，如图 3－33 为不同入口静叶调节角度下轴流风机的工况变化情况。当静叶调整角为正时，气流正预旋流入旋转叶轮，此时流量减小。故 MCR 点（100%机组额定负荷流量工况点）选在 η_{max} 点，TB 点（安全流量的最大流量点）选择在 η_{max} 点的大流量侧（负预旋调节）。国内火力发电厂的锅炉引风机大多采用了入口静叶调节的子午加速轴流风机。

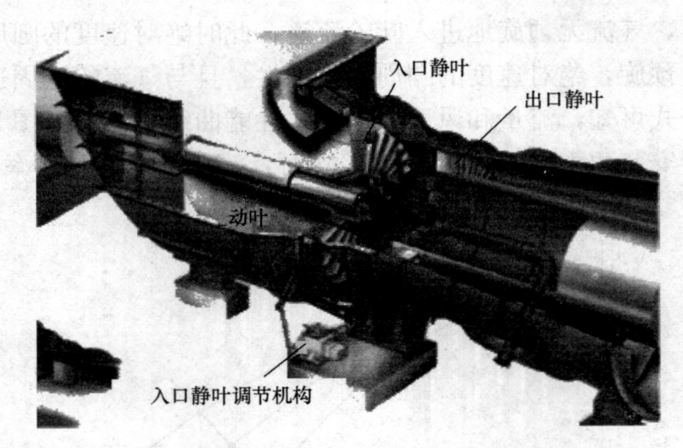

图 3-31 入口静叶调节轴流风机外形

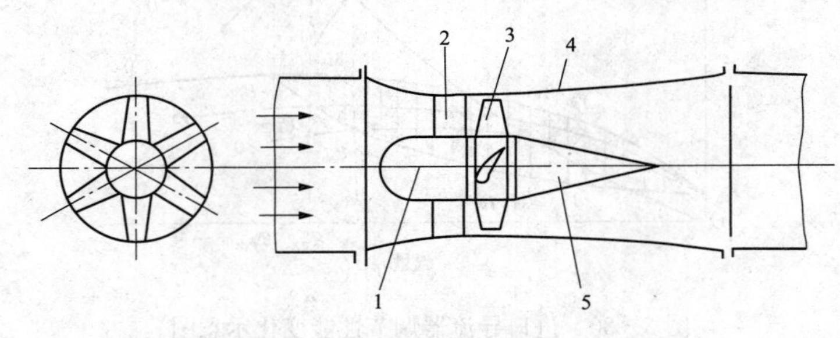

图 3-32 入口静叶调节轴流风机结构

1—整流罩；2—前导叶；3—叶轮；4—扩散筒；5—整流体

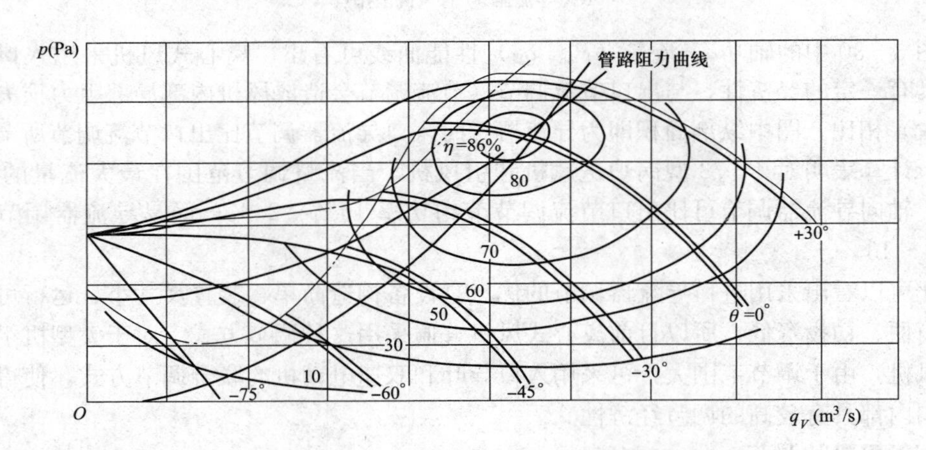

图 3-33 采用入口静叶调节的轴流风机性能曲线

三、动叶调节

大型轴流、混流式风机在运行中，采用调整叶轮叶片安装角的办法来适应负荷变化的调节方式已日益广泛。所谓动叶调节，就是通过改变动叶安装角来改变风机的性能曲线，使工况点改变达到调节输出流量和压头的目的。其性能曲线随动叶安装角的变化规律可参阅图 3-34。

从图 3-34 可以看出，动叶调节也具有双向性。通常 MCR 点选在 η_{max}点，TB 点选择在 η_{max}点的大流量侧（负预旋调节）；调节时高效范围相当宽；有利于大型泵与风机的启停。但是因为设备初投资较高、维护量大，所以宜用于容量大、调节范围宽的场合。目前火力发电厂越来越多的大型机组的送、引风机和循环水泵均采用了该调节方式。

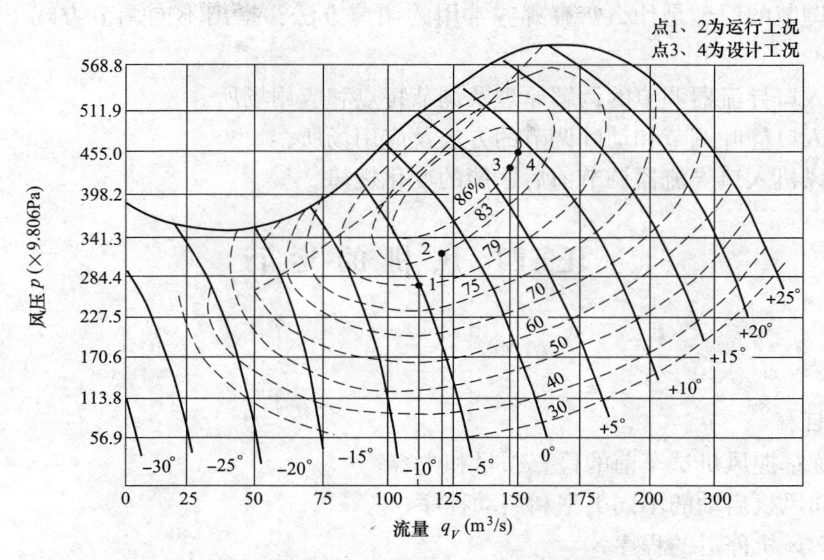

图 3－34　采用动叶调节的轴流风机性能曲线

动叶调节机构的传动方式有机械传动和液压传动两类，大型泵与风机宜采用液压传动。随时改变动叶安装角的调节方式称为全可调。而将没有动叶调节机构，只能在停机时方可调整动叶安装角的方式称为半可调方式，适用于中、小型的轴流、混流式风机。图 3－35 所示为轴流风机动叶调节液压传动装置的示意图。这套调节机构中，主要部件调节缸可沿风机轴中心线移动，并随风机叶轮一起回转，推动各个可动叶片根部下面的曲柄来调整叶片安装角；活塞置于调节缸内，也随风机叶轮一起回转，但轴向位置固定；位移指示杆表示调节缸所在位置；液力伺服机构固定在回转着的活塞柱上，用防磨轴承支撑以保持同一轴线，它是固定的控制装置与转动部件之间的转换装置。

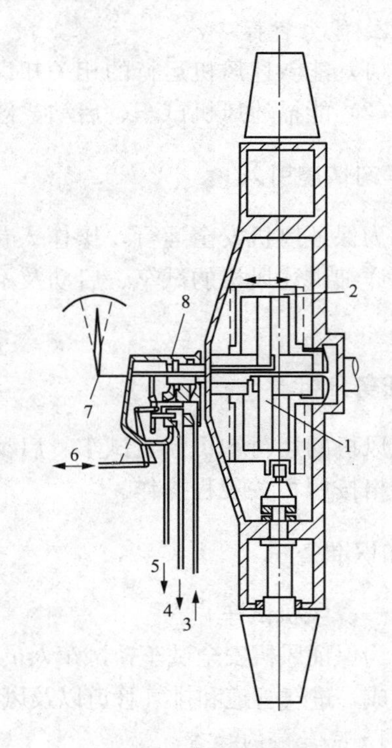

图 3－35　轴流风机动叶调节液压传动装置

1—活塞；2—调节缸；3—油进口；4—油出口；5—放油孔；6—由伺服电动机驱动的运动方向；7—位移指示杆；8—液压伺服机构

四、变速调节

风机的变速调节原理是通过改变叶轮的工作转速来改变风机的性能曲线，以变更工作点位置。这种调节方法没有附加的阻力，调节效率高，但变速装置及变速原动机投资昂贵，故一般中、小型机组很少采用。变速调节的方式在项目二中泵的变速调节已经详述，针对不同的风机要注意变速调节的方式差别，在此不再赘述。

能力训练

1. 风机调节的原理是什么？有哪些常用的调节方法？指出不同调节方式下工作点的变化规律。

2. 简述入口导流器调节的调解原理及调节特点和应用场所。

3. 简述入口静叶调节和动叶调节的方法及应用场所。

4. 比较风机入口导流器调节前后性能的变化规律。

任务四 风机的运行

任务目标

1. 知识目标

(1) 熟练掌握风机试车前的检查项目和内容；

(2) 熟知风机启动的不同类型和启动程序；

(3) 熟知风机停运的程序；

(4) 熟练掌握风机的日常检查项目及要求。

2. 能力目标

(1) 能叙述风机运行的相关知识；

(2) 能描述风机试车、启动、停运和日常检查项目。

学习情境引入

为保证风机安全运行，操作人员应按照相关规程进行操作，本任务从风机试车检查开始，详细讲述风机的试车、启动及不同的停运类型和步骤；最后对风机的日常检查项目进行详述。

任务分析

风机的运行知识涵盖试车、启动、停运和日常检查等项目，对风机运行的每一个环节都要严格按照相关规程操作。

知识准备

一、风机试车

为保证风机安全试车，试车人员在风机投入运行前，必须检查风机的运行准备工作是否已经完成，进气管道和排气管道以及风机本体内是否有人和杂物，并按照相关规程进行操作。

1. 试车前的检查

(1) 检查所有螺栓是否都已拧紧并安全可靠，检查全部管道连接的密封性。

(2) 检查主轴承箱。

(3) 手动盘车数次，同时在叶片处于“关闭”位置时，检查叶片和机壳之间的间隙，符合设备说明书要求。

（4）检查叶片液压调节装置，并调节叶片至两终端位置，注意不能超过调节范围，然后把叶片调节到“关闭”位置。

（5）必须严格检查风机、进气管道和排气管道内部，不得遗留任何工具和杂物。

（6）关闭所有人孔门。

（7）按照制造厂有关要求检查联轴器、驱动电动机、油站和监测仪表。

如果风机在低温环境下长时间没有运转，则在风机运行前，至少提前2h接通油站系统，并在叶片调节范围内调节叶片。

2. 试车

试车期间风机操作人员应逐渐熟悉并掌握风机的操作。

试车后，要重新详细检查风机内部和外部的管道严密性，并重新检查叶片和机壳的间隙。

二、风机的启动及停运

生产现场的风机为了保证气体的供应均采用并联运行，且并联的风机互为备用。下面以两台并联风机的启动为例，说明风机的启动过程。图3-36为风机的启动程序。

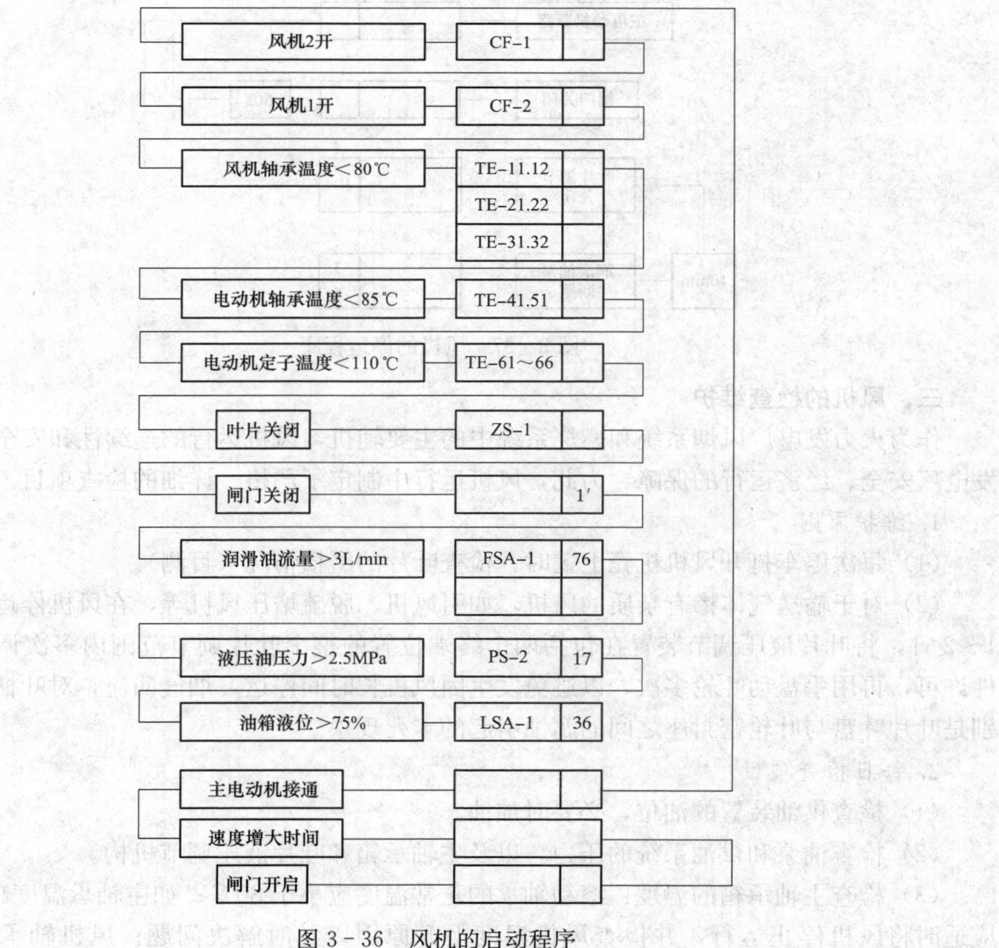

图3-36　风机的启动程序

（1）单台风机的启动。风机启动按照图 3－36 所示的启动程序进行，此时第二台风机排气的闸门处于关闭位置。

（2）当一台风机正在运行时，启动第二台风机进行并联。如果要将第二台风机启动，并与正在运行的第一台风机并联运行，一定要将正在运行的第一台风机的工况点按照风机的性能曲线向下调至风机的喘振最低点以下，注意此时风量和风压的变化。在正在运行的第一台风机的工况点调至喘振线的最低点以下后，可以随时启动第二台风机与第一台并联。

准备投入并联的第二台风机启动前，叶片应处于"关闭"位置，排气闸门也应关闭。风机启动后先打开排气侧闸门，再调整风机叶片开度至与正在运行的风机叶片角度相同，使两台风机风压相同。

最后同时进一步打开两台风机的叶片，调整至需要的工况点。

（3）从并联运行的两台风机中停运一台风机，将两台风机的工况点同时调低到喘振线的最低点以下，接着关闭准备停运的一台风机的叶片和排气侧闸门（当叶片全部关闭，流量为零时，闸门才可以全部关闭），打开要继续运行的风机的叶片直至所需的工况点。

风机的停运程序见图 3－37。

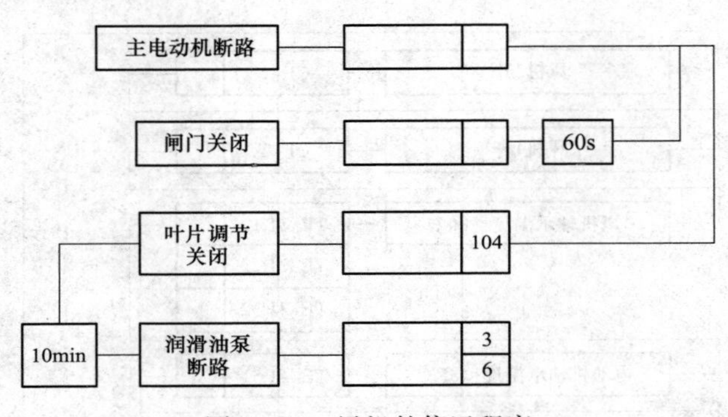

图 3－37　风机的停运程序

三、风机的检查维护

作为火力发电厂风烟系统和燃烧系统中的主要辅机，风机运行的连续性和安全性是火力发电厂安全、经济运行的保障，为此，风机运行中制定了严格、详细的检查项目。

1. 维护原则

（1）每次停车打开风机机壳上盖时，检查叶片的磨损情况（目测）。

（2）对于输送气体掺有杂质的风机，如引风机、脱硫增压风机等，在风机停运期间，每1～2 日，将叶片液压调节装置在包括两个终端位置的整个叶片调节范围内多次调节，如条件许可，再用手盘动叶轮多次，以避免发生因风机长时间停运，烟气回流，对叶柄系统，特别是叶片叶盘与叶轮密封座之间的腐蚀引起的卡死现象。

2. 每日检查项目

（1）检查供油装置的油位，必要时加油。

（2）检查油泵和供油系统的压力，以及主轴承箱和叶片液压调节机构。

（3）检查主轴承箱的温度：滚动轴承的正常温度应小于 80℃；如主轴承温度超过 80℃，应适时将风机停止运行，并检查风机温度上升原因以及时解决问题；风机轴承温度超过90℃时必须紧急停运该风机。

3. 每周检查项目

(1) 检查风机运转的平稳性。

(2) 机械振动的极限值应符合厂家技术规范规定，必要时参阅图 3-38。

4. 运行 100h 后

更换供油装置和主轴承箱的用油，检查用过的油液中的垢物及油液润滑能力；以低倍放大镜目测检查油路泄漏部位。

5. 半年一次或每 4000h 运转一次

建议更换液压润滑供油装置和主轴承箱用油，清洗过滤器和油箱。如条件允许，可对叶片指示和调节机构的轴承加润滑脂。

注意：用户可以根据液压油和润滑油的污染程度和润滑性能适当缩短换油周期。

6. 运行 16000h 后

按照运行方法及污染程度，风机在运行 12000～16000h 后应按下述项目进行检修并清洗。

(1) 叶片的检查。仔细检查风机的叶片，找出磨损、损坏污染原因并排除。

(2) 检查并清洗在叶轮里的所有零件，特别是要注意磨损现象，检查过的零件要涂油防锈。检查过程中须参阅图 3-39 和相关润滑守则。

(3) 检查和清洗主轴承箱。

(4) 检查风机所在内外油管的密封性和磨损。

(5) 对叶片指示和调节机构的轴承等进行检查清洗并再润滑。

(6) 检查液压润滑供油装置，参阅分供方的附加规定说明。

(7) 液压调节装置一般回供应厂家检修。

7. 风机储存或者在电厂总装结束后长期停运

(1) 检查装有转子的风机机壳。

(2) 检查带联轴器的中间轴。

(3) 检查液压润滑联合润滑装置。

对风机的其他钢结构件，如进气箱、扩压器、电动机框架和中间轴护罩等不需要特殊的措施，可以露天放置，但是应在装配前检查各部件油漆，必要时进行修补。

四、风机运行中发生异常现象需要加强监视的情况

(1) 风机突然发生振动、窜轴或有摩擦声，并有所增大时。

(2) 轴承温度升高，没有查明原因时。

(3) 轴瓦冷却水中断或水量过小时。

(4) 风机室内有异常声音，原因不明时。

(5) 电动机温度升高或有尖叫声时。

(6) 并联或串联风机运行时其中一台停运，对运行风机应加强监视。

能力训练

1. 简述风机试车前的检查项目和内容。
2. 风机启动有哪几种类型？描述其启动程序。
3. 简述风机停运的程序。
4. 简述风机的日常检查项目及要求。

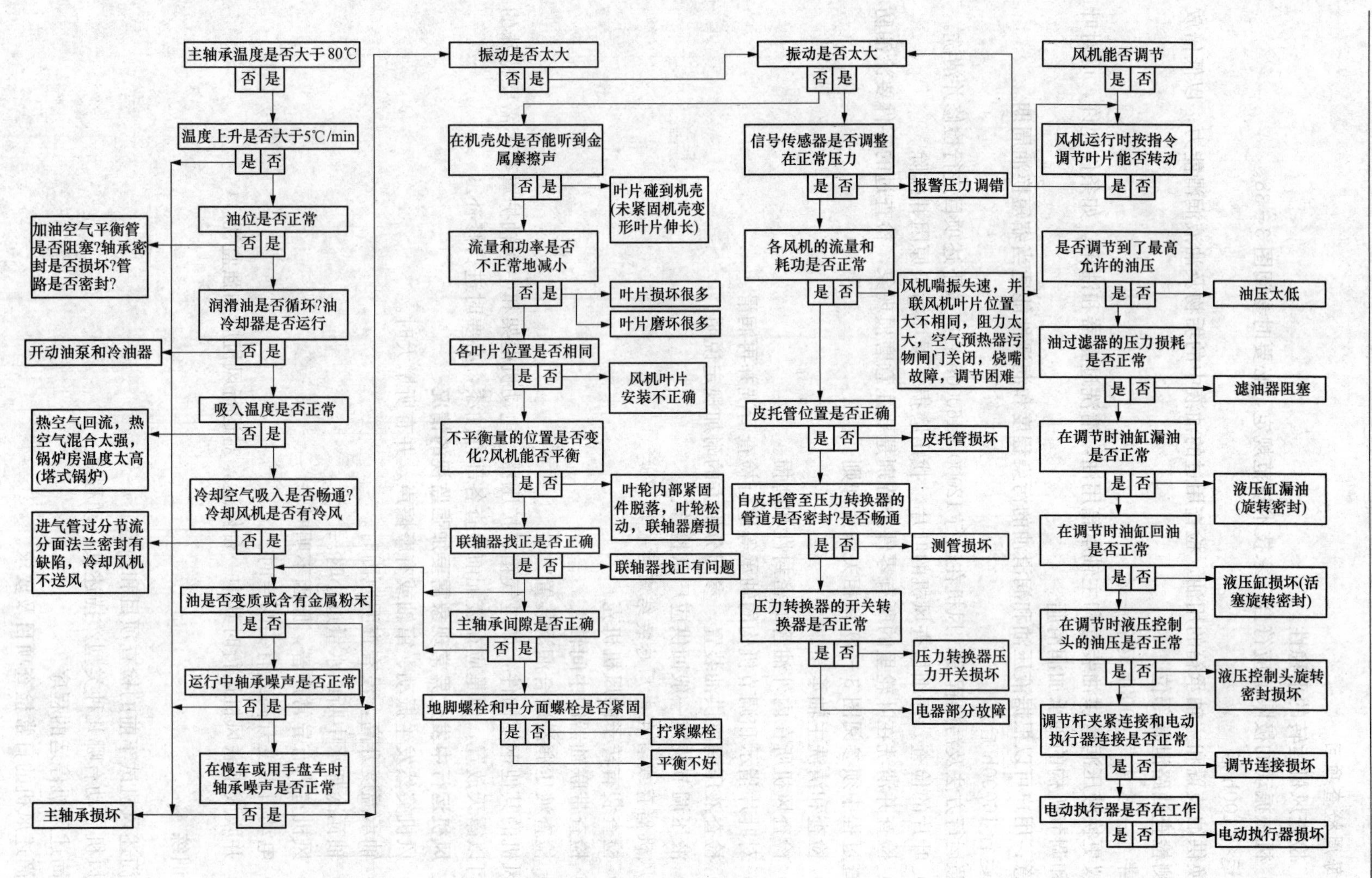
主轴承温度是否大于80℃
否 是
温度上升是否大于5℃/min
是 否
油位是否正常
否 是
加油空气平衡管是否阻塞?轴承密封是否损坏?管路是否密封?
润滑油是否循环?油冷却器是否运行
否 是
开动油泵和冷油器
吸入温度是否正常
否 是
热空气回流，热空气混合太强，锅炉房温度太高(塔式锅炉)
冷却空气吸入是否畅通?冷却风机是否有冷风
否 是
进气管过分节流分面法兰密封有缺陷，冷却风机不送风
油是否变质或含有金属粉末
是 否
运行中轴承噪声是否正常
否 是
在慢车或用手盘车时轴承噪声是否正常
否 是
主轴承损坏
振动是否太大
否 是
在机壳处是否能听到金属摩擦声
否 是
叶片碰到机壳(未紧固机壳变形叶片伸长)
流量和功率是否不正常地减小
否 是
叶片损坏很多
叶片磨坏很多
各叶片位置是否相同
是 否
风机叶片安装不正确
不平衡量的位置是否变化?风机能否平衡
是 否
叶轮内部紧固件脱落，叶轮松动，联轴器磨损
联轴器找正是否正确
是 否
联轴器找正有问题
主轴承间隙是否正确
否 是
地脚螺栓和中分面螺栓是否紧固
是 否
拧紧螺栓
平衡不好
振动是否太大
否 是
信号传感器是否调整在正常压力
是 否
报警压力调错
各风机的流量和耗功是否正常
是 否
风机喘振失速，并联风机叶片位置大不相同，阻力太大，空气预热器污物闸门关闭，烧嘴故障，调节困难
皮托管位置是否正确
是 否
皮托管损坏
自皮托管至压力转换器的管道是否密封?是否畅通
是 否
测管损坏
压力转换器的开关转换器是否正常
是 否
压力转换器压力开关损坏
电器部分故障
风机能否调节
是 否
风机运行时按指令调节叶片能否转动
是 否
是否调节到了最高允许的油压
是 否
油压太低
油过滤器的压力损耗是否正常
是 否
滤油器阻塞
在调节时油缸漏油是否正常
是 否
液压缸漏油(旋转密封)
在调节时油缸回油是否正常
是 否
液压缸损坏(活塞旋转密封)
在调节时液压控制头的油压是否正常
是 否
液压控制头旋转密封损坏
调节杆夹紧连接和电动执行器连接是否正常
是 否
调节连接损坏
电动执行器是否在工作
是 否
电动执行器损坏

图 3－38　故障分析表

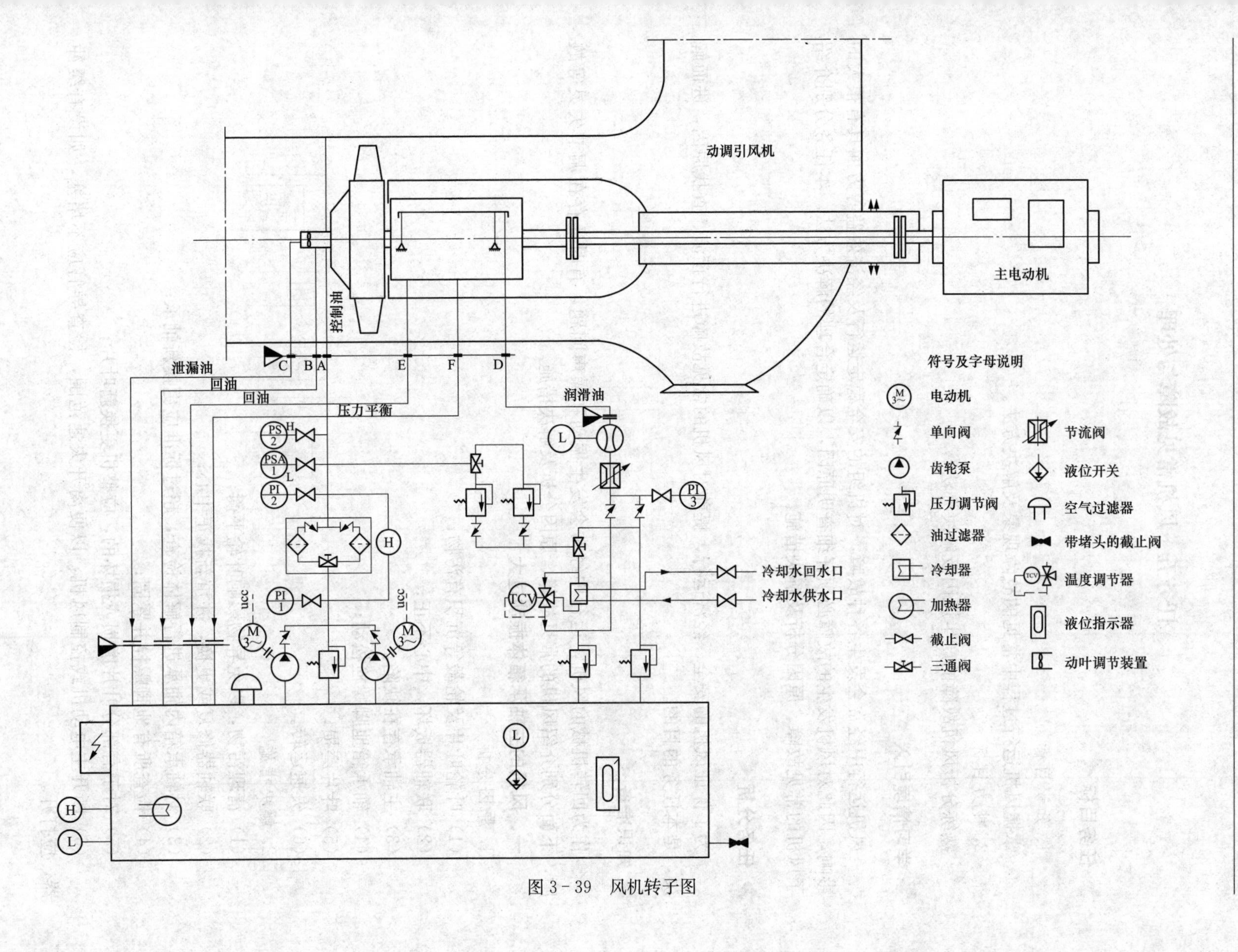
动调引风机
主电动机
控制油
C
B
A
E
F
D
泄漏油
回油
回油
压力平衡
润滑油
PS 2 H
PSA 1 L
PI 2
PI 3
PI 1
H
L
TCV
冷却水回水口
冷却水供水口
符号及字母说明
电动机
单向阀
齿轮泵
压力调节阀
油过滤器
冷却器
加热器
截止阀
三通阀
节流阀
液位开关
空气过滤器
带堵头的截止阀
温度调节器
液位指示器
动叶调节装置

图 3－39　风机转子图

任务五　风机常见故障与处理

任务目标

1. 知识目标

掌握风机运行过程中常见的故障现象及解决方法。

2. 能力目标

熟练分析风机故障的产生原因及解决办法。

学习情境引入

风机运行中经常会发生各种故障，对机组的安全稳定运行及经济效益等方面具有很大的影响，因此对风机发生的故障必须仔细查明原因，以确定合理的解决方法。本任务分别介绍了风机的常见故障、原因分析及解决措施。

任务分析

为了保证风机的安全、经济运行，提前对风机的常见故障进行预演、查找原因，进而解决，是本任务的目的。

知识准备

作为回转机械的风机，运行中经常会发生振动和噪声问题，有时还存在调节失灵等故障，下面分别介绍风机的常见故障、原因分析及解决措施。

一、风机的主轴承箱体振动过大

1. 原因分析

(1) 叶轮叶片及轮毂等沉积有污物；

(2) 联轴器扳坏，中心不正；

(3) 主轴承存在缺陷；

(4) 轴承箱地脚螺栓松动；

(5) 叶片磨损；

(6) 失速运转。

2. 解决措施

(1) 清理污物，以免异物影响叶轮平衡；

(2) 联轴器修复或更换，并重新找正中心；

(3) 对轴承箱内轴承进行解体检查，超过标准应更换新轴承；

(4) 检查所有地脚螺栓并紧固；

(5) 对于有部分叶片磨损或损坏的，应整机更换新叶片；

(6) 断开主电动机或控制风机，以便离开失速范围，检查导管应不堵塞，如设有缓冲器，应打开。

二、风机运行中噪声过大

1. 原因分析

(1) 基础地脚螺栓可能松动；

(2) 主电动机单向运行，旋转部分与静止部分相互接触、失速运行。

2. 解决措施

(1) 检查并紧固地脚螺栓；

(2) 查明电源及接线方式等并修复；

(3) 检查叶片端部裕度；

(4) 停止风机或控制风机脱离失速区，检查风道是否阻塞和挡板是否开启。

三、叶轮叶片控制失灵

1. 原因分析

(1) 伺服机构存在故障；

(2) 液压系统无压力；

(3) 调节执行机构失灵。

2. 解决措施

(1) 检查控制系统和伺服机构，配合热工人员校对伺服机构；

(2) 检查液压油泵站，必要时解体检修；

(3) 检查调节执行机构的调节杆和调整装置。

四、轴承箱或风机剧烈振动

1. 原因分析

(1) 风机电动机轴不同心、联轴器歪斜；

(2) 机壳或进风口与叶轮摩擦；

(3) 基础刚度不够或不牢固；

(4) 叶轮变形；

(5) 叶轮轴盘与轴松动；

(6) 机壳与支架、轴承箱与支架、轴承箱盖与底座等连接螺栓松动；

(7) 风机进出管道安装不牢固；

(8) 转子不平衡；

(9) 叶片磨损。

2. 解决措施

(1) 联轴器找中心；

(2) 检查动、静件间的间隙，进行合理调整；

(3) 紧固部件及基础；

(4) 更换磨损件。

五、轴承温度过高

1. 原因分析

(1) 轴承箱剧烈振动；

(2) 润滑油质量差、变质，填充过多或含有灰尘、沙砾、污垢等杂质；

(3) 轴承箱盖、底座连接螺栓的紧力过大或过小；

(4) 轴与轴承安装歪斜，前后两轴承不同心；

(5) 轴承损坏；

(6) 轴承装配不当；

(7) 轴承箱缺油或油位太高；

(8) 带油环不转或带油环损坏；

(9) 冷却油量不足，流道不通畅。

2. 解决措施

(1) 分析轴承箱剧烈振动原因，解决轴承箱振动问题；

(2) 更换润滑油；

(3) 解决轴承安装及装配问题。

六、轴承箱漏油

1. 原因分析

(1) 轴承箱中充油过多；

(2) 轴承箱密封损坏。

2. 解决措施

(1) 轴承箱中充油油量按照轴承箱的技术规定而定；

(2) 更换轴承箱的密封件。

▶ 能力训练 ◀

1. 简述风机运行中的常见故障及解决方法。

任务六　风机油站故障及处理

▶ 任务目标 ◀

1. 知识目标

掌握风机油站的常见故障及处理方法。

2. 能力目标

能够熟练描述风机油站的故障现象，查找故障原因，进而找到解决方法。

▶ 学习情境引入 ◀

风机油站是风机等回转机械的重要组成部分，油站是否正常运行是影响风机运行的重要因素，因此熟练分析风机油站的常见故障，并进行及时处理至关重要。

▶ 任务分析 ◀

为了保证风机油站的正常运行，本任务详细分析了风机油站的常见故障及处理方法。

▶ 知识准备 ◀

风机油站是保证风机等回转机械正常运行的组成部分，风机运行时，记录和监视油路系统中的油压和油量正常，油站系统中各设备正常运行。若风机油站出现问题，势必导致风机运行异常，下面分析风机油站常见故障及处理方法。

一、液压油站油压低或流量低

1. 原因分析

（1）液压油泵入口处漏气；

（2）安全阀设定值太低；

（3）油温过高；

（4）隔绝阀部分开启；

（5）滤网污染；

（6）入口滤网局部阻塞。

2. 解决措施

（1）解体检查液压油泵，重新连接入口管接头；

（2）重新调整安全阀设定值；

（3）清洗冷油器；

（4）检查隔绝阀的开启状态；

（5）更换滤网；

（6）清洗疏通入口滤网或更换。

二、液压油泵轴封漏油

1. 原因分析

（1）油泵轴瓦回油孔阻塞；

（2）入口压力过高；

（3）油封环损坏。

2. 解决措施

（1）油泵解体，清洗轴瓦回油孔；

（2）解体检查，调整间隙；

（3）更换新油封。

三、液压油站安全阀动作不准确

1. 原因分析

（1）安全阀污染；

（2）安全阀设定值过高。

2. 解决措施

（1）拆下安全阀清洗；

（2）重新调整或更换安全阀。

四、液压油泵运行有噪声

1. 原因分析

（1）油泵组装不对中；

（2）空气进入泵内；

（3）隔绝阀部分关闭。

2. 解决措施

(1) 检查维修；

(2) 排除空气；

(3) 重新开启隔绝阀。

五、液压油温过高

1. 原因分析

(1) 油泵压力过高；

(2) 安全阀设定值过低，导致泵内积油；

(3) 液压油被污染，液压油粘黏度低。

2. 解决措施

(1) 解体检修油泵；

(2) 重新调整安全阀设定值；

(3) 更换新液压油。

六、液压执行机构动叶调节困难

原因分析如下：

(1) 液压润滑油站压力安全阀的调整压力是否正常；

(2) 在调节叶片时，液压缸处是否漏油；

(3) 电动执行器和液压缸间连接是否正常；

(4) 当伺服阀打开时，控制头处的压力是否过大。

七、泵不供油

原因及解决方法如下：

(1) 泵的联轴器有缺陷，更换连轴器；

(2) 安全阀、溢流阀压力设置太低，调高压力；

(3) 旋转方向错误，更换电动机相序；

(4) 油位太低，重新注油。

八、泵供油量过少

原因及解决方法如下：

(1) 泵吸入空气，检查泵接口的连接法兰和密封垫；

(2) 油液黏度太高，减低转速。

九、泵出口压力不稳定

原因及解决方法如下：

(1) 泵吸入空气，检查泵接口的连接法兰和密封垫；

(2) 油位太低，重新注油；

(3) 溢流阀堵塞或有杂质，清洗或更换溢流阀。

十、电动机过热

原因及解决方法如下：

(1) 功率消耗太大，检查泵是否损坏；

(2) 电动机风扇损坏，更换电动机风扇；

(3) 电动机周围气流不畅或环境温度过高，改善通风、降低环境温度；

（4）电动机缺项，只有两相运行，检查相序继电器；
（5）电动机轴承有问题，更换或修理轴承装配。

十一、泵滞塞失灵

原因及解决方法如下：
（1）泵内有异物，拆开修理；
（2）轴承损坏，更换泵或轴承。

十二、泵噪声高

原因及解决方法如下：
（1）油位太低，重新注油；
（2）泵内有异物，拆开修理；
（3）轴承损坏，更换泵轴承。

能力训练

1. 简述风机油站的常见故障及解决方法。

风机运行的拓展知识

拓展一　引风机的运行

锅炉引风机是把燃料燃烧后生成的烟气从锅炉中抽出排入大气的风机，引风机的安全、高效运行直接影响发电机组的运行状况，下面以某火力发电厂600MW超临界纯凝汽式发电机组为例，从风机本体及其配套设备选择到引风机的连锁保护，介绍引风机的运行。

一、引风机设备规范及性能曲线

引风机的设备规范见表3-1。

表3-1　引风机的设备规范

引风机本体			
型号	ANN-3200/1600B	型式	动叶可调轴流式
风量（m^3/s）	556.7	全压（Pa）	4274
转速（r/min）	990	数量（台）及容量（%）	2×50（即2台50%额定风量的风机）
效率（%）	80.8	调节方式	动叶调节
调节范围（°）	−15～+55	轴承润滑方式	强制润滑
引风机电动机			
型号	AECK-S2001	额定功率（kW）	3100
额定电压（kV）	6	额定电流（A）	361
转速（r/min）	990	轴承润滑方式	油浴+油环润滑
密封风机			
风机型号	DST40-160-5.5/D	台数（台）	2
流量（m^3/h）	840/2016	全压（Pa）	2072
转速（r/min）	2850	电动机功率（kW）	3
电压（V）	380	生产厂家	—

续表

润滑和液压油系统			
电动机额定电压（V）	380	电动机额定功率（kW）	5.5
电动机额定转速（r/min）	1450	冷却水压力（MPa）	0.2～0.3
冷却水流量（L/min）	22	冷却面积（m^2）	2.6
冷油器进油温度（℃）	60	冷油器出油温度（℃）	45
润滑油压力（MPa）	2.5	液压油压力（Pa）	8.0
润滑油压力（MPa）	0.8	加热元件电压（V）	380
供油量（L/min）	52	电加热器功率（kW）	2×1

引风机的性能曲线见图 3－40。

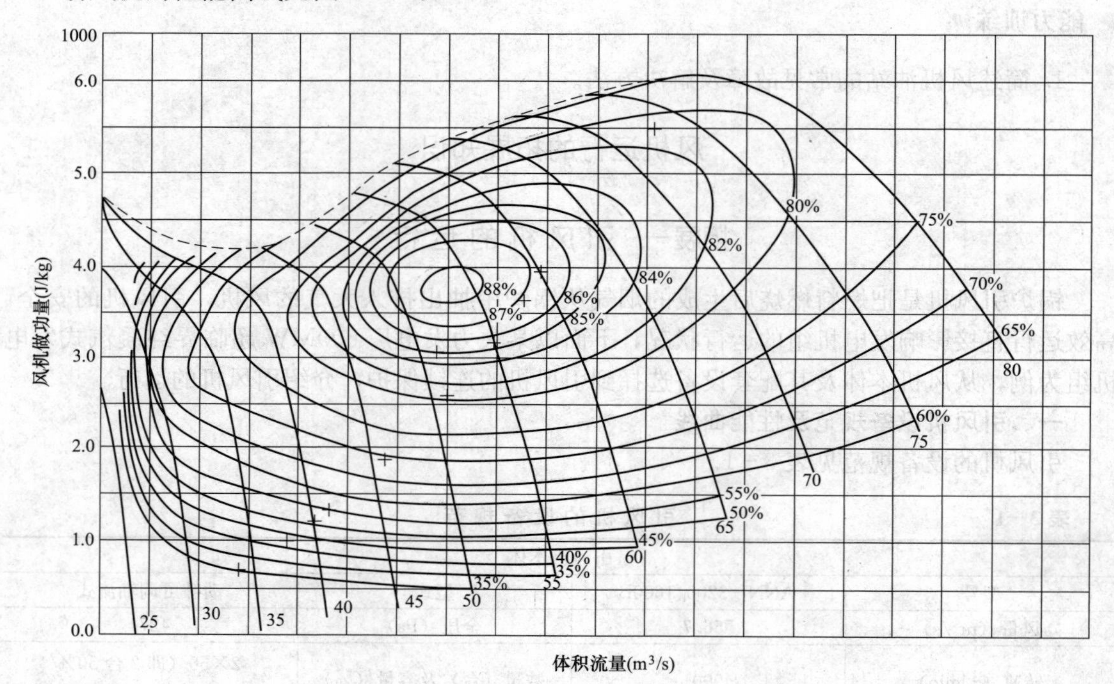

图 3－40 引风机性能曲线

二、引风机的联锁与保护

（1）下列情况将在集控室 DCS 画面上发出报警信号：

1）引风机非驱动端径向轴承温度＞88℃，发出综合报警。

2）引风机驱动端径向轴承温度＞88℃，发出轴承温度高报警。

3）引风机非驱动端推力轴承温度＞88℃，发出轴承温度高报警。

4）引风机电动机驱动端轴承温度＞95℃，发出轴承温度高报警。

5）引风机电动机驱动端轴承温度＞100℃，发出轴承温度高报警。

6）引风机电动机非驱动端轴承温度＞95℃，发出轴承温度高报警。

7）引风机电动机非驱动端轴承温度＞100℃，发出轴承温度高报警。

8）引风机电动机线圈温度＞130℃，发出电动机线圈温度高报警。

9）引风机油箱油位低于最低油值，发出油箱油位低报警。

10）引风机驱动端轴承润滑油流量＜3L/min，引风机非驱动端轴承润滑油流量＜15L/min，发出润滑油油量低报警。

11）引风机润滑油/液压油压力＜0.5MPa，发出油压低报警。

12）引风机润滑油/液压油压力＞7MPa，发出油压高报警。

13）引风机润滑油箱油温＜15℃，发出油箱油温低报警。

14）引风机润滑油箱油温＞57℃，发出油箱油温高报警。

15）引风机润滑油油温＞50℃，发出油温高报警。

16）油站滤网前后压差＞0.45MPa，发出滤网压差高报警。

17）引风机润滑油/液压油泵故障跳闸，发出报警。

18）引风机轴承振动＞100μm，发出轴承振动高报警。

19）引风机推力轴承振动＞250μm，发出轴承振动高报警。

20）引风机出口电动挡板故障。

21）引风机密封风机故障，发出引风机系统故障报警。

22）引风机发生失速，差压＞500Pa 且动叶角度＞42°。

23）引风机伺服电动机温度高。

24）引风机伺服电动机力矩＞50N·m。

25）引风机刹车用气压力＞25kPa。

26）引风机入口电动挡板故障。

27）未检测到引风机转速（＞120r/min）。

28）引风机密封风差压＜250Pa。

（2）引风机启动许可条件：

1）引风机轴承温度≤88℃。

2）引风机电动机轴承温度≤95℃。

3）引风机电动机线圈的温度≤130℃。

4）引风机的任一密封风机运行。

5）引风机动叶调节挡板关闭。

6）引风机入口电动挡板开启。

7）引风机出口电动挡板关闭。

8）任一台空气预热器运行。

9）引风机驱动端轴承润滑油流量≥3L/min，引风机非驱动端轴承润滑油流量≥15L/min。

10）引风机润滑油压正常，油压＞0.5MPa。

11）引风机刹车已释放。

12）引风机油系统运行 20min，油温在 25～57℃。

13）引风机动叶调节臂无过力矩。

（3）引风机跳闸条件：

1）引风机运行，刹车投入。

2）引风机密封风机跳闸，延时 600s。

3）引风机轴承温度≥100℃。

4）引风机电动机轴承温度≥100℃。

5）锅炉 MFT 动作后，炉膛压力仍低≤－4kPa（三选二），FSSS 发出跳闸引风机信号。

6）就地事故按钮动作。

7）发生失速时，差压>500Pa 且动叶角度>42°，延时 120s。

8）引风机液压油油压<0.5MPa 且延时>20min。

9）引风机液压油油温>62℃，延时 60min。

10）引风机液压油油温>67℃。

11）引风机液压油油温<15℃，延时 10min。

12）引风机挡板故障（风机电动机运行且挡板未开）。

13）润滑/液压油系统故障，延时 20s 跳风机。

14）引风机密封风差压<250Pa，延时 240min。

15）引风机密封风机联锁（联锁投入情况）。

（4）下列任一条件下联锁启动密封风机：

1）密封风机已选中，与上存在程控启动指令。

2）另一台密封风机跳闸。

3）密封风压力低，联锁启动备用密封风机，延时 4s 联锁停止运行密封风机。

4）引风机停止延时 4h，联锁停止密封风机。

（5）引风机挡板控制：

1）引风机入口烟气挡板。

a. 下列任一条件下联锁开启引风机入口烟气挡板：

(a) 对应侧引风机收到启动指令。

(b) 引风机 A、B 均停。

b. 下列任一条件下联锁关闭引风机入口烟气挡板：

(a) 对应侧引风机停止运行。

(b) 对应侧引风机停止，另一侧引风机运行。

2）引风机出口烟气挡板。

a. 下列任一条件下联锁开启引风机出口烟气挡板：

(a) 对应侧引风机启动。

(b) 引风机 A、B 均停。

b. 下列任一条件下联锁关闭引风机出口烟气挡板：

(a) 对应侧引风机停，另一侧引风机运行。

(b) 对应侧引风机启动指令。

（6）引风机润滑油泵联锁：

1）油箱油位不低，油温>25℃允许油泵启动。

2）下列任一条件满足，备用油泵联锁启动：

a. 引风机程控启动，已选中润滑油泵联锁启动。

b. 一台润滑油泵运行，液压油压低低，联锁启动另一台油泵。

c. 运行的润滑油泵跳闸，联锁启动另一油泵。

3）停止条件：引风机停运且油温＜40℃，可停油泵。

（7）引风机润滑油箱电加热器联锁：

1）油箱温度＜25℃，油箱电加热器联锁开启。

2）油箱温度＞33℃，油箱电加热器联锁停止。

三、引风机的启动、运行及停运

1. 引风机启动前检查

（1）引风机液压润滑油站检查。

1）检查引风机油站、送风机轴承、引风机动叶调节装置无检修工作票或检修工作结束。

2）检查油系统管道连接完整，油系统设备外观无缺陷。

3）检查油站系统各热工测点全部恢复完毕，各压力表和压力开关的阀门开启，就地表计指示正确，油站油箱油位计指示清晰。

4）核对油系统压力、温度、油位、润滑油流量和引风机、引风机电动机轴承温度、振动信号指示正确。

5）检查油站油泵及电动机地脚螺栓连接牢固，对轮连接完毕，安全罩恢复。

6）检查油泵电动机接地线完整，电加热电缆接地线完整。

7）检查油站就地控制盘上开关和信号指示灯完整无损坏，油泵启停开关在停止位，风机电加热自动/手动开关在手动位，油泵联锁开关在中间位。

8）检查冷却水各阀门位置正确，水压、水温正常，系统无漏水现象。

9）检查完毕无异常，联系油泵和电加热器送电。

（2）引风机启动前检查项目。

1）检查引风机、引风机电动机及和引风机相连接的炉膛、空气预热器、电除尘和烟风道内部无检修工作票或检修工作结束。

2）检查炉膛、烟道、空气预热器、电除尘器内无人工作，烟风道内杂物清理干净，检查各检查门、人孔门关闭严密。

3）检查引风机及电动机平台、围栏完整，周围杂物清理干净，照明充足。

4）检查引风机及电动机地脚螺栓无松动，安全罩连接牢固。

5）检查以下表计投入：引风机电动机电流、定子铁芯及线圈温度、送风机及电动机轴承温度、引风机及电动机轴承振动、引风机动叶开度指示、引风机出口风压、炉膛负压等。

6）引风机动叶经全行程活动良好，烟风系统各风门挡板经传动正常。

7）检查引风机电动机接线完整，接线盒安装牢固，电动机和电缆的接地线完整并接地良好，电动机冷却风道畅通，无杂物堵塞。电动机轴承油位在1/2～2/3，油质清澈，轴承无渗油和漏油现象，轴承电加热器接线牢固，电动机冷却风机护罩完好。

8）检查引风机密封风机电动机电源接线牢固，电动机外壳接地线可靠接地，风机软连接处牢固无破损，密封风机出口加热器接线牢固。

9）检查完毕无异常，联系引风机送电。

2. 引风机启动前试验

（1）引风机液压润滑油油泵联锁试验。

1）检查油站一台油泵运行，另一台油泵投备用状态，且联锁投入。

2）停止运行油泵，备用油泵联动成功。

3）检查油站一台油泵运行，另一台油泵投备用状态，且联锁投入，缓慢调整油泵出口溢流阀，将液压油供油压力降低到0.8MPa，检查备用油泵联锁启动成功。

4）全面检查液压润滑油站运行正常，各参数正常。

（2）引风机密封风机联锁试验。

1）一台密封风机运行，另一台密封风机投备用状态，且联锁投入。

2）用事故按钮停止运行密封风机，备用密封风机联锁启动。

3）检查引风机密封风机运行正常，风机轴承振动小于0.05mm，风机内部无摩擦，冷却风机出口风压正常。

（3）引风机跳闸保护试验。引风机初次投运前，大、小修后的第一次投运前，需联系热工人员共同进行下列跳闸保护试验：

1）引风机油站故障，延时20s。

2）引风机出口或入口挡板故障。

3）引风机驱动端轴承温度＞100℃时，联跳引风机。

4）引风机非驱动端轴承温度＞100℃时，联跳引风机。

5）引风机推力轴承温度＞100℃时，联跳引风机。

6）引风机电动机驱动端轴承温度＞100℃时，联跳引风机。

7）引风机电动机非驱动端轴承温度＞100℃时，联跳引风机。

8）两侧空气预热器跳闸，延时300s联跳引风机。

9）锅炉MFT动作后，炉膛压力仍低≤－4kPa（三选二），FSSS发出跳闸引风机信号。

10）手动跳引风机。

3. 引风机的启动

引风机的启动可随风烟系统程控启动，也可以单独启动。

（1）第一台引风机启动。

1）确认引风机的电气保护、轴承振动、温度保护等已投入。

2）确认引风机的启动许可条件已满足。

3）启动引风机液压润滑油站运行，且至少运行20min以上。

4）启动一台密封风机。

5）检查开启引风机入口挡板，关闭引风机动叶调节挡板，检查关闭引风机出口挡板。

6）释放刹车。

7）检查停运引风机入口挡板，出口挡板开启，开该引风机动叶。

8）启动引风机，同时监视该段6kV母线的电压和电流，并注意监视引风机的启动电流和启动时间。

9）引风机启动后15s内检查引风机出口挡板自动开启，若超过15s出口挡板未能全开，应立即停止引风机运行。

10）缓慢开启引风机动叶调节挡板，注意监视并调整炉膛负压在－30～＋50Pa，投入该引风机动叶调节导向挡板自动。

11）全面检查引风机运行正常。

（2）第二台引风机启动。

1）第二台引风机投入运行时，必须有一台送风机在运行。

2）启动第二台引风机前，关闭该引风机出口挡板，开启该引风机入口挡板，关闭动叶调节挡板。

3）启动风机油系统和一台密封风机。

4）释放刹车。

5）将正在运行的第一台引风机的工况点（风量和风压）下调至风机失速线最低点以下。

6）启动第二台引风机，同时监视该段6kV母线的电压和电流，并注意监视引风机的启动电流和启动时间。

7）启动第二台引风机后检查入口挡板在15s内自动开启，否则立即停止该引风机运行。

8）监视炉膛负压，开启第二台引风机入口动叶调节挡板，检查第一台引风机入口动叶调节挡板自动关小。当两台引风机入口动叶调节挡板开度相同时，投入第二台引风机入口动叶调节挡板自动。注意两台引风机运行时的工况点均应在失速最低线以下。

9）检查两台引风机电流、出口风压在引风机入口动叶调节挡板开度一致的情况下应相同，否则应进行适当的偏置，以保证两台风机出力基本平衡。

10）全面检查两台引风机运行正常。

4. 引风机运行监视与调整

(1) 定期对引风机油站进行加油，保证油位和油质，并做好相关记录。

(2) 就地检查引风机及电动机运行平稳，声音均匀，无摩擦声及其他异常声音。

(3) 动叶调节油压正常调整在2.5～3.5MPa，轴承润滑油压为0.35～0.4MPa，油站滤网前后差压低于0.45MPa，轴承润滑油供油温度调整在30～40℃，轴承润滑油流量正常。

(4) 引风机正常运行工况点在失速最低线以下，动叶开度在－15°～＋55°（对应开度反馈指示0%～100%）范围内，DCS画面和就地开度指示一致，重点监视引风机入口压力≥－4kPa，以确保风机运行中系统无喘振，引风机电动机不过载。

(5) 就地电动机轴承油位在1/2～2/3，油质清澈，轴承无渗油和漏油现象，油环带油正常，冷却风入口滤网无堵塞。

(6) 引风机及电动机轴承温度正常应在60～70℃范围内，当发现轴承温度超过正常温度，经检查和调整未发现异常时，应及早停止风机进行检查处理。当电动机轴承温度超过100℃，风机轴承温度超过100℃保护未动作时，应手动停止风机运行。

(7) 引风机及电动机运行中轴承振动在0.10mm以下，当径向振动超过0.16mm或轴向振动超过0.375mm时，应立即停止风机运行。

(8) 引风机电动机线圈温度不超过90℃。引风机电动机、油泵电动机及相应的电缆无过热冒烟，着火现象，现场无绝缘烧焦气味。发现异常应立即查找根源进行处理。

(9) 两台风机并列运行时，应保持同步运行，两台风机的出力、电流、动叶开度基本相同。

(10) 引风机密封风机运行中无异声，内部无碰磨，冷却风管道不漏风。冷却风机运行中轴承振动不超过0.05mm，电动机外壳温度不超过80℃。

(11) 停运的密封风机应随时处于备用状态。

(12) 油站油压、油温正常，冷却水回水正常，轴承无甩油和漏油现象。油站电动机运行中无异声，内部无碰磨、刮卡现象。

5. 引风机的停运

引风机的停止可随风烟系统程控停止，也可以单独停止。

（1）两台引风机并列运行，正常停止其中一台运行。

1）解除准备停止的引风机入口动叶调节挡板自动。

2）逐渐关闭要停止的引风机入口动叶调节挡板，检查另一台引风机入口动叶调节挡板自动增加出力，调节正常。

3）运行引风机出力正常，检查引风系统运行正常。

4）停止该引风机，检查引风机入口挡板自动关闭。

5）检查引风机出口挡板自动关闭。

6）引风机转速低于80r/min，可以投入刹车系统。

7）引风机停运后液压润滑油泵如无检修工作应保持运行。

8）引风机停止后4h，停止密封风机。

（2）一台引风机运行的正常停止。

1）最后一台引风机只有在所有的送风机停止后才能停止。

2）解除引风机入口动叶调节挡板自动，逐渐关闭该引风机入口动叶调节挡板。

3）停止该引风机运行，检查该引风机出、入口挡板保持开启。另一侧引风机的出、入口挡板自动开启。

4）引风机停运后液压润滑油泵如无检修工作应保持运行。

5）引风机停止后4h，停止密封风机。

（3）引风机事故停止。

1）手动或保护动作停止引风机。

2）检查引风机入口动叶调节挡板自动关闭，引风机出、入口挡板延时自动关闭。

3）若为最后一台引风机停运，该引风机出、入口挡板保持开启。另一侧引风机的出、入口挡板自动开启。

4）引风机停运后风机无惰走或倒转的情况下，液压润滑油泵可根据需求停止运行。

5）引风机停止后4h，停止密封风机。

6. 引风机的制动

（1）引风机制动在风机停止时动作，防止风机转子自由旋转；启动风机电动机前释放。

（2）可手动/顺控启动/释放引风机制动且风机转速小于120r/min。

（3）风机电动机在运行状态，则禁止启动制动。

（4）风机润滑油系统启动允许不满足，则禁止释放制动。

四、引风机的事故及处理

1. 引风机轴承振动大

（1）原因分析。

1）地脚螺丝松动或混凝土基础损坏。

2）轴承损坏、轴弯曲、转轴磨损。

3）联轴器松动或中心偏差大。

4）叶片磨损或积灰。

5）叶片损坏或叶片与外壳碰磨。

6）风道损坏。

（2）处理措施。

1）根据风机振动情况，加强对风机振动值、轴承温度、电动机电流及风量等参数的监视。

2）尽快查出振源，必要时联系检修人员处理。

3）应适当降低风机负荷，当风机振动大于 160μm 时，应自动跳闸，若没有自动跳闸，则手动停止风机运行。

2. 引风机轴承温度高

（1）原因分析。

1）轴承磨损。

2）密封风机故障，备用冷却风机不联启。

3）轴承润滑油油质不好，油温高，轴承油位过高和过低。

4）引风机过负荷。

5）热工测点坏。

6）润滑油供油不正常，油泵故障或滤网堵塞。

7）风机润滑油系统冷却水量调节阀失灵、冷却水量不足，使进油温度高。

（2）处理措施。

1）严密监视轴承温度上升情况，同时加强监视引风机电动机电流、风量、振动等参数。

2）检查密封风机运行正常，必要时启动第二台密封风机。

3）检查轴承润滑油油位、油质、油温、油压。

4）视温度上升情况，及时降低引风机负荷。

5）属于机械方面故障，运行中无法处理的，停机联系检修人员处理。

3. 引风机喘振

（1）故障现象。

1）DCS 画面上有“引风机失速”的报警信号。

2）炉膛压力、风量大幅波动，锅炉燃烧不稳定。

3）失速风机电流大幅度晃动，就地检查异声严重。

（2）原因分析。

1）受热面、空气预热器严重积灰或烟气挡板误关，引起阻力增大，造成动叶开度与烟气量不适应，使风机进入失速区。

2）动叶调节时，幅度过大，使风机进入失速区。

3）自动控制装置失灵，使一台风机进入失速区。

（3）处理措施。

1）立即将风机控制置于手动，关小未失速的风机动叶，适当关小失速风机动叶，同时调节送风机的动叶，维持炉膛压力在允许范围内。

2）如风机并列时失速，应停止并列。

3）如因风烟系统的风门、挡板误关引起，应立即打开，同时调整动叶开度。如因风门、挡板故障引起，应立即降低锅炉负荷，联系检修处理。

4）经上述处理，失速现象消失，则稳定运行工况，进一步查找原因，并采取相应的措施后，方可逐步增加风机的负荷。经上述处理无效或已严重威胁设备的安全时，则立即停止该风机运行。

4. 引风机跳闸

(1) 故障现象。

1) DCS画面上有“引风机A（或B）跳闸”“RUN BACK”报警。

2) 炉膛负压大幅度晃动。

3) 负荷快速降低。

(2) 原因分析。

1) 保护动作。

2) 误动事故按钮。

(3) 处理措施。

1) 确认机组在协调方式，否则将汽轮机控制切至TF方式。

2) 确认锅炉负荷需求自动减至50%，如果自动失灵或速率太慢，应及时切手动减至50%。

3) 确认运行引风机开度自动增加，但要防止过电流。

4) 确认炉膛负压控制在自动状态，否则调整后重投自动。

5) 在减负荷过程中，注意蒸汽温度、蒸汽压力的变化，及时调整给水和减温水量，保持蒸汽温度的稳定。

6) 若因负荷剧降引起，要注意除氧器水位。

5. 引风机及油站常见故障

(1) 故障现象。

1) 叶轮转子非驱动端振动大。

2) 风机驱动端轴承轴封漏油严重。

3) 叶轮转子非驱动端回油管温度高（72℃以上）。

4) 油站油泵有异声。

5) 润滑油站压力低报警。

6) 动叶调节各挡板门开度不一致。

(2) 原因分析。

1) 非驱动轴承座连接螺栓松动，叶轮整个转子不同心。

2) 轴承密封填料损坏，挡油环、回油孔堵塞。

3) 非驱动端内桶保温效果差。

4) 油泵与电动机不同心。

5) 油系统配流盘开度小。

6) 动叶调节执行机构螺栓松动。

(3) 处理措施。

1) 利用临修重新找正叶轮转子，检查非驱动端轴承间隙及固定轴承座连接螺栓。

2) 拆卸上下轴承瓦盖，更换密封填料及密封垫片。检查挡油环、回油孔。

3) 检查油管并做通球试验，加厚油管、风机内桶保温厚度。

4) 停止油泵运行，检查并更换联轴器缓冲垫。

5）重新调整油站系统配流盘，保证卸油与供油量适当位置。

6）利用风机停运，联系热工人员重新传动执行机构，调整挡板门保持一致。

（4）防范措施。

1）加强点检，发现问题及时处理。

2）加强职工的检修工艺培训，严格检修质量。

3）定期检查油位和油取样工作。

4）利用临修、小修对引风机进行全面、仔细的检查。

拓展二 送 风 机

锅炉送风机是向锅炉炉膛输送燃料燃烧所必需空气的风机，以某火力发电厂600MW超临界纯凝汽式发电机组为例，从风机本体及其配套设备选择到送风机的连锁保护，介绍送风机的运行。

一、送风机的设备规范及性能曲线

送风机的设备规范见表3-2。

表3-2 送风机的设备规范

送风机本体			
型号	ANN-2660/1400N	型式	动叶可调轴流式
风量（m^3/s）	253.3	全压（Pa）	4806
转速（r/min）	990	数量及容量	2×50%
效率（%）	84.0	调节方式	液压动叶调节
调节范围（°）	-15～+55	制造厂	豪顿风机厂
送风机电动机			
型号	AECK S2002	额定功率（kW）	1500
额定电压（kV）	6	额定电流（A）	177
转速（r/min）	990	效率	98.5
制造厂	西屋公司		
润滑油及液压油站			
润滑油压力（MPa）	0.4～0.8	液压油压力（MPa）	2.5～3.5
供油温度（℃）	≤49	总供油量（L/min）	34
冷却水温度（℃）	≤38	冷却水量（L/min）	25
冷却水压力（MPa）	0.2～0.3	油箱容积（L）	614
电加热器电压（V）	380	电加热器功率（kW）	2.5

图3-41为送风机的性能曲线。

二、送风机的联锁保护

（1）下列情况将在集控室DCS画面上发出报警信号：

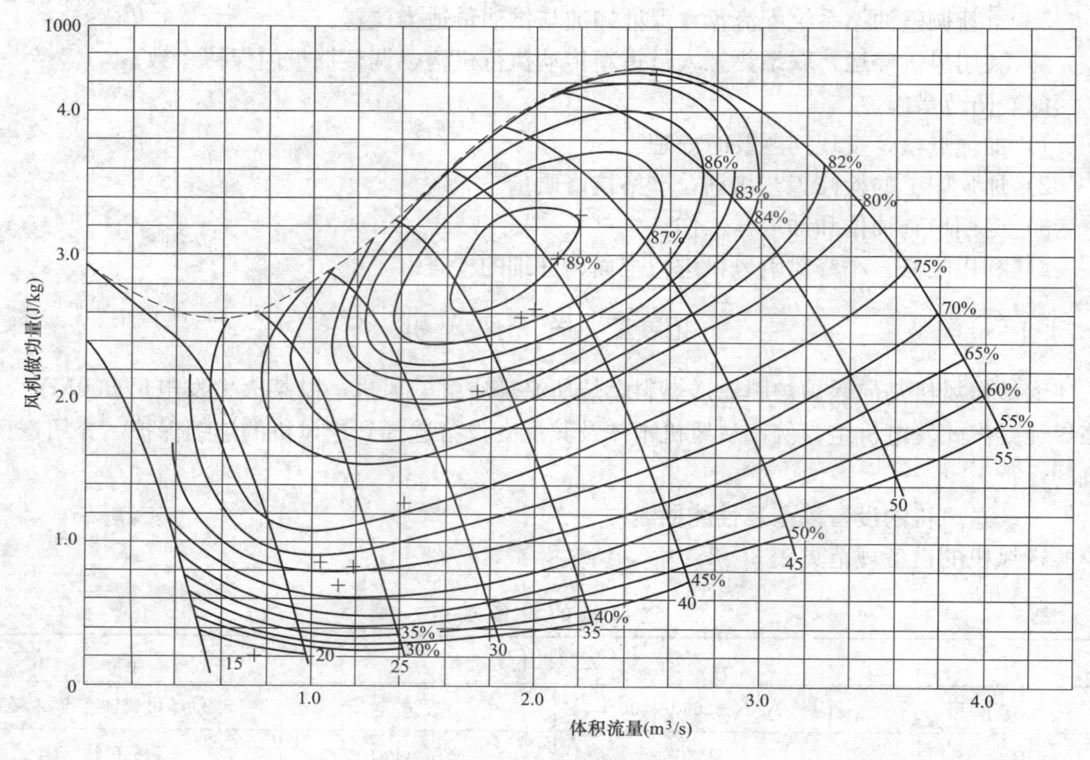

图 3-41　送风机性能曲线

1）送风机非驱动端径向轴承温度>88℃，发出轴承温度高报警。

2）送风机驱动端径向轴承温度>88℃，发出轴承温度高报警。

3）送风机非驱动端推力轴承温度>88℃，发出轴承温度高报警。

4）送风机电动机驱动端轴承温度>95℃，发出轴承温度高报警。

5）送风机电动机非驱动端轴承温度>95℃，发出轴承温度高报警。

6）送风机电动机线圈温度≥130℃，发出电动机线圈温度高报警。

7）送风机油箱油位低于 min-level，发出油箱油位低报警。

8）送风机驱动端轴承润滑油流量<3L/min，送风机非驱动端轴承润滑油流量<8.5L/min，发出润滑油油量低报警。

9）送风机润滑油/液压油压力<0.5MPa，发出油压低报警。

10）送风机润滑油/液压油压力>7MPa，发出油压高报警。

11）送风机润滑油箱油温<15℃，发出油箱油温低报警。

12）送风机润滑油箱油温>57℃，发出油箱油温高报警。

13）送风机润滑油油温>50℃，发出油温高报警。

14）油站滤网前后压差>0.45MPa，发出滤网压差高报警。

15）送风机润滑油/液压油泵故障跳闸，发出报警。

16）送风机轴承径向振动>95μm，发出轴承振动高报警。

17）送风机轴承径向振动>145μm，发出轴承振动高报警。

18）送风机轴承轴向振动>250μm，发出轴承振动高报警。

19）送风机轴承轴向振动＞375μm，发出轴承振动高报警。

20）送风机出口电动挡板故障。

21）送风机发生失速，差压＞500Pa 且动叶角度＞24°。

22）送风机出口压力＞3.0kPa。

23）送风机伺服电动机温度高。

24）送风机伺服电动机力矩＞50N·m。

25）送风机刹车用气压力＞25kPa。

（2）送风机启动允许条件如下：

1）送风机轴承温度＜88℃。

2）送风机电动机轴承温度＜95℃。

3）送风机电动机线圈温度＜130℃。

4）送风机油箱油位正常。

5）送风机驱动轴承润滑油流量≥3L/min，非驱动轴承润滑油流量≥8.5L/min。

6）送风机动叶调节挡板关闭。

7）送风机出口电动挡板关闭。

8）任一台空气预热器在运行。

9）任一台引风机在运行。

10）炉膛压力指示正常。

11）送风机油系统运行 20min，油温在 25～57℃。

12）送风机刹车已释放。

13）送风机润滑油压正常，油压大于 500Pa。

（3）下列任一条件满足，送风机自动跳闸：

1）送风机运行，刹车投入。

2）两台空气预热器均故障跳闸。

3）送风机轴承温度＞100℃。

4）送风机电动机轴承温度＞100℃。

5）锅炉 MFT 动作 10s 后压力仍高，炉膛压力高高≥4kPa（三选二），FSSS 发出联跳送风机信号。

6）就地事故按钮动作。

7）发生失速时，差压＞500Pa 且动叶角度＞24°，延时 120s。

8）送风机液压油油压＜0.5MPa 且延时＞20min。

9）送风机油箱油温＞67℃。

10）送风机油箱油温＞62℃，延时 60min。

11）送风机油箱油温＜15℃，延时 10min。

12）送风机挡板故障（风机电动机运行且挡板未开）。

13）送风机驱动轴承润滑油流量＜3L/min，非驱动轴承润滑油流量＜8.5L/min，延时 5s。

14）润滑/液压油系统故障，延时 5s 跳风机。

（4）送风机润滑油泵联锁：

1）油箱油位不低，油温＞25℃允许油泵启动。

2）下列任一条件满足，备用油泵联锁启动：

a. 送风机程控启动，已选中润滑油泵联锁启动。

b. 一台润滑油泵运行，液压油压低低，联锁启动另一台油泵。

c. 运行的润滑油泵跳闸，联锁启动另一台油泵。

3）停止条件：送风机停运，油温低于40℃，可停油泵。

（5）送风机润滑油箱电加热器联锁：

1）油箱温度＜25℃，油箱电加热器联锁开启。

2）油箱温度＞33℃，油箱电加热器联锁停止。

（6）送风机挡板控制：

1）下列条件满足，送风机出口挡板联锁开启：

a. 对应侧送风机已运行。

b. 送风机A、B均停。

2）下列任一条件满足，风机出口挡板联锁关闭：

a. 对应侧送风机已停关闭出口挡板。

b. 对应侧送风机启动指令。

c. 对应侧送风机已停，与另一侧送风机运行。

（7）送风机制动：

1）送风机制动在风机停止时动作，防止风机转子自由旋转；启动风机电动机前释放。

2）可手动/顺控启动/释放送风机制动，启动制动时风机转速在120r/min以下。

3）风机电动机在运行状态，则禁止启动制动。

4）风机润滑油系统启动允许不满足，则禁止释放制动。

三、送风机的启动、运行及停运

1. 送风机启动前检查

（1）送风机液压润滑油站检查。

1）检查送风机油站、送风机轴承、送风机动叶调节装置无检修工作票或检修工作结束。

2）检查油系统管道连接完整，油系统设备外观无缺陷。

3）检查油站系统各热工测点全部恢复完毕，各压力表和压力开关的阀门开启，就地表计指示正确，油站油箱和轴承箱油位计指示清晰，轴承箱油位计通气管内无存油（若发现存油，应开启放油阀将存油放净）。

4）核对油系统压力、温度、油位、润滑油流量和送风机、送风机电动机轴承温度、振动信号指示正确。

5）检查油站油泵及电动机地脚螺栓连接牢固，对轮连接完毕，安全罩恢复。

6）检查油泵电动机接地线完整，电加热电缆接地线完整。

7）检查油站就地控制盘上开关和信号指示灯完整无损坏，油泵启停开关在停止位，送风机电加热自动/手动开关在手动位，油泵联锁开关在中间位。

8）检查冷却水各阀门位置正确，水压、水温正常，系统无漏水现象。

9）检查完毕无异常，联系油泵和电加热器送电。

（2）送风机启动前的检查项目。

1）检查送风机、送风机电动机及和送风机相连接的炉膛、空气预热器、电除尘和烟风道内部无检修工作票或检修工作结束。

2）检查炉膛、烟道、空气预热器、电除尘器内无人工作，送风机入口滤网、烟风道内杂物清理干净，检查各检查门、人孔门关闭严密。

3）检查送风机及电动机平台、围栏完整，周围杂物清理干净，照明充足。

4）检查送风机及电动机地脚螺栓无松动，安全罩连接牢固。

5）检查送风机以下表计投入：电动机电流、定子铁芯及线圈温度、送风机及电动机轴承温度、送风机及电动机轴承振动、送风机动叶开度指示、送风机出口风压等。

6）电动机轴承油位在1/2～2/3，油质清澈，轴承无渗油和漏油现象，轴承电加热器接线牢固，电动机冷却风机护罩完好。

7）送风机动叶经全行程活动良好，烟风系统各风门挡板经传动正常。

8）引风机已启动或具备启动条件。

9）检查送风机电动机接线完整，接线盒安装牢固，电动机和电缆的接地线完整并接地良好，电动机冷却风道畅通，无杂物堵塞，电动机轴承油位正常。

10）检查完毕无异常，联系送风机送电。

2. 送风机启动前试验

（1）送风机液压润滑油油泵联锁试验。

1）检查油站一台油泵运行，另一台油泵投备用状态，且联锁投入。

2）停止运行油泵，备用油泵联动成功。

3）检查油站一台油泵运行，另一台油泵投备用状态，且联锁投入，缓慢调整油泵出口溢流阀，将液压油供油压力降低到0.8MPa，检查备用油泵联锁启动成功。

4）全面检查液压润滑油站运行正常，各参数正常。

（2）送风机跳闸保护试验。

送风机初次投运前，大、小修后的第一次投运前，需联系热工人员共同进行下列跳闸保护试验：

1）送风机油站故障。

2）送风机出口挡板开信号消失（风机运行且挡板未开）。

3）两台引风机全停。

4）一台引风机运行时跳手动或低负荷的送风机（当两台送风机都运行，且只有一台引风机运行且风量＞70％时）。

5）A、B侧空气预热器挡板开信号消失（A侧空气预热器任意挡板开信号消失，且B侧空气预热器任意挡板开信号消失）。

6）送风机驱动端轴承温度＞100℃时，联跳送风机。

7）送风机非驱动端轴承温度＞100℃时，联跳送风机。

8）送风机推力轴承温度＞100℃时，联跳送风机。

9）送风机电动机驱动端轴承温度＞100℃时，联跳送风机。

10）送风机电动机非驱动端轴承温度＞100℃时，联跳送风机。

11）锅炉MFT动作10s后压力仍高，炉膛压力高高≥4kPa（三选二），FSSS发出联跳送风机。

12）手动跳送风机。

3. 送风机的启动

送风机的启动可随风烟系统程控启动，也可以单独启动。

（1）第一台送风机的启动。

1）确认送风机的电气保护、轴承振动、温度保护等已投入。

2）确认送风机的启动许可条件已满足。

3）检查送风机液压润滑油站运行正常，且至少运行 20min 以上。

4）送风机送电完毕，检查关闭送风机动叶调节挡板，关闭送风机出口挡板。

5）释放刹车。

6）送风机启动前检查引风机运行正常，炉膛负压在－30～＋50Pa，引风机动叶调节挡板投自动。

7）启动送风机，同时监视该段 6kV 母线的电压和电流，并注意监视送风机的启动电流和启动时间。

8）送风机启动后 15s 内检查送风机出口挡板自动开启，若超过 15s 出口挡板未能全开，应立即停止送风机运行。

9）缓慢开启送风机动叶调节挡板，检查炉膛负压自动跟踪良好，投入该送风机动叶调节挡板自动；送风机启动后，注意调整送风机的工作点在失速线的最低点以下。

10）全面检查送风机运行正常。

（2）第二台送风机的启动。

1）启动第二台送风机前检查关闭该送风机出口挡板，关闭该送风机动叶调节挡板。

2）检查待启的送风机液压润滑油站运行正常，释放刹车。

3）启动第二台送风机，启动送风机时应注意监视该段 6kV 母线的电压和电流，并注意监视送风机的启动电流和启动时间。

4）启动第二台引风机后检查入口挡板在 15s 内自动开启，否则立即停止该引风机运行。

5）开启第二台送风机动叶调节挡板并调整第一台送风机动叶，使两台送风机动叶开度相同，投入第二台送风机动叶调节挡板自动；注意两台送风机运行时的工况点均应在失速最低线以下。

6）检查两台送风机电流、出口风压、风量在送风机动叶开度一致的情况下应相同，否则应进行适当的偏置，以保证两台风机出力基本相同。

7）全面检查两台送风机运行正常。

4. 送风机运行监视与调整

（1）定期对送风机油站进行加油，保证油位和油质，并做好相关记录

（2）送风机及电动机运行中无异声，内部无碰磨、刮卡现象。

（3）送风机油站油箱油位应保持在 1/3～2/3 范围内，发现油位不正常降低、升高时，应立即查找油位升高、降低的原因并进行处理。

（4）通过油箱油面镜观察油箱内油质应透明，无乳化和杂质，油面镜上无水汽和水珠。

（5）动叶调节油压正常调整在 2.5～3.5MPa，轴承润滑油压为 0.35～0.4MPa，油站滤网前后差压低于 0.45MPa，轴承润滑油供油温度调整在 30～40℃，轴承润滑油流量正常。

（6）就地电动机轴承油位在 1/2～2/3，油质清澈，轴承无渗油和漏油现象，油环带油

正常，冷却风入口滤网无堵塞。

(7) 送风机油系统无渗漏，油站冷油器冷却水管道无泄漏，冷却水畅通，冷却水压力应为0.2～0.5MPa，水温≤35℃。

(8) 送风机正常运行工况点在失速最低线以下，动叶开度在−15°～+55°(对应开度反馈指示0%～100%)范围内，重点监视送风机出口压力控制<3.0kPa，DCS画面和就地开度指示一致，以确保风机运行中系统无喘振，送风机电动机不过载。

(9) 送风机及电动机轴承温度正常应在50～70℃范围内，当发现轴承温度超过正常温度，经油系统检查和调整未发现异常时，应及早停止风机进行检查处理；当电动机轴承温度超过95℃，风机轴承温度超过100℃保护未动作时，应手动停止风机运行。

(10) 送风机及电动机运行中轴承振动在0.10mm以下，当径向振动超过0.145mm或轴向振动超过0.375mm应立即停止风机运行。

(11) 送风机电动机线圈温度不超过130℃，送风机电动机及相应的电缆无过热冒烟，着火现象，现场无绝缘烧焦气味，发现异常应立即查找根源进行处理。

5. 送风机的停运

送风机的停止可随风烟系统程控停止，也可以单独停止。

(1) 两台送风机并列运行，正常停止其中一台送风机运行。

1) 解除准备停止的送风机动叶调节挡板自动。

2) 逐渐关闭要停止的送风机动叶调节挡板，检查另一台送风机动叶调节挡板自动增加出力。

3) 停止侧送风机动叶减至0%，关闭出口挡板，运行送风机出力正常，根据锅炉运行情况，检查送风系统运行正常。

4) 停止该送风机，检查送风母管风压正常。

5) 风机转速低于120r/min，可以投入刹车制动。

6) 送风机停运后风机无惰走或倒转的情况下，液压润滑油泵可根据需求停止运行。

(2) 一台送风机运行的正常停止。

1) 解除送风机动叶调节挡板自动，逐渐关闭该送风机动叶调节挡板。

2) 停止该送风机运行，检查送风机出口挡板自动关闭。

3) 送风机停运后，液压润滑油泵可根据需求停止运行。

(3) 送风机事故停止。

1) 手动或保护动作停止送风机。

2) 送风机动叶调节挡板自动关闭。

3) 送风机出口挡板自动关闭。

4) 送风机停运后，液压润滑油泵可根据需求停止运行。

四、送风机的事故处理

1. 送风机轴承振动大

(1) 原因分析。

1) 底脚螺丝松动或混凝土基础损坏。

2) 轴承损坏、轴弯曲、转轴磨损。

3) 联轴器松动或中心偏差大。

4）叶片损坏或叶片与外壳碰磨。

5）风道损坏。

6）风机喘振。

（2）处理措施。

1）根据风机振动情况，加强对风机振动值、轴承温度、电动机电流及风量等参数的监视。

2）若振动是由喘振引起的，按风机喘振的解决方法处理。

3）尽快查出振源，必要时联系检修人员处理。

4）应适当降低风机负荷，当风机振动大于145μm时，应自动跳闸，若没有自动跳闸，则手动停止风机运行。

2. 送风机轴承温度高

（1）原因分析。

1）润滑油供油不正常，油泵故障或滤网堵塞。

2）风机润滑油系统冷却水量调节阀失灵或冷却水量不足，使进油温度高。

3）润滑油油质恶化。

4）轴承损坏。

5）轴承振动大。

6）送风机过负荷。

7）热工测点坏。

（2）处理措施。

1）根据风机轴承温度情况，加强对轴承温度、电动机电流及风量等参数的监视。

2）就地检查液压润滑油系统是否正常，尽快查出原因，必要时联系检修人员处理。

3）视轴承温度上升情况，及时降低送风机的负荷。

4）如由于振动大引起轴承温度高，应尽快查出原因，消除振动。

5）当轴承温度＞100℃时，应自动跳闸，若没有自动跳闸，则手动停止风机运行。

3. 送风机喘振

（1）故障现象。

1）DCS画面上有“送风机失速”报警信号。

2）炉膛压力、风量大幅波动，锅炉燃烧不稳。

3）喘振风机电流大幅度晃动，就地检查异声严重。

（2）原因分析。

1）受热面、空气预热器严重积灰或烟气系统挡板误关，引起系统阻力增大，造成风机动叶开度与进入的风量、烟气量不相适应，使风机进入失速区。

2）操作风机动叶时，幅度过大，使风机进入失速区。

3）动叶调节特性变差，使并列运行的两台风机发生“抢风”或自动控制失灵，使其中一台风机进入失速区。

4）机组在高负荷时，吹灰器投入运行，或送风量过大。

（3）处理措施。

1）立即将风机动叶控制置于手动方式，关小另一台未失速风机的动叶，适当关小失速风机的动叶，同时协调调节引、送风机，维持炉膛负压在允许范围内。

2）若风机并列操作中发生喘振，应停止并列，尽快关小失速风机动叶，查明原因消除后，再进行并列操作。

3）若因风烟系统的风门、挡板被误关引起风机喘振，应立即打开，同时调整动叶开度。若因风门、挡板故障引起，应立即降低锅炉负荷，联系检修处理；若因吹灰引起，应立即停止。

4）经上述处理喘振消失，则稳定运行工况，进一步查找原因，并采取相应的措施后，方可逐步增加风机的负荷；经上述处理后无效或已严重威胁设备的安全时，应立即停止该风机运行。

4．送风机跳闸

（1）故障现象。

1）DCS画面上有“送风机A（或B）跳闸”“RUN BACK”等报警。

2）炉膛负压大幅度晃动。

3）负荷快速降低。

（2）原因分析。

1）电气保护或热工保护动作。

2）误动事故按钮。

（3）处理措施。

1）确认机组在协调方式，否则将汽轮机控制切至TF1方式。

2）确认锅炉负荷需求自动减至50%，如果自动失灵或速率太慢，应及时切手动减至50%。

3）确认炉膛负压控制在自动状态，否则调整后重投自动。

4）确认运行送风机开度自动增加，风量、氧量正常，但要防止过电流。

5）在减负荷过程中，注意蒸汽温度、蒸汽压力的变化，及时调整减温水量，保持蒸汽温度的稳定。

6）若因负荷剧降引起，要注意除氧器水位。

5．送风机及油站常见故障

（1）故障现象。

1）润滑油外漏。

2）送风机入口有异声。

（2）原因分析。

1）送风机轴封骨架损坏。

2）液压调节头油管接头损坏。

3）轴承箱内部测点有松动。

4）风机轴承箱油管有损坏。

5）消音器与暖风器安装位置不正确。

（3）处理措施。

1）利用临修，拆下轴承箱整个转子，更换轴封骨架密封。

2）紧固液压调节头油管接头。

3）联系热工人员紧固轴承箱内部测点螺栓。

4）更换损坏的轴承箱油管。

5）利用小修重新更换消音器与暖风器前后位置。

（4）防范措施。

1）加强点检，发现问题及时处理。

2）加强检修工艺培训，严格检修质量。

3）定期检查油位和油取样工作。

4）利用临修、小修对送风机进行全面、仔细的检查。

参 考 文 献

[1] 沈维道．工程热力学．5版．北京：高等教育出版社，2016.
[2] 华自强．工程热力学．4版．北京：高等教育出版社，2009.
[3] Yunus A Cenge. Fundamentals of Thermal—Fluid Sciences. New York：Mc Graw Hill，2006.
[4] 程明一，等．热力发电厂．北京：中国电力出版，1998.
[5] 马芳礼．电厂热力系统节能分析原理—电厂蒸汽循环的函数与方程．北京：水利电力出版社，1992.
[6] 国电太原第一热电厂．锅炉及辅助设备．北京：中国电力出版社，2005.
[7] 何川，郭立君．泵与风机．5版．北京：中国电力出版社，2016.
[8] 吴达人．泵与风机．西安：西安交通大学出版社，1989.
[9] 斯捷潘诺夫 A J. 离心泵与轴流泵．徐行健译．北京：机械工业出版社，1980.
[10] 丁成伟．离心泵与轴流泵：原理及水力设计．北京：机械工业出版社，1981.
[11] 杨诗成．泵与风机．5版．北京：中国电力出版社，2016.
[12] 杨惠宗，等．泵与风机．上海：上海交通大学出版社，1992.
[13] 国家电力公司热工研究院．电站风机改造与可靠性分析．北京：中国电力出版社，2002.
[14] Michael Volk. Pump Characteristics and Applications. Ind ed. London：Taylor & Francis Group，2005.
[15] 毛正孝，等．泵与风机．3版．北京：中国电力出版社，2015.